住宅工程常见质量问题防治手册

中 国 建 筑 股 份 有 限 公 司
中国建筑第七工程局有限公司 主编

中国建筑工业出版社

图书在版编目（CIP）数据

住宅工程常见质量问题防治手册 / 中国建筑股份有限公司，中国建筑第七工程局有限公司主编. —北京：中国建筑工业出版社，2023.3(2023.12重印)
ISBN 978-7-112-28421-4

Ⅰ.①住… Ⅱ.①中… ②中… Ⅲ.①住宅-工程质量-质量控制-手册 Ⅳ.①TU712.3-62

中国国家版本馆CIP数据核字（2023）第035869号

本书共分五个章节，分别为住宅工程质量底线管理、现浇住宅工程质量控制重点及常见质量问题防治、新型住宅工程质量控制重点及质量问题防治、验收及交付以及住宅工程常见质量问题维修（处理）典型案例。内容既包括传统住宅质量问题防治，又包括新型住宅质量问题防治；既包括施工过程质量问题防治，又包括验收时有关事项；既有单点质量问题防治，又有典型案例分析。本书内容切合实际，指导性强，可为施工现场质量管理提供切实的帮助，推进项目高质量履约。本书适合建筑施工人员、质量控制人员及管理人员参考使用。

责任编辑：张　磊　万　李
责任校对：张辰双

住宅工程常见质量问题防治手册
中国建筑股份有限公司
中国建筑第七工程局有限公司　主编
*
中国建筑工业出版社出版、发行（北京海淀三里河路9号）
各地新华书店、建筑书店经销
北京科地亚盟排版公司制版
北京中科印刷有限公司印刷
*
开本：787毫米×1092毫米　1/16　印张：13½　字数：335千字
2023年3月第一版　2023年12月第三次印刷
定价：**89.00**元
ISBN 978-7-112-28421-4
(40802)

本书编委会

前　言

为深入贯彻党的十九届六中全会精神和党中央国务院质量强国总体部署，落实《中共中央　国务院关于开展质量提升行动的指导意见》和《关于完善质量保障体系　提升建筑工程品质的指导意见》以及《住房和城乡建设部办公厅关于加强保障性住房质量常见问题防治的通知》，中国建筑股份有限公司组织编写了《住宅工程常见质量问题防治手册》，用于指导住宅类项目质量问题的防治。

《住宅工程常见质量问题防治手册》共分五个章节，分别为住宅工程质量底线管理、现浇住宅工程质量控制重点及常见质量问题防治、新型住宅工程质量控制重点及质量问题防治、验收及交付以及住宅工程常见质量问题维修（处理）典型案例。内容既包括传统住宅质量问题防治，又包括新型住宅质量问题防治；既包括施工过程质量问题防治，又包括验收时有关事项；既有单点质量问题防治，又有典型案例分析。

本手册由中国建筑股份有限公司与中国建筑第七工程局有限公司联合主编，中国建筑第五工程局有限公司、中国建筑第八工程局有限公司、中建安装集团有限公司、中国建筑装饰集团有限公司、中建科工集团有限公司参编，是中国建筑多年施工经验的总结，希望在进行住宅工程施工现场质量管理时，严格执行本手册，推进住宅项目高质量履约，提高人民群众的满意度和幸福感。

目　录

1 住宅工程质量底线管理

1.1 住宅工程主要质量指标底线管理

1.1.1 室内迎水面防水

伸出屋面管井管道、雨水管以及女儿墙等泛水处应设防水附加层或进行多重防水处理，且需达到防水泛水高度刚性层以上不低于25cm。女儿墙压顶向内排水坡度不应小于5%，压顶内侧下端应做滴水处理。外门窗应满足气密性、水密性要求，与墙体间连接处应有效密封，门窗洞口上沿应设置滴水线，下沿应设置排水构造，排水坡度不应小于5%。地下室迎水面主体结构应为防水混凝土且抗渗等级满足要求，厚度不应小于250mm。

1.1.2 室内房间不渗漏

卫生间楼地面和墙面应设置防水层，淋浴区墙面防水层翻起高度不应小于2m，且不低于淋浴喷淋口高度，洗面器处墙面防水层翻起高度不应小于1.2m，其他墙面防水层翻起高度不应小于0.3m。管道连接严密、维修更换便捷，连接部位不渗不漏。安装在楼板内的套管，其顶部应高出装饰地面20mm；安装在卫生间及厨房楼板内的套管，其顶部应高出装饰地面50mm。卫生洁具、厨房水槽与台面、地面等接触部位应密封防水。

1.1.3 室内隔声防噪

楼板、墙体上各种孔洞均应采取可靠的密封隔声措施，门窗和隔墙隔声性能优良，产生噪声和振动的设备应具有减振、隔振措施。电梯井道、机房不应贴邻卧室，或设置有满足隔声和减振要求的措施。外部噪声源传播至卧室的噪声限值昼间不大于30dB，内部建筑设备传播至卧室的噪声限值不大于33dB。楼板厚度不小于100mm且隔声构造符合要求，现场测量的计权标准化撞击声压级不应大于65dB。

1.1.4 室内空气健康

建筑材料装饰装修材料应绿色环保，优先选用获得认证标识的绿色建材产品。室内空气污染物浓度甲醛不大于0.07mg/m³、总挥发性有机化合物（TVOC）不大于0.45mg/m²。卫生间存水弯水封及地漏构造水封深度均不应小于50mm。厨房排烟道应有防止支管回流和竖井泄漏的措施。

1.1.5 室内外建筑面层平整无开裂

顶棚、墙面、地面应选用不易变形的材料，平整度2m内偏差不大于3mm。饰面砖无裂痕、无缺损、无空鼓，接缝应平直、光滑。地砖面层与墙面交接处宜采用踢脚线或墙压地方式。墙面壁纸、墙布应粘贴牢固，不得有漏贴、脱层、空鼓和翘边。吊顶的吊杆、龙骨和面板应安装牢固，面板不得有翘曲、裂缝及缺损，压条应平直、宽窄一致。

1.1.6 固定家具安装牢固美观

橱柜等应紧贴墙面或地面牢固安装，柜门和抽屉开关灵活、回位准确，饰面平整无翘曲。集成厨房、集成卫生间预留空间尺寸合理，表面平整、光洁，无变形、毛刺、划痕和锐角。橱柜、台面、抽油烟机、洁具、灯具等与墙面、顶面、地面交接部位应严密，交接线顺直、清晰、美观。

1.1.7 设备管线设置合理

设备与管线应满足正常使用需求，安装整体效果美观，便于检修和维修改造。附属机电设备的基座或支架，以及相关连接件和锚固件应具有足够的刚度和强度。生活给水的材料和设备满足卫生安全要求，饮用水池（箱）应采取保证储水不变质、不冻结的措施。电源插座均为安全型插座，厨房、卫生间、洗衣机等电源插座应设有防止水溅的措施。

1.1.8 围护系统防坠落

墙体保温板材与基层之间及各构造层之间连接牢固，连接方式、拉伸粘结强度和粘结面积比应符合标准要求。建筑外保温系统与主体结构连接可靠，满足安全、耐久要求，不得空鼓、开裂和脱落。建筑的立面装饰体件与主体结构的连接应进行抗震设防，填充墙、女儿墙等非承重墙体应与主体结构连接可靠。

1.2 淘汰落后的施工工艺、设备和材料（表1.2-1）

淘汰落后的施工工艺、设备和材料　　表1.2-1

序号	工艺、设备和材料名称	禁止	限制	禁止、限制使用范围	相关理由	替代技术	适用范围
1	卷扬机钢筋调直工艺	√		严禁用于全部建设工程钢筋调直	可造成钢筋直径变小、延性降低、表面肋破坏，影响结构抗震安全性能	普通钢筋调直机、数控钢筋调直切断机的钢筋调直工艺等	全国
2	现场简易制作钢筋保护层垫块工艺	√		现场不得简易制作钢筋保护层垫块	工艺较为粗放，垫块强度、外形尺寸等易出现偏差，质量难控制，影响质量耐久性	专业化压制设备和标准模具生产垫块工艺等	全国

续表

序号	工艺、设备和材料名称	禁止	限制	禁止、限制使用范围	相关理由	替代技术	适用范围
3	饰面砖水泥砂浆粘贴工艺	√		严禁用于全部建设工程饰面砖粘贴	1. 水泥砂浆在硬化后，伸缩性较差，易出现开裂，导致瓷砖脱落。 2. 水泥砂浆在抗冻融方面较差。 3. 水泥砂浆经过风吹日晒，易出现粉化现象，粘结力下降，导致瓷砖脱落	水泥基粘结材料粘贴工艺等	全国
4	钢筋闪光对焊工艺		√	在非固定的专业预制厂（场）或钢筋加工厂（场）内，对直径大于或等于 22mm 的钢筋进行连接作业时，不得使用钢筋闪光对焊工艺	接头处达不到标准要求的力学强度，使接头焊件不合格	套筒冷挤压连接、滚压直螺纹套筒连接等机械连接工艺	全国
5	基桩人工挖孔工艺		√	存在下列条件之一的区域不得使用： 1. 地下水丰富、软弱土层、流沙等不良地质条件的区域。 2. 孔内空气污染物超标准。 3. 机械成孔设备可以到达的区域	作业环境恶劣，工人劳动强度大、危险性极高、安全保障极差，随时有可能受到涌水、涌沙、塌方、毒气、触电、高处坠落、物体打击等安全威胁	冲击钻、回转钻、旋挖钻等机械成孔工艺	全国
6	沥青类防水卷材热熔工艺（明火施工）		√	不得用于地下密闭空间、通风不畅空间、易燃材料附近的防水工程	使用明火热熔法施工的沥青类防水卷材，易发生火灾事故	粘结剂施工工艺（冷粘、热粘、自粘）等	全国
7	竹（木）脚手架	√		禁止建筑施工使用竹（木）脚手架	竹材由于其品种、成长年限、含水率等因素，其弹性、弯曲、压缩、剪力和绕曲率变化大，且容易腐蚀、爆裂，安全风险大	承插型盘扣式钢管脚手架、扣件式非悬挑钢管脚手架等	全国
8	门式钢管支撑架		√	不得用于搭设满堂承重支撑架体系	交叉支撑易在中铰点处折断，存在较大安全隐患	承插型盘扣式钢管支撑架、钢管柱梁式支架、移动模架等	全国
9	白炽灯、碘钨灯、卤素灯		√	不得用于建设工地的生产、办公、生活等区域的照明	施工工地用于照明的白炽灯、碘钨灯、卤素灯等非节能光源	LED灯、节能灯等	全国

续表

序号	工艺、设备和材料名称	禁止	限制	禁止、限制使用范围	相关理由	替代技术	适用范围
10	龙门架、井架物料提升机		√	不得用于25m及以上的建设工程	施工中存在较大的安全隐患	人货两用施工升降机等	全国
11	有碱速凝剂	√		不得使用有碱速凝剂	高碱，高氯离子含量，对施工环境和人员的健康存在损害；混凝土碱含量大，易造成碱骨料分离，影响混凝土的耐久性	溶液型液体无碱速凝剂、悬浮液型液体无碱速凝剂等	全国
12	污水检查井砖砌工艺	√		污水检查井不得采用砖砌工艺	易渗漏，造成水系和土壤污染	检查井钢筋混凝土现浇工艺或一体式成品检查井等	全国
13	九格砖		√	不得用于市政道路工程	外观差、强度低、不透水、使用寿命短	陶瓷透水砖、透水方砖等	全国
14	防滑性能差的光面路面板（砖）		√	不得用于新建和维修广场、停车场、人行步道、慢行车道	影响行人安全，不透水	陶瓷透水砖、预制混凝土大方砖等	全国
15	平口混凝土排水管（含钢筋混凝土管）		√	不得用于住宅小区、企事业单位和市政管网用的埋地排水工程	低温下易脆化、不耐磨、耐紫外线性能差、抗其他穿透性能差	承插口排水管等	全国
16	施工现场搅拌砂浆		√	全部建设工程	质量难控制，难与新型墙体材料相配套。储运、使用过程浪费资源、污染环境	预拌砂浆	北京
17	施工现场搅拌混凝土		√	全部建设工程	质量难控制，储运、使用过程浪费资源、污染环境	预拌混凝土	北京
18	喷射混凝土用粉状速凝剂		√	不得在规划市区内建筑工程、所有重点工程中使用	碱含量高，回弹大，喷射混凝土损失大；扬尘大，污染环境，易对施工人员的身体健康造成损害	液体速凝剂	北京
19	厚度≤2mm的改性沥青防水卷材		√	热熔法防水施工的各类建筑工程（不含临时建筑）	高温热熔后易形成渗漏点，影响工程质量	高分子片材及厚度＞2mm的改性沥青防水卷材	北京
20	铝合金、塑料（塑钢）外平开窗		√	楼房7层以上（含7层）	大风情况下安全性能差	各种节能保温型内平开窗	北京
21	氯离子含量＞0.1%的混凝土防冻剂		√	预应力混凝土和钢筋混凝土	易引起钢筋锈蚀，缩短混凝土结构寿命	—	北京

续表

序号	工艺、设备和材料名称	禁止	限制	禁止、限制使用范围	相关理由	替代技术	适用范围
22	无机保温砂浆和胶粉聚苯颗粒保温浆料等建筑保温浆体材料	√		民用建筑的墙体、屋面、楼板保温工程中禁止设计和使用保温砂浆类产品	产品质量不稳定、施工工艺难以控制等现象，存在安全隐患	优先采用CL建筑体系、蒸压加气混凝土精确砌块自保温墙体、现浇大模内置等自保温系统和保温隔热板材	武汉 四川 湖南
23	采用剪切原理设计的钢筋切断设备	√		严禁用于全部建设工程钢筋机械连接接头加工	加工后钢筋接头截面不平整，影响机械连接接头质量	锯切类钢筋加工设备	重庆
24	衬塑复合钢管		√	不得用于建筑热水系统	易造成内衬塑料脱层，减少有效截面积	纤维增强聚丙烯给水管、薄壁不锈钢水管等	重庆
25	人工挖孔灌注桩		√	不得用于除以下条件之外的建设工程（因施工技术、现场条件限制不能采用机械成孔的项目，以及开挖孔径≥1.2m且深度≤3m的岩石地基成孔项目）	安全隐患大，作业环境差，职业健康危害大	机械成孔灌注桩	重庆
26	混凝土楼梯现浇工艺		√	不得用于装配式建筑重点发展区域和丰都县建筑面积≥8万m^2（以规划方案一次性批准的建筑面积计）的混凝土结构高层住宅建筑标准层	资源综合利用率低，作业环境差，阻碍技术进步	预制装配式工艺	重庆
27	原木模板，竹（木）胶合板模板（采用脲醛树脂为胶粘剂）	√		严禁用于全市建设工程	资源综合利用率低	组合铝合金模板等	重庆
28	扣件式钢管悬挑卸料平台、扣件式钢管落地卸料平台	√		严禁用于全市建设工程	整体性差，存在安全隐患	符合标准要求的型钢卸料平台等其他卸料平台	重庆
29	电渣压力焊		√	不得用于水平钢筋和倾斜钢筋（斜度大于4∶1）以及直径＞28mm竖向钢筋的连接	焊接质量难以保证，影响钢筋性能	钢筋机械连接技术等	重庆

续表

序号	工艺、设备和材料名称	禁止	限制	禁止、限制使用范围	相关理由	替代技术	适用范围
30	施工现场加工箍筋		√	1. 不得用于主城区、涪陵区、永川区、黔江区、南川区、綦江区、荣昌区的市级重点项目（房屋建筑和市政基础设施）和公租房建设工程。 2. 不得用于主城区、南川区、綦江区、荣昌区建筑面积≥8万m^2（以规划方案一次性批准的建筑面积计）的建筑工程。 3. 不得用于涪陵区、永川区、黔江区建筑面积≥5万m^2（以规划方案一次性批准的建筑面积计）的建筑工程	加工质量难以保证	成型箍筋加工配送	重庆
31	外墙涂料		√	不得用于全市建筑工程外墙	易粘污，耐久性差	符合现行《外墙涂料涂饰工程施工及验收规程》DBJ 50/T—046等要求的涂料	重庆
32	填充材料（膨胀珍珠岩、蛭石等）		√	不得用于建筑工程找坡、回填	吸水率高，易渗漏	符合标准要求的体积吸水率≤20%的填充材料	重庆

1.3　住宅工程常见质量问题管控清单（表1.3-1）

住宅工程常见质量问题管控清单　　表1.3-1

序号	问题类型	管控问题清单	主要参建单位应采取的管控措施		
			建设单位	设计单位	施工单位
1	结构安全问题	地下室上浮导致底板结构破坏	1. 对施工过程中采取的各类措施、使用的各项材料给予合理的施工成本。不得要求设计单位进行过度优化，鼓励使用抗拔桩。 2. 督促勘察和设计单位认真执行建筑工程抗浮设计标准	1. 水位取值时应参考长期水位观测资料中的水位最高值、地勘报告中最高值、地形地貌特点、地下水分布、天气、当地气候、极端天气等方面，提高设计最高抗浮水位。	1. 当施工期间的抗浮稳定性验算不能满足时，应采取合理的抗浮措施。施工期间一般采用排水限压法对基坑进行降水，常用的基坑降水方法有：明沟加集水井降水、轻型井点降水、喷射井点降水、电渗井点降水、深井井点降水等。

续表

序号	问题类型	管控问题清单	主要参建单位应采取的管控措施		
			建设单位	设计单位	施工单位
1	结构安全问题			2. 合理确定施工期间的抗浮设防水位，并验算抗浮稳定性。此抗浮设防水位，不应只考虑场地的原始水文地质情况，也要考虑基坑开挖后地表水流入带来的影响。同时，验算施工期间的浮力时，应将上部建筑荷载调整为施工期间的荷载，也就是在允许停止人工降低地下水位时的建筑物实际荷载，一般需扣除覆土。 3. 设计单位按施工和使用工况综合考虑的加强型抗浮设计措施。 4. 基坑肥槽回填应采用分层夯实的黏性土、灰土或浇筑预拌流态固化土、素混凝土等弱透水材料。 5. 未回填土禁止封闭降水井。 6. 建筑工程施工期和使用期的稳定状态应根据地下结构形式及埋深深度、结构荷载分布、抗浮设计等级等最不利因素组合工况确定。 7. 抗浮不稳定时，应根据影响稳定状态的因素采取相应的抗浮措施。 8. 合理考虑上部荷载未达到时的地下水降排水措施	2. 做好基坑上浮实时监测工作。 3. 地下结构外围周边地表应设置混凝土等弱透水材料封闭带，范围宜扩至地坑肥槽边缘以外不小于1m。 4. 场地应设置渗水井、排水盲沟及泄水沟等，形成有组织排水系统。 5. 基础底不得设置透水性较强的材料垫层，超挖土方宜采用混凝土或预拌流态固化土等回填。 6. 给水排水管道的接口、沟、涵等应采取防渗漏措施。 7. 经过设计同意后，可采用排水泄压法将地下水静压力卸去
2		结构不均匀沉降导致结构裂缝	1. 合理安排进度，避免养护时间不足就进行土方开挖施工，减少桩身扰动。 2. 设计阶段开始介入，杜绝沉降裂缝变形产生。 3. 提供详实的地基勘察报告，明确地基持力层情况，为设计选择桩型提供保障	1. 地基基础设计中明确沉降控制值，对符合现行《建筑地基基础设计规范》GB 50007第3.0.2条等规定的，必须进行变形验算，变形计算值不应大于规范允许值。 2. 建筑物地基基础采用桩基时，同一结构单元桩端应置于同一低级持力层上。 3. 层数相差10层以上的建筑物，应设置沉降缝或沉降后浇带。	1. 桩基（地基处理）施工，应保证有效桩长和进入持力层深度。施工后应有一定的休止期，挤土时砂土、黏性土、饱和软土分别不少于14d、21d、28d，保证桩身强度、桩周土体的超孔隙水压力消散和被扰动土体强度恢复。 2. 桩基（地基处理）工程验收前，应按规范和相关文件规定进行桩身质量（地基强度）、承载力检验。检验结果不符合要求的，在扩大检测和分析原因后，由设计单位核算认可或出具处理方案进行加固处理。

续表

序号	问题类型	管控问题清单	主要参建单位应采取的管控措施		
			建设单位	设计单位	施工单位
2	结构安全问题			4. 同一结构单元不应采用多种类型的地基基础设计方案；当采用两种或两种以上的地基基础方案时，应采取沉降缝等措施控制差异沉降	3. 主体结构施工时按图纸要求设置沉降观测点，并在定期对建筑物进行沉降检测。 4. 后浇带应在主体结构封顶或沉降速率达到稳定标准、预估沉降差异可满足设计要求，并经设计认可后进行封堵
3	结构安全问题	后浇带结构裂缝	要求施工单位必须按设计单位要求和施工方案进行后浇带部位的施工处理	1. 设计单位应提高混凝土的密实度和抗渗性，减少裂缝的产生。 2. 后浇带接缝形式的选择和设置，必须根据工程类型、工程部位、现场施工情况和结构受力情况而具体确定	1. 后浇带的位置和处理应严格按设计要求和施工技术方案执行。 2. 后浇带混凝土宜采用提高一个强度等级的补偿收缩混凝土浇筑，浇筑时，其两侧混凝土龄期不应少于60d。 3. 后浇带混凝土浇筑时按规定留置标准养护试件和同条件养护试件，用以检验和证明后浇带混凝土的强度。 4. 后浇带混凝土浇筑后应重视其养护工作，及时有效养护
4	结构安全问题	楼板的贯穿裂缝	1. 鼓励设计按双层钢筋进行板筋配置。 2. 管线上铺设钢丝网；费用按实增加。 3. 鼓励设计及施工单位应用防开裂构造措施，费用按实增加。 4. 要求设计单位提高此部位的施工、用料标准。 5. 要求施工单位加强此部位的施工过程管理。 6. 参与施工单位选择混凝土供应商决策，并给出合理建议	1. 设计楼板厚度满足构造要求。 2. 配筋计算应满足要求。 3. 板内布管避免交错叠放。 4. 在预埋管线处增设抗裂钢筋网片。 5. 设计时适当考虑坡屋面热胀冷缩，增加板的强度。 6. 设计对混凝土强度应留有充分的保险系数。 7. 砂、石骨料应选用中、粗砂，且砂含泥量严格控制在3%以内，根据泵送能力，尽量选用粒径较大的碎石，有条件时选用5～40mm粒径的级配石，若采用非泵送方法浇捣混凝土更有利于抗裂。	1. 调整优化混凝土配合比，施工中振捣密实，做好混凝土二次收光和养护。 2. 按设计要求在管线上铺钢丝网，浇筑时避免踩踏，控制钢筋保护层厚度。 3. 按照模架方案施工，控制拆模时间，避免过早拆模。 4. 施工中控制管线间距，保证混凝土顺利浇捣。 5. 进入混凝土冬期施工时，因气温较低，混凝土的凝结时间较长，当气温低于5℃时，混凝土要用草包或其他保温材料覆盖，防止混凝土初凝时遭受冻害，从而杜绝混凝土因冻害而产生的裂缝。 6. 施工单位应加强对混凝土振捣操作人员的技术指导，要求振捣棒快插慢拔，而且要匀速提升，混凝土的密实度也是防止产生裂缝的一种措施。

续表

序号	问题类型	管控问题清单	主要参建单位应采取的管控措施		
			建设单位	设计单位	施工单位
4	结构安全问题			8. 水泥宜选用水化热较低的水泥；强度较高的水泥能减少水泥用量，有利于防裂。外加剂选用减水率较高的高效减水剂以及性能优越的膨胀剂，若为泵送混凝土还须掺入缓凝剂，最好选用复合型外加剂，既满足多种性能要求，又方便施工	7. 施工单位应将预防现浇楼板裂缝作为一个重点目标，加大现场巡查力度，掌握第一手资料，及时纠正错误操作。 8. 下雨天不浇筑屋面混凝土，振捣及时。 9. 施工单位在选择混凝土供应商之前应做好充分调研，部分被市质监总站通报问题的供应商尽量避免录用。 10. 施工单位需定期突击检查混凝土搅拌站，并留有检查记录，对于运抵现场不符合规范要求的混凝土勒令退场。 11. 做好混凝土试块 3d、7d、28d 龄期的试压，了解混凝土强度增长曲线，及时发现混凝土出现质量问题，并及时处理
5		套管安装梁上后开洞问题		设计图纸明确要求及做法	采用套管预埋件，免凿洞，成品质量高
6		PC 灌浆不饱满影响结构安全	1. 不随意压缩工期，确保同层灌浆操作时间。 2、建设单位需委托有资质的第三方检测机构对已灌浆部分进行灌浆饱满型检测	强化 PC 构件盲孔设计，保证孔内尺寸大小满足灌浆需求	1. PC 灌浆全过程旁站监督并留有影像资料。 2. 灌浆时必须使用回流管。 3. 项目需配备内窥镜，并按照政府要求开展灌浆饱满度检测。 4. 制定合理可实施补灌方案。 5. 补灌后质量（自测及第三方检测）抽查比例
7	渗漏开裂问题	预铺反粘防水卷材接头渗漏	按照更改后的材料进行结算	是否可以考虑改为防水涂料或者热熔卷材	
8		地下室外墙渗漏	1. 要求设计单位明确渗漏构造措施。 2. 鼓励设计及施工单位采用新工艺，可适当增加费用	1. 应在施工图设计文件中明确不同部位的接缝宽度、深度、截面形式等要求，接缝防水构造，以及密封材料品种、类型、级别、规格、性能指标等。 2. 明确不用部位防水的设计工作年限和防水材料耐久性、密封胶打胶的厚度和宽度等指标要求	1. 防水混凝土应分层连续浇筑，浇筑时应采用机械振捣，避免漏振、欠振和超振，保证混凝土的均匀性和密实性。 2. 混凝土浇筑后带模养护不应少于 2d，拆模后做好覆盖养护及洒水养护。 3. 穿墙止水螺杆止水环应满焊且饱满，拆模后将留下的凹槽用密封材料封堵密实，并用聚合物防水砂浆抹平。 4. 地下室外墙迎水面在墙主筋外应增加抗裂钢筋网

续表

序号	问题类型	管控问题清单	主要参建单位应采取的管控措施		
			建设单位	设计单位	施工单位
9	渗漏开裂问题	厨卫间楼地面渗漏	鼓励设计单位使用新材料新工艺	1. 有防水要求的建筑地面，均应进行防水设计。 2. 在设计中明确反坎高度和位置	1. 上下水管等管道预留洞口坐标位置应正确。 2. 现浇板预留洞口填塞应满足要求，洞口封堵混凝土凝固后进行24h蓄水试验，无渗漏再做防水层； 3. 防水层施工前，应先将楼板四周清理干净，阴角处做圆弧。 4. 有防水要求的地面施工完毕后应进行24h蓄水试验，蓄水高度为20～30mm，不发生渗漏为合格
10		阳台渗漏	鼓励阳台全部做防水处理	提供阳台设计构造详图	1. 按照设计详图施工，阳台窗框洞口填塞防水砂浆。 2. 窗台排水坡度满足要求，设置窗台滴水线
11		屋面渗漏质量控制	1. 鼓励设计采用倒置式防水设计方案。 2. 禁止为确保预售节点强行压缩合理工期。 3. 将屋面防水质量管控重点纳入总包考核，加强过程监督，发现问题及时督促总包单位予以改善	1. 明确保护层混凝土强度等级和厚度、分隔缝间距和缝宽。 2. 设计中明确保护层内配置钢筋网片及规格。 3. 设计中明确分隔缝封盖材料和方法。 4. 减少使用发泡混凝土、发泡板等容易破损的材料作为屋面结合层。 5. 明确防水卷材防水性能力学性能等关键指标	1. 细石混凝土分层摊铺，钢筋网片铺设在保护层中间部位，振捣密实，收水后分两次整平压光。 2. 保护层保水养护不少于14d。 3. 分隔缝间距和缝宽按设计要求设置，缝内填防水油膏，缝口热铺防水卷材。 4. 保护层等屋面全部施工完成，做24h蓄水试验。 5. 混凝土施工时振捣到位，不可过振、漏振（尤其预埋、预留管线处）。 6. 管理人员应确保防水基层干燥，含水率测试合格后方可铺贴防水卷材，选用的基层处理剂、粘结剂要和卷材相匹配
12		PC外墙接缝渗漏	1. 要求设计单位明确渗漏构造措施。 2. 鼓励设计及施工单位采用新工艺，可适当增加费用	1. 应在施工图设计文件中明确不同部位的接缝宽度、深度、截面形式等要求，接缝防水构造，以及密封材料品种、类型、级别、规格、性能指标等。 2. 明确不用部位防水的设计工作年限和防水材料耐久性、密封胶打胶的厚度和宽度等指标要求	1. 严格按照设计要求控制PC构件加工尺寸。 2. 图纸深化时提出设置防水企口，企口设置的高度不低于20mm。 3. 灌浆时保证灌浆压力，并连续灌满。 4. 按图纸要求，在接缝处采用油膏、防水涂料、防水雨布等材料进行防水构造施工

续表

序号	问题类型	管控问题清单	主要参建单位应采取的管控措施		
			建设单位	设计单位	施工单位
13	渗漏开裂问题	外窗渗漏	1. 窗户型材避免选用劣质、不合格品。 2. 对于房屋整体造型有要求时，窗边的线条厚度尽量做10cm线条	1. 明确防水构造设计详图。 2. 优选防水材料和注明抹灰等级。 3. 设计U形引水条（槽）。 4. 如果业主确实需要5cm线条，设计时可以选择使用EPS代替混凝土线条	1. 外窗防水由防水专业队伍施工。 2. 按照工艺操作规程进行接缝表面处理、发泡剂填塞、嵌填密封胶、开泄水孔、安装引水条（槽）。 3. 外窗窗台四周喷涂无色透明外墙防水剂。 4. 施工过程做好成品保护措施
14		外墙内保温吸水、渗漏、脱落控制	建设单位不得擅自变更节能设计的内容，如需变更则由原设计单位提出，报原施工图审查机构审查，并在审查合格后报建筑节能管理机构办理备案手续	1. 绘图严格选取建筑标准图集，选取外保温体系应通过严格的热工性能计算来选取。 2. 合理控制窗墙比，对外墙、屋面和不供暖的地下室顶板保温材料厚度的选择应在控制建筑物的耗热量指标前提下计算而得	起鼓、脱落： 1. 保温板粘贴前，清除板表面碎屑浮尘，并对墙体界面用专用界面砂浆进行处理。 2. 门窗洞口四周、阴阳角处和保温板上下两端距顶面和地面100mm处，均应采用通长粘结，且宽度不应小于50mm，其余部位可采用条粘法或点粘法，总的粘贴面积不应小于保温板面积的40%。 3. 门、窗、洞口及系统终端的保温板，应用整板套割处置，任何接缝距洞口四角不得小于300mm。 4. 抹面层施工应在保温板粘贴完毕24h后方可进行。 5. 基层墙面清理干净，不得有灰尘、污垢、油渍及残留灰块等，界面砂浆需均匀涂刷于基层墙体。 6. 保温砂浆应采用机械搅拌，机械搅拌时间不宜少于3min，且不宜大于6min，搅拌好的砂浆应在2h内用完。 7. 保温砂浆应分层施工，每层厚度不应大于20mm，后一层保温砂浆施工应在前一层终凝后进行，且不宜超过72h。 8. 施工完成后及时做好保温砂浆层的养护，不应水冲、撞击和振动。 开裂： 1. 上下排之间保温板应错缝1/2板长排列，门窗洞口四角处不得有接缝，且任何接缝距洞口四角不得小于300mm，阴角和阳角处的保温板应做切边处理。

续表

序号	问题类型	管控问题清单	主要参建单位应采取的管控措施		
			建设单位	设计单位	施工单位
14	渗漏开裂问题				2. 保温板之间应紧靠且板缝不得大于2mm。 3. 玻璃纤维网搭接长度应严格按照要求施工，不得小于100mm，两层搭接玻璃纤维网格布之间必须满布抹面胶浆，严禁干茬搭接；施工时应把玻璃纤维网压入专用粘结剂，须做到平整严实，不得有皱褶、空鼓、翘边。 4. 应先将抹面胶浆均匀涂抹在保温层上再将网格布压入胶浆之中，须做到平整严实，不得有皱褶、空鼓、翘边，不得先将网格布直接铺贴在保温面层上再用砂浆涂布粘结。 5. 在门窗洞口等的边角处应沿45°方向提前用抗裂砂浆增贴一道耐碱玻璃纤维网格布，网格布的尺寸为400mm×200mm。 6. 抗裂防扩层施工完成后应检查平整、垂直及阴阳角方正，不符合要求的应用抗裂砂浆进行修补
15		给水排水管道渗漏	考核各参建单位质量管理职责，第三方检查排查此问题项，将考核结果与付款比例相挂钩	设计应明确套管类型、规格	管道施工完成后及时采取必要的成品保护措施，不得损坏已预埋的塑料止水短接，通水试验全数排查此类问题，汇总问题渗漏清单，发现问题及时进行修补
16		不出筋叠合板密拼缝开裂		要求设计将叠合板底留V形缝改为槽口	结构施工阶段此槽口暂不封堵，待结构施工完毕，楼板荷载已基本完成后，在装饰施工时后补缝。开设槽口有利于砂浆填塞密实，装饰阶段结构变形较小，降低开裂风险
17		填充墙裂缝	制定防开裂总包考核制度，严格控制过程管理	洞口宽度大于2m时，两边应设置构造柱；建筑物长度大于40m时，应设置变形缝	砌筑砂浆应采用中、粗砂，严禁使用山砂、石粉和海沙，砌筑砂浆选用预拌砂浆，严禁在墙体上开凿水平槽

续表

序号	问题类型	管控问题清单	主要参建单位应采取的管控措施		
			建设单位	设计单位	施工单位
18	渗漏开裂问题	房屋顶层混凝土框架与砌体之间温差裂缝	鼓励设计及施工单位应用防开裂构造措施，费用按实增加	1. 适当加强房屋顶层的刚度；设置保温及架空隔热层。 2. 明确顶层砌筑墙体构造柱位置及间距（其他楼层构造柱位置及间距由施工单位确定）	1. 施工中按设计要求采用不易干缩变形的材料。 2. 填充墙砌至接近梁底、板底，预留 30mm 左右的缝隙，待下部填充墙的砌筑完成 14d 后，用细石混凝土分两次将缝隙填实。 3. 填充墙与承重主体结构间的空（缝）隙部位施工，应在填充墙砌筑 14d 后进行，待墙体灰缝充分沉降变形均匀，避免墙顶产生裂缝。 4. 确保砌体材料含水率与养护周期符合使用要求，砌块出厂存放 28d 以后，待砌块收缩稳定后再使用。 5. 缝隙嵌塞前应清除缝隙内浮灰等杂物
19		内墙抹灰空鼓、开裂、脱落控制	1. 鼓励设计及施工单位应用防空鼓、开裂构造措施，费用按实增加。 2. 鼓励设计及施工单位应用防开裂、脱落构造措施，费用按实增加。 3. 制定质量通病总包考核制度，严格控制过程管理。 4. 按照更改后的钢丝网进行结算	1. 轻质墙体应采用 1∶3∶9 或强度等级为 M5.0 的混合砂浆打底，采用 1∶1∶6 或强度等级为 M7.5 的混合砂浆抹面。 2. 轻质墙体的抹灰表层宜整铺一道抗裂耐碱纤维网。 3. 无防水要求的房间，现浇混凝土基层应选择直批腻子的做法。即先批两遍聚合物普通水泥腻子，再批聚合物白水泥腻子。每遍腻子的厚度不宜大于 0.5mm，总厚度不宜大于 2mm。 4. 混凝土基层采用抹灰时，应设置一道抗裂耐碱纤维网，并采用 1∶3 聚合物水泥砂浆打底，1∶1∶6 混合砂浆抹面。 5. 木质基层应设一道镀锌钢丝网片，并采用 1∶1∶6 混合砂浆打底，宜采用掺抗裂纤维的 1∶1∶6 混合砂浆抹面。 6. 明确抗裂耐碱纤维网等材料的断裂强力等关键性能指标。 7. 降低抹灰层厚度，实行薄抹灰或免抹灰，不同材料交接处采用钢丝网代替玻纤网	1. 混凝土表面凹凸明显部位应先剔平或用 1∶3 聚合物水泥砂浆补平。 2. 粉刷或化学毛化前，均应清除基层污物，并提前浇水湿润。 3. 混凝土基层应采用人工凿毛或进行化学毛化处理，轻质砌块基层应采取化学毛化或满铺网片等措施来增强基层的粘结力。 4. 不同材料基体交接处，应铺设抗裂钢丝网或耐碱纤维网，与各基体间的粘结宽度不应小于 150mm。 5. 应分层贴灰饼，并按分户验收要求控制好室内空间尺寸。 6. 内墙抹灰厚度超过 10mm 时，应分层进行，面层应待底层抹完 2d 后进行。 7. 轻质内墙面层抹灰后应立即铺贴抗裂耐碱纤维网，并将耐碱纤维网均匀压入砂浆内，不得露出网筋，两网之间的搭接宽度不得小于 100mm。

续表

序号	问题类型	管控问题清单	主要参建单位应采取的管控措施		
			建设单位	设计单位	施工单位
19	渗漏开裂问题				8. 批腻子前，应将局部外露的钢筋头、钉头和铁丝头等易泛锈点凿除，并凹入混凝土表面内不小于5mm，点刷防锈漆后再修补平整。当每间顶棚易泛锈点超过5个点时，应满贴一层耐碱纤维网。 9. 混凝土基层为抹灰顶棚时，应待底层抹完2～3d后，用聚合物水泥浆铺贴抗裂耐碱纤维网，再抹面层。 10. 木基层上铺贴钢丝网时，应用薄金属片钉压牢固，钉距不大于400mm。 11. 抗裂纤维混合砂浆应搅拌均匀，纤维应充分分散开。 12. 管线暗敷和线盒等已安装结束且开凿的槽口已按规定铺贴抗裂网后，才能进行内墙抹灰；内墙抹灰厚度超过10mm时，应分层进行。 13. 基层或墙面需进行浇水湿润，避免砂浆中的水分被吸取造成脱水。 14. 及时养护避免早期脱水引起空鼓
20		外墙抹灰层空鼓、开裂、脱落控制	鼓励施工单位采用免抹灰施工工艺，费用按实增加	明确免抹灰工艺设计参数及构造	1. 优化外墙施工工艺，采用铝模、钢包木模等新型模板体系。 2. 制订详细的浇筑施工方案，优化混凝土配合比，分层浇捣。 3. 浇灌中随时检查模板支撑情况防止漏浆。在混凝土养护龄期内喷养护液加强保湿
21		水泥楼地面起砂、空鼓、开裂	鼓励设计及施工单位应用防起砂、空鼓、开裂构造措施，费用按实增加	明确楼面设计各项参数要求： 1. 面层为水泥砂浆时，应采用1∶2水泥砂浆，强度等级不应小于M15，面层厚度不应小于20mm。 2. 细石混凝土面层的混凝土强度等级不应低于C25，细石混凝土面层厚度不应小于40mm	1. 浇筑面层混凝土或铺设水泥砂浆前，光滑的基层表面凿毛或铺设时批、刷界面剂。基层表面应粗糙、洁净，增加制作控制室内净高及表面平整度的灰饼，并提前浇水湿润，待内潮面干时铺设面层材料。 2. 应严格控制水灰比，用于面层的水泥砂浆稠度不应大于35mm，用于铺设地面的混凝土坍落度不应大于30mm。

续表

序号	问题类型	管控问题清单	主要参建单位应采取的管控措施		
			建设单位	设计单位	施工单位
21	渗漏开裂问题				3. 水泥砂浆面层应边铺砂浆边抹压均匀，并用短杠刮平；浇筑混凝土面层时，应采用滚筒滚压，面层应密实，强度应符合设计要求。 4. 应掌握和控制好压光时间，终凝前至少抹平压光两次。 5. 地面面层施工24h后应进行养护，并对成品进行保护，连续湿润养护时间不应少于7d；抗压强度达5MPa后方可上人行走，抗压强度应达到设计要求后方可正常使用。环境温度低于5℃时，应采取冬期施工措施
22		涂饰工程开裂、掉粉、起皮控制	鼓励设计及施工单位应用防开裂、起皮构造措施，费用按实增加	1. 明确饰面设计各项参数要求。 2. 在转角、洞口等位置设计防开裂措施	1. 应清除基层浮灰和污物，批刮腻子前基层应干净、干燥。抹灰基层表面易锈蚀的铁丝头、钉头、钢筋头等应凿除，且埋入抹灰层的厚度不少于7mm。 2. 抹灰基层空鼓裂缝必须凿除重抹，并应铺贴抗裂网，抗裂网与周边的搭接宽度不小于80mm。只裂不空时，宜用切割机直接切缝，清除干净并喷水湿润后，用干硬砂浆（水泥：细沙为1：1）嵌填密实，缝口应粘贴宽度不小于100mm的丝网（无纺布等）。 3. 溶剂型涂料和裱糊工程的混凝土或抹灰基层应涂刷抗碱封闭底漆。 4. 基层腻子应批抹平整、坚实、牢固，线角顺直、方正，无粉化、起皮和裂缝、砂眼；厨房、卫生间墙面必须使用耐水腻子。 5. 涂饰工程应选择乳胶型或溶剂型涂料，严禁使用易粉化的涂料。 6. 涂刷前，应对基层腻子质量进行验收，对其他装饰材料、电气设备、卫生器具等进行成品保护，符合要求后方可施涂。

续表

序号	问题类型	管控问题清单	主要参建单位应采取的管控措施		
			建设单位	设计单位	施工单位
22	渗漏开裂问题				7. 涂饰工程应多遍成活，后一遍应待前一遍涂膜干燥后才能涂刷；每一遍都应涂刷均匀，不得漏涂、流坠。 8. 涂层表面应色泽均匀，无起皮、泛锈、污染和明显可见的裂缝、划痕等
23	渗漏开裂问题	地面保温、隔声处理导致地坪开裂		是否能将地面保温改为顶棚保温，降低地坪开裂风险	
24	全装修问题	设计施工过程中缺乏个性化设计	设计阶段，注意审核细节	1. 地砖面层与墙面交接处应采用踢脚线或墙压地方式。 2. 电源插座为安全型插座，厨房、卫生间、洗衣机等电源插座应设有防止水溅的措施。 3. 采用内保温的厨房卫生间墙面砖应设置防坠落构造	1. 样板先行，严控材料进场验收及送样复试工作。 2. 严格按照设计做法施工。 3. 促进建筑、结构、机电设备、装修等各专业协同
25	全装修问题	壁纸、墙布粘贴不牢起翘	设计阶段，注意审核细节		墙面壁纸、墙布应粘贴牢固，不得有漏贴、脱层、空鼓和翘边
26	全装修问题	吊顶面板翘曲、压条不平直	设计阶段，注意审核细节	吊顶伸缩缝、灯具布局合理设计，应用BIM技术提前排板	吊顶的吊杆、龙骨和面板应安装牢固，面板不得有翘曲、裂缝及缺损，压条应平直、宽窄一致
27	全装修问题	固定家具不牢固，外观质量瑕疵		预留空间尺寸合理设计	橱柜等应紧贴墙面或地面牢固安装，柜门和抽屉开关灵活、回位准确，饰面平整无翘曲。集成厨房、集成卫生间预留空间尺寸合理，表面平整、光洁，无变形、毛刺、划痕和锐角。橱柜、台面、抽油烟机、洁具、灯具等与墙面、顶面、地面交接部位应严密，交接线顺直、清晰、美观
28	全装修问题	木地板霉变、起鼓，有响声、划伤	1. 对甲方指定的厂家应严格进行考察木地板原材等生产质量情况，严禁不合格产品进入施工现场。	1. 明确木地板基层含水率、地板受力性能等关键指标。	1. 样板先行，严控材料进场验收及送样复试工作。 2. 全过程监督检查施工过程，过程考核与分包付款相挂钩，成品保护措施应到位。

续表

序号	问题类型	管控问题清单	主要参建单位应采取的管控措施		
			建设单位	设计单位	施工单位
28	全装修问题		2. 考核各参建单位质量管理职责，将考核结果与付款比例相挂钩	2. 设计采取分隔缝等措施，控制木地板基层变形，从而保证木地板不发生空鼓、响声等质量问题	3. 基层表面应坚硬、平整、洁净、干燥、不起砂，表面含水率不应大于8%。 4. 顺着长边方向铺设；板间缝隙不应大于3mm，与柱、墙之间应留8～12mm的空隙，相邻板材接头位置错开不小于300mm的距离
29	全装修问题	室内面砖、地砖空鼓、色差	1. 鼓励设计及施工单位应用防空鼓构造措施，应用新技术、新工艺，费用按实增加。 2. 制定质量通病总包考核制度，严格控制过程管理。 3. 合理控制施工工期，避免铺贴完成后的面砖立即投入使用，造成空鼓等质量缺陷	1. 地砖应选择同质砖，不宜选择釉面砖。 2. 有防水要求的房间，地面应选择防滑地砖或进行表面防滑处理。 3. 明确基层含水率、饰面砖强度要求等关键指标	1. 墙地砖铺贴前，应严格按验收确认的样板套作为标准进行排砖，并精心挑选墙地砖，将尺寸误差相近、颜色一致的砖贴在同一间地面、同一墙面上。 2. 内墙面砖应提前用清水浸泡20min后取出沥干表面水珠，粘贴时应面干内湿，防止面砖吸收过量的水泥浆液而影响表面色泽。 3. 墙地砖铺贴宜选用专用粘结砂浆。铺贴时，缝隙内的粘结砂浆应清除干净，并做到随贴随清；采用干拌砂浆铺贴地砖时，应洒水养护不少于7d。 4. 墙地砖铺贴完成后，应及时做好养护和成品保护。 5. 墙砖饰面层应无空鼓、裂缝，同墙面颜色、花纹一致，缝隙整齐，无缺棱掉角，相邻面砖、地砖接缝平整无翘曲。 6. 地砖饰面层应无裂缝，每块砖空鼓面积不超过1/5，且不超过100cm² 每个房间不超过2处；同房间颜色、花纹一致（石材无明显色差，并与样板套基本一致），缝隙整齐，无缺棱掉角
30	安装问题	集水井潜污泵堵泵损坏	按照经验，在设计阶段要求设置钢丝网	根据使用的实际情况，深入了解诉求，在设计阶段考量未来使用可能遇到的问题	启用集水井的潜污泵前，一定要盖上集水井盖板，并在进水口设置垃圾隔断
31	安装问题	厨卫间开窗口顶部预留空间不足	设计阶段，注意审核细节	合理规划厨卫间窗口洞口开设位置	施工期间及早全方位审核，避免类似问题出现，并能在第一时间修正

续表

序号	问题类型	管控问题清单	主要参建单位应采取的管控措施		
			建设单位	设计单位	施工单位
32	安装问题	连廊地漏数量不足影响排水	设计阶段，注意审核细节	设计需要考虑极端天气带来的影响，此处应该提高设计标准。影响面广，还可能对电梯井道造成进水的影响	
33		连廊有水设施低温冻裂		带连廊的走廊考虑增加走廊水设施的保温	
34		电箱后开槽破坏墙体		设计阶段，规划强弱电间详图，提早谋划，合理布置	提前深化设计，预留出电箱、管线洞口 预埋时将强弱电管拉开距离，给强电管开槽配管绕弱电箱的空间
35		工序穿插不合理，导致管道污染、损坏			安装与土建紧密配合，做好工序交接，促进建筑、结构、机电设备、装修等各专业协同
36		楼板预埋线管接头渗漏		避免采用线管类穿越防水层的设计；避免屋面后开洞口的方式影响防水施工质量	加强接头连接的质量控制
37		楼板后注浆堵塞线管	甲指防水材料把控及预留工期给屋面防水施工	尽量安排本层管线沿地面敷设、考虑采用其他方式敷设或者留出检修空间	土建应等待安装先行疏通，安装提前进入管道疏通环节，确保屋面管线畅通后，进行防水处理，预留充足的防水施工时间
38		设备管线设置不合理问题		设计阶段应充分考虑管线排布，应达到满足正常使用需求，且安装整体效果美观	1. 认真审图，提前深化设计，做好三维管线碰撞试验，现场制作实体样板，邀请业主监理共同验收通过后，严格按样板施工。 2. 对部分设备选型不合理的应及时向建设单位反馈，如生活给水的材料和设备应满足卫生安全要求，饮用水池（箱）应采取保证储水不变质、不冻结的措施。 3. 电源插座应设计为安全型插座，厨房、卫生间、洗衣机等电源插座应设有防止水溅的措施

续表

序号	问题类型	管控问题清单	主要参建单位应采取的管控措施		
			建设单位	设计单位	施工单位
39	其他问题	住宅盲目压缩工期	1. 规范招标投标行为，应根据工程施工内容合理规划工期，严禁恶意压缩工期。 2. 及时跟踪项目进度及使用单位对在建项目功能性的要求，对影响使用单位的结构需要变更的须及时提出，减少后续拆除改造造成工期延误的情况	1. 加快图纸设计，避免边施工边出图纸的情况，图纸审核需仔细，尤其注重建筑图与结构图的校对工作。 2. 减少设计变更，必要的设计变更应及时提出	1. 投标过程中应充分考虑合同工期。 2. 施工前提前编制总进度计划，合理安排工序穿插。 3. 积极推行建筑师负责制和全过程工程咨询等新型组织管理模式，促进建筑、结构、机电设备、装修等各专业协同
40	其他问题	钢筋保护层厚度偏差引起装修返锈	督促总包单位做好钢筋除锈工作	针对易出现锈迹部位，适当钢筋保护层厚度	1. 做好钢筋除锈工作，浇筑混凝土前做好模板内杂物清理。 2. 对已出现锈迹的部位，增加界面处理措施
41	其他问题	房间开间、进深尺寸偏差	建设单位有需要可请第三方进行把控		1. 施工过程中，各种测量仪器应定期校验。 2. 模板支撑完成后、混凝土浇筑前，应对柱模板的垂直度进行吊线校正，校正模板的标高和平整度，其尺寸应符合设计。 3. 混凝土楼板浇筑前应做好现浇板厚度的控制标识
42	其他问题	室内隔声防噪	1. 电梯机房隔振、设备隔振，鼓励设计阶段优化电梯机房隔振、减振措施，如采用隔声材料等。 2. 选用隔声性能较好的装修材料，门窗和隔墙隔声性能优良	1. 图纸中明确各种隔声减振措施，电梯井道、机房不应贴邻卧室，或设置有满足隔声和减振要求的措施。 2. 噪声源：电梯机房曳引机在工作时会引起机械噪声，且多为中低频噪声，以及轨道摩擦噪声和机柜振动噪声都是噪声源。 3. 减振器：在电梯主机下方安装减振台，不仅可以隔断低频噪声的传播结构，还能降低噪声的传递率以及电梯主机振动和抱闸噪声，从而解决电梯振动引起的低频噪声问题。	1. 曳引机机座与混凝土基础之间可用橡胶垫实现减振和调整，地脚螺栓必须采用弹簧垫圈或双螺母防松。 2. 楼板、墙体上各种孔洞均应采取可靠的密封隔声措施，产生噪声和振动的设备应设置减振、隔振措施。 3. 楼板厚度不小于 100mm 且隔声构造符合要求，现场测量的计权标准化撞击声压级不应大于 65dB

续表

序号	问题类型	管控问题清单	主要参建单位应采取的管控措施		
			建设单位	设计单位	施工单位
42	其他问题			4. 弹性支撑：使用弹性支架改变固体连接，降低因轨道摩擦产生的噪声和噪声的传播。 5. 无机纤维喷涂：在井道使用无机纤维喷涂，不仅可以提高井道的隔声效果，还能整体降低电梯井道产生的噪声	
43		室内空气健康	建筑材料和装饰装修材料应绿色环保，优先选用获得认证标识的绿色建材产品		1. 卫生间存水弯水封及地漏构造水封深度均不应小于50mm。 2. 厨房排烟道应有防止支管回流和竖井泄漏的措施

2 现浇住宅工程质量控制重点及常见质量问题防治

2.1 地基与基础工程质量控制重点及常见质量问题防治

2.1.1 地基与基础工程质量控制重点

（1）基坑支护质量控制要点

1）根据基坑深度、气候条件、土质情况和周边环境情况等，合理选用基坑支护形式；

2）护坡的施工质量应符合相应规范要求和规定；

3）坡顶设置合理有效的排水措施，保证坡面和坡顶的水得到有效排放，能较好地维护土质结构。

（2）地基降排水质量控制要点

1）施工前应做好施工区域内临时排水系统的总体规划，并注意与原排水系统相适应；

2）在地形、地质条件复杂，在有发生滑坡、坍塌等风险的区域挖方时，应根据设计图纸编制专项施工方案进行排水；

3）地下水位高于开挖面时，应根据当地工程地质资料，基础形式、基础深度等，选用合适的降水方式降低地下水位，应使地下水位低于开挖底面不少于 0.5m；

4）采用井点降水时应根据含水层土的类别及其渗透系数、要求降水深度、工程特点、施工设备条件和施工工期等因素进行经济比较，选用适当的井点装置。

（3）土方开挖

1）土方开挖时，应对附近已有建筑物或构筑物、道路、管线等进行变形观测并记录；

2）土方施工中，应测量和校核其平面位置、水平标高和边坡坡度等是否符合设计要求，对平面控制桩和水准点也应定期复测；

3）基坑开挖过程中，应在开挖至设计标高以上预留人工开挖厚度；在挖至设计标高后，严禁扰动基地原状土；

4）土方开挖顺序应遵循“开槽支撑，先撑后挖，分层开挖，严禁超挖”的原则，开挖前应做好防止土体回弹变形过大、防止边坡失稳、防止桩位移和倾斜及配合基坑支护结构施工的预防措施；

5）土方开挖一般不宜在雨期进行，开挖工作面不宜过大，应逐段、逐片完成，雨期施工中开挖的基坑，应注意边坡稳定，必要时可适当放缓边坡坡度或设置支撑，同时，应在坑外侧设截水排水沟，防止地面水流入，定期对边坡、支撑进行检查，发现问题及时处理；

6）土方开挖如必须在冬期施工，其施工方法按冬期施工方案进行。

（4）土方回填

1）回填土优先选用基槽中挖出的原土，但不得含有垃圾及有机杂质；

2）回填土使用前含水量应符合规定；

3）回填土施工前，必须对基础墙、地下室防水层及保护层等进行检查验收，基槽清理干净后，方可进行回填；

4）回填土必须分层铺摊，每层虚土厚度应根据密实度的要求和机具性能确定，虚土铺摊时，随铺随找平；

5）回填土每层至少夯打三遍，深浅不一致的基础相连时，应先填夯深基础，填至浅基础标高时再与浅基础一起填夯，土必须分段夯实，交接处应填成踏步槎，上、下层搭接长度不小于 1m；

6）定期对回填部位进行观测，若有较大量的沉降，须重新补填夯实；

7）对于填土工程质量，重点检查标高、分层压实系数、回填土料、分层厚度及含水量、表面平整度。

（5）桩基工程

1）各项桩基工程必须按设计要求，现行规范、标准、规程要求，委托有相应资质的检测单位进行承载力和桩身质量的检测；

2）桩基工程施工前应进行试桩或试成孔，以便施工单位确定经济合理的施工设备、施工工艺及技术参数；对需要通过试桩检测确定桩基承载力的工程，试桩数量不宜少于总桩数的 1%，且不应少于 3 根，总桩数在 50 根以内时，不应少于 2 根，试成孔数量不少于 2 个；

3）桩基定位测量须经施工总承包单位、建设单位或监理单位复核签认，施工过程中应对其系统检查，每 10d 不少于 1 次，对控制桩应妥善保护，若发现移动，应及时纠正，并做好记录；

4）根据土质、沉桩密度及速率的不同，在沉桩施工完成后，需静置一段时间，然后严格按照土方开挖方案进行施工。

2.1.2 地基与基础工程常见质量问题及防治（表 2.1-1）

地基与基础工程常见质量问题及防治　　表 2.1-1

类别	质量问题			质量问题防治	
	问题描述	问题照片	问题分析	防治关键工序及标准	图示图例
桩基础	桩头破除时导致钢筋扭曲，对桩周进行环向切割时伤及甚至切断主筋		1. 桩头剔凿过程中，工人采用机械切割桩身时，操作不当将钢筋切断。	1. 测量人员用水准仪测定桩顶标高，确定出设计要求的桩顶位置，并在桩顶深入承台 100mm 上设置 100mm 预留带，做好标记。	上切割线 下切割线 承台底标底线 100 100

续表

类别	质量问题			质量问题防治	
	问题描述	问题照片	问题分析	防治关键工序及标准	图示图例
桩基础	桩头破除时导致钢筋扭曲，对桩周进行环向切割时伤及甚至切断主筋		2. 由于桩身超灌混凝土，增加了破除量，在吊桩头过程中，机械操作不足而将钢筋压弯，采用人工调直后，由于钢筋的脆性而引起断裂	2. 用切割机在上、下切割标线处切出两道线，切割深度略小于桩基钢筋保护层厚度，工程桩钢筋保护层厚度为60mm，切勿伤害桩基钢筋。 3. 人工在上切割线凿开缺口，深度为钢筋保护层厚度，凿除时不得损伤钢筋。 4. 风镐剥离上部钢筋保护层，将钢筋剥离混凝土，同时将钢筋向外侧微弯，便于后续施工。 5. 加钻顶断上部素混凝土，钻头稍向上，位置在桩顶线上100mm。 6. 桩头顶断以后，用吊车将桩头吊出，人工凿除预留带混凝土，达到设计要求的桩头标高，清除桩头浮渣，并水洗干净。 7. 人工将桩头钢筋按照图纸要求调整到相应的位置。 8. 施工过程中注意声测管的保护，凿出声测管后用木塞对其进行临时封塞，防止杂物坠入引起堵塞。 9. 桩头凿除后分区域进行桩基检测，检测合格后组织相关单位进行桩基验收工作。 10. 桩基检测合格后，将基坑清理干净，局部凹凸不平部位，人工修整填平。经监理工程师验收合格后进行垫层混凝土浇筑。根据设计标高进行放线抄平，用红油漆标记在钢筋、桩顶上，以保证垫层水平	    
	泥浆护壁旋挖灌注桩沉渣过厚	 混泥土桩身 基岩 桩底无沉渣	1. 清孔不干净或未进行二次清孔。	1. 成孔后，应根据设计要求、钻进方法、机具条件和地层情况等控制泥浆的相对密度和黏度，并通过提取泥浆试样，进行泥浆性能指标试验，不得用清水进行置换。	 泥浆相对密度测定

续表

类别	质量问题			质量问题防治	
	问题描述	问题照片	问题分析	防治关键工序及标准	图示图例
桩基础	泥浆护壁旋挖灌注桩沉渣过厚	 桩底沉渣约 50cm	2. 泥浆相对密度过小或注入量不足，无法将沉渣浮起。 3. 钢筋笼吊放过程中未对准孔位而碰撞孔壁使泥土坍落桩底。 4. 清孔后待灌时间过长致使泥浆沉淀	2. 钢筋笼吊装时，应使钢筋笼的中心与桩的中心保持一致，避免碰撞孔壁，加快钢筋笼的对接速度，减少空孔时间，防止沉渣重新沉淀	 泥浆黏度测定
	出现断桩、缩颈现象	 断桩	1. 桩距离太近，相邻桩施工时混凝土强度不足，已施工完成的桩受挤压而断裂。 2. 桩身在施工中出现较大弯曲，在反复的集中荷载作用下，当桩身不能承受抗弯强度时，即产生断裂。 3. 桩在反复长时间打击中，桩身受到拉、压应力，当拉应力值大于混凝土抗拉强度时，桩身某处即产生横向裂缝，表面混凝土剥落，如拉应力过大，混凝土发生破裂，桩即断裂。	1. 断桩主要是控制桩的中心距大于4倍桩径，合理安排打桩施工顺序和桩架行走路线，采用跳打法和控制时间法使桩身混凝土终凝前避免振动和扰动，认真控制拔管速度。 2. 施工前，应将地下障碍物，如旧墙基、条石、大块混凝土等清理干净，尤其是桩位下的障碍物，必要时可对每个桩位用钎探了解。对桩身质量要进行检查，发现桩身弯曲超过规定，或桩尖不在桩纵轴线上时，不宜使用。一节桩的长细比不宜过大。 3. 在初沉桩过程中，如发现桩不垂直应及时纠正，如有可能，应把桩拔出，清理完障碍物并回填素土后重新沉桩。桩打入一定深度发生严重倾斜时，不宜采用移动桩架来校正。接桩时要保证上下两节桩在同一轴线上，接头处必须严格按照设计文件及操作要求执行。	

续表

类别	质量问题			质量问题防治	
	问题描述	问题照片	问题分析	防治关键工序及标准	图示图例
桩基础	出现断桩、缩颈现象	 缩颈	4. 制作桩的水泥强度等级不符合要求，砂、石中含泥量大或石子中有大量碎屑，使桩身局部强度不够，施工时在该处断裂。桩在堆放、起吊、运输过程中，也能产生裂纹或断裂。 5. 桩身混凝土强度等级未达到设计强度即进行运输与施打。 6. 在桩沉入过程中，某部位桩尖土软硬不均匀，造成突然倾斜。 7. 当在淤泥和软土层沉管时，由于受挤压的土壁产生空隙水压，拔管后便挤向新灌注的混凝土，桩局部范围受挤压形成缩颈。 8. 当拔管过快或混凝土量少，或混凝土拌合物和异性差时，周围淤泥质土趁机填充过来，也会形成缩颈	4. 采用“植桩法”施工时，钻孔的垂直偏差要严格按照设计及操作要求执行。植桩时，桩应顺孔植入，出现倾斜也不宜用移动桩架来校正，以免造成桩身弯曲。 5. 桩在堆放、起吊、运输过程中，应严格按照有关规定或操作规程执行，发现桩开裂超过有关规定时，不得使用。普通预制桩经蒸压达到设计强度的100%（指多为穿过硬夹层的端承桩）的老桩方可施打。而对纯摩擦桩，强度达到70%即可施打。 6. 如遇地质比较复杂的工程（如有老穴、古河道等），应适当加密地质探孔，详细描述，以便采取相应措施。 7. 严格控制拔管速度在0.6～0.8m/min以内，桩管内尽量多装混凝土，使管内混凝土高于地面或地下水位1～1.5m以上	

续表

类别	质量问题			质量问题防治	
	问题描述	问题照片	问题分析	防治关键工序及标准	图示图例
基坑支护	土钉成孔孔深、孔距、孔径、成孔倾角偏差大	 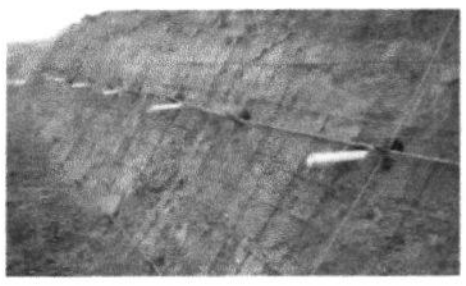	1. 成孔前未进行孔位定位及校准工作。 2. 成孔前未检查成孔设备。 3. 施工过程中未及时对设计参数进行复核	1. 施工人员需要根据工程实际情况，构建完善的土钉成孔施工方案。 2. 做好成孔设备及成孔方法的选择。 3. 施工人员需按照土钉成孔施工流程规范化推进施工工作。 4. 成孔前根据设计要求定出孔位，并采用编号标注成孔	 
桩基础	桩位的放样允许偏差超出规范要求	 	施工人员放样有偏差或仪器未校准	1. 放样人员需要选择恰当的测量放样仪器设备。 2. 放样人员需重点关注施工现场环境以及设计方案，尽量减少测量放样中存在的误差问题。 3. 测量结果应进行详细复核检查	  
	桩垂直度不满足设计要求		1. 土料碾压不实，或在雨后施工，钻孔机械施工由于振动致使机械发生倾斜。 2. 场地不平，钻机钻孔前未进行抄平，导致钻杆不直，钻孔倾斜。	1. 做好场地平整工作，对松软场地及时进行分层碾压处理。 2. 雨期施工现场采取排水措施，防止钻孔处表面积水。	

续表

类别	质量问题			质量问题防治	
	问题描述	问题照片	问题分析	防治关键工序及标准	图示图例
桩基础	桩垂直度不满足设计要求		3. 钻孔时钻机不稳，钻头受力不均产生倾斜	3. 钻机左右两侧增加调整装置，开钻前从两个方向校正钻杆的垂直度，钻头尖部一定要对准桩位，对中误差严格控制在$d/6$（d为孔直径），且≥200mm，并在钻孔时，经常校正钻机的垂直度。 4. 安装钻机时应严格检查钻机的平整度和主动钻杆的垂直度，钻进过程中应定时检查主动钻杆的垂直度，发现偏差立即调整。 5. 定期检查钻头、钻杆、钻杆接头，发现问题及时维修或更换。 6. 在软硬土层交接面或倾斜岩面处钻进，应低速低钻压钻进。发现钻孔偏斜，应及时回填黏土，冲平后再低速低钻压钻进	
	地面明显隆起、邻桩上浮或位移过大	 	1. 压桩速度较快，应力释放期较短，在群桩沉桩过程中。产生的挤土效应在对深层压实土挤密的同时，造成了周边桩的桩体上浮、移位和地面隆起等问题。 2. 沉桩速度快。打桩时，桩周土应力状态发生改变，在桩土界面附近产生较大的超孔隙水压力，使桩基承载力具有明显的时间效应	1. 严格控制成桩数量、成桩顺序。严格控制压桩数量。尽量采用跳打，以发挥桩体的遮帘效应。施工较密集的群桩时，沉桩一般要求先施压场地中央的桩，后施压周边桩。 2. 采取超前引孔。严格按相关规范要求控制相邻成桩的最小距离大于3.5D（D为管桩直径），对于多桩承台区域，采取超前引孔，以便有效地减少挤土效应。 3. 监控量测。应做好桩基场地标高打桩前后的量测工作。对于已完成的管桩，应每天监测并记录管桩的桩顶标高直至趋于稳定。 4. 优选桩型及施工方法首先应从设计方面把关，对沿海填土区，特别是新近填土区又经过强夯或碾压处理，应尽量避免采用高密度、大管径的预应力管桩，优先采用其他桩型，如钻孔灌注桩、冲孔灌注桩及筒桩等。对于管桩也应优先采用静压法，以减小施工振动对周围管桩的影响	  

续表

类别	质量问题			质量问题防治	
	问题描述	问题照片	问题分析	防治关键工序及标准	图示图例
桩基础	灌注桩检测管堵塞	  	1. 钢筋笼副笼刚度较低，在运输或者下放时候会造成变形。 2. 在运输装卸过程中或下放的过程中碰撞导致声测管出现变形。 3. 声测管接头连接方式造成堵管。 4. 声测管接头处橡胶圈脱落或者接头变形。 5. 声测管内没有注入清水。 6. 声测管不顺直。 7. 桩头破除中或破除后混凝土渣掉入	1. 使用符合国家标准的声测管。 2. 下放钢筋笼时声测管的连接方式改为法兰连接。 3. 钢筋笼较长如果有副笼时加强对声测管的保护，可焊接几根加强筋来保护，在下方过程中尽量避免碰触到孔壁。 4. 下完钢筋笼后，声测管及时注入净水并将声测管上部端口处完全封闭，或者加入内衬管。 5. 对于声测管较高露出地面的，搬移钻机或者调运导管作业时避免将盖子碰掉，如果有此类情况发生及时对管口进行封闭。 6. 桩基待检破桩头时避免将声测管折断	 
基础工程	冠梁与主体结构冲突		1. 未对图纸进行优化。 2. 图纸审核不仔细	1. 与设计沟通，调整主体结构与冠梁整体浇筑。 2. 提前优化，避免出现冠梁与主体结构冲突的现象	
土方回填	回填土沉陷		1. 回填土料粒径过大且含有杂质；未分层摊铺或分层厚度过大；没有达到最优含水率。	1. 回填土料不得含有草皮、垃圾、有机杂质及粒径大于50mm块料，回填前应过筛。 2. 回填必须分层进行，分层摊铺厚度为200～250mm，其中人工夯填层厚不得超过200mm，机械夯填不得超过250mm。 3. 摊铺之前，应由试验员对回填土料的含水量进行测定，达到最优含水率时方可夯实；在含水率较低情况下，应根据气候条件预先均匀洒水湿润原土，严禁边洒水边施工。	 

续表

类别	质量问题			质量问题防治	
	问题描述	问题照片	问题分析	防治关键工序及标准	图示图例
土方回填	回填土沉陷	 	2. 灰土体积控制不严，灰土拌和不均匀。 3. 夯实机械选择不当	4. 通常大面积夯实采用打夯机，小部位采用振冲夯实机，夯实遍数不少于3遍，夯填方式应一夯压半夯，夯夯相连，交叉进行。 5. 每层密实度应由试验员现场环刀取样，通过检测达到设计要求后方可进行上层摊铺。 6. 回填土宜优先采用基槽中挖出的土。对湿陷性等级较高的黄土，应采取块填方式。 7. 灰土拌和之前，应复核配合比，严格按照设计要求的体积比进行施工，不得随意减少石灰在土中的掺量。 8. 灰土尽可能采用机械拌和，若人工拌和则翻拌次数不得少于3遍，要求均匀一致。 9. 拌和用石灰采用生石灰，使用前应充分熟化过筛，不得含有粒径大于5mm的生石灰块料	 
混凝土工程	底板大体积混凝土出现冷缝	 	1. 施工时混凝土接槎处延续时间过长而凝固，使得混凝土接槎处收缩不同而产生裂缝。 2. 因混凝土浇筑设备出现故障，浇捣中断，再次开始浇捣时，下层混凝土基本凝固，且在两层混凝土间未采取特别的施工缝处理措施，产生冷缝	1. 浇筑需在下层混凝土初凝前完成。 2. 调整保温和养护措施，延缓升降温速率，降低混凝土用水量，增加混凝土的和易性。 3. 减少混凝土的分层厚度，条件允许时，增加缓凝剂。 4. 振捣器应插入下层混凝土50～100mm，移动间距不大于其作用半径的1.5倍，插点间距不超过400mm	 
	地下室顶板开裂	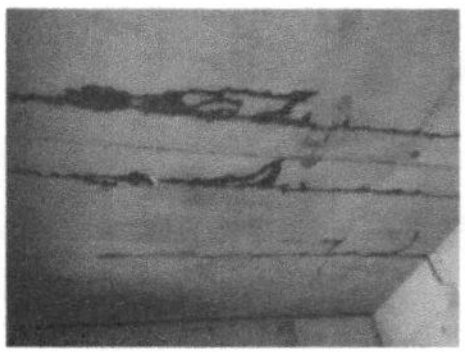	1. 混凝土本身的性质存在缺陷形成干燥收缩、温差收缩、塑性收缩导致开裂。	1. 降低结构约束，做好抗和放的良好结合，合理设置后浇带、施工缝，合理确定混凝土强度，在易产生裂缝的部位加强配筋构造措施。	

续表

类别	质量问题			质量问题防治	
	问题描述	问题照片	问题分析	防治关键工序及标准	图示图例
混凝土工程	地下室顶板开裂	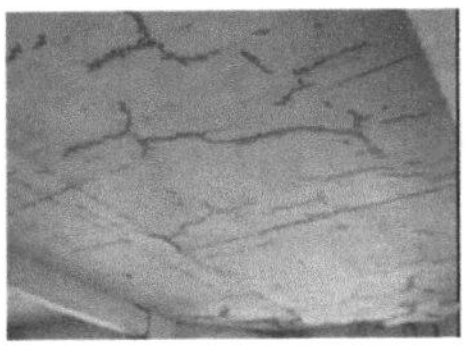	2. 混凝土浇捣后养护不当	2. 采用延性、韧性及可焊性好的钢筋，通过混凝土适配，优选材料和配合比，选择合适的骨料品种，尽量选择级配良好的碎石，控制粗细骨料的含泥量。 3. 严格控制现浇混凝土坍落度，降低水灰比，做好混凝土的级配和外加剂的选择，采用合理的浇筑顺序和浇筑方法，正确设置施工缝，延长养护期，并有可靠的养护措施，确保模板支撑系统的稳定性	 
桩基础	桩基缩颈	  	1. 钻孔放置时间过长，由于一些客观因素的影响，钻机成孔后不能及时地进行混凝土灌注，泥浆自重压力无法支撑砂层收缩及溃流带来的压力。 2. 相邻桩孔之间相互扰动。 3. 护壁泥浆性能差	1. 提前做好混凝土浇筑的准备工作，减少混凝土浇筑的辅助工作占用时间，在保证质量的前提下，尽量大限度地缩短成孔与混凝土浇筑之间的时间。 2. 适当加大泥浆相对密度，可以增大泥浆对钻孔孔壁的支撑力，缓解孔壁向里收缩的速度，进而缓解钻孔孔径缩小的程度。 3. 加大对关键部位的监测监控力度。 4. 当钻至一定深度时，降低钻速，尽量减少泥浆对孔壁的冲刷。 5. 可采取隔孔施工方式，选取较适当的桩距对防止缩颈是一项稳妥的技术措施	 
防水工程	立面防水卷材局部脱落，局部空鼓		1. 卷材立面收头不规范。 2. 基层潮湿、含水率过大、粘结不牢，形成空鼓。	1. 铺贴立面卷材时，应由平面过渡到立面，并由下往上铺贴，不得将卷材张拉过紧，并应经滚压或用刮板压实。 2. 卷材收头用压条钉压，用密封材料封口，并做保护层。 3. 铺贴防水前，处理好基层，使卷材铺贴密实、严密、牢固。	 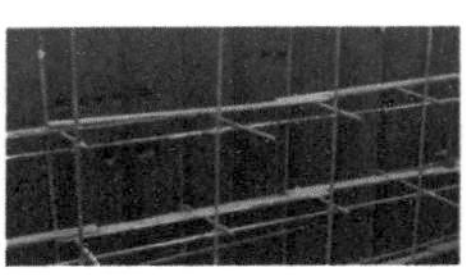

续表

类别	质量问题			质量问题防治	
	问题描述	问题照片	问题分析	防治关键工序及标准	图示图例
防水工程	立面防水卷材局部脱落，局部空鼓		3. 未认真清理基层表面，立面铺贴、热作业时操作困难，导致铺贴不实不严	4. 铺贴卷材时气温不宜低于5℃。 5. 卷材贴合前，应先排出空气，再进行推平压实	

2.2 主体结构工程质量控制重点及常见质量问题防治

2.2.1 主体结构工程质量控制重点

(1) 钢筋工程

1) 钢筋原材质量控制要点：

钢筋原材进场必须按照规范要求进行验收，钢筋品牌、规格型号等必须符合合同要求。

建设单位、监理单位、施工单位对进场钢筋现场进行见证取样，待复试报告合格后下发材料使用许可证。

2) 钢筋加工质量控制要点：

钢筋加工制作时，要将钢筋加工表与设计图进行复核，检查下料表是否有错误和遗漏，对每种钢筋要按下料表检查其是否达到要求，经过这两道检查后，再按下料表放出实样，试制合格后方可成批制作，加工好的钢筋要挂牌，整齐有序堆放。施工中如需要钢筋代换，必须经建设单位与设计院同意。

钢筋调直时，可用机械或人工调直。经调直后的钢筋不得有局部弯曲、死弯、小波浪形，其表面伤痕不应使钢筋截面减小5%。

3) 钢筋弯钩或弯曲：

① 钢筋弯钩。其形式有三种，分别为半圆弯钩、直弯钩及斜弯钩。钢筋弯曲后，弯曲处内皮收缩、外皮延伸、轴线长度不变，弯曲处形成圆弧，弯起后尺寸不大于下料尺寸，应考虑弯曲调整值。

② 弯起钢筋。中间部位弯折处的弯曲直径 D 应不小于钢筋直径的5倍。

③ 箍筋。箍筋的末端应做弯钩，弯钩形式应符合设计要求。箍筋调整，即弯钩增加长度和弯曲调整值两项之差或两项之和，根据箍筋量外包尺寸或内包尺寸而定。

4) 钢筋绑扎与安装质量控制要点：

钢筋绑扎前先认真熟悉图纸，检查配料表与图纸、设计是否有出入，仔细检查成品尺寸、弯钩是否与下料表相符。核对无误后方可进行绑扎。

① 墙钢筋：

墙的钢筋网绑扎与基础相同，钢筋有 90°弯钩时，弯钩应朝向混凝土内。

采用双层钢筋网时，在两层钢筋之间，应设置撑铁（钩）以固定钢筋的间距。

墙钢筋绑扎时应吊线控制垂直度，并严格控制主筋间距，以防钢筋偏位。可采取设置梯子筋的方式控制主筋间距。

为了保证钢筋位置的正确，在竖向受力筋外绑一道水平筋或箍筋，并将其与竖筋点焊，以固定墙、柱筋的位置，在点焊固定时要用线坠校正。

外墙浇筑后严禁开洞，所有洞口预埋件及埋管均应预留，洞边加筋详见施工图。墙、柱内预留钢筋做防雷接地引线，应焊成通路。其位置、数量及做法详见安装施工图，焊接工作应选派合格的焊工进行，不得损伤结构钢筋，水电安装的预埋，土建必须配合，不能错埋或漏埋。

② 梁与板钢筋：

纵向受力钢筋出现双层或多层排列时，两排钢筋之间应垫直径为 15mm 的短钢筋，如纵向钢筋直径大于 25mm，短钢筋直径规格与纵向钢筋直径规格相同。

板钢筋绑扎前在模板面按照图纸要求的间距放出线，以便控制板筋间距。

板的钢筋网绑扎与基础相同，双向板钢筋交叉点应满绑。应注意板上部的负钢筋（面加筋）要防止被踩下；特别是雨篷、挑檐、阳台等悬臂板，要严格控制负筋的位置及高度。

在板、次梁与主梁交叉处，板钢筋在上，次梁的钢筋在中层，主梁的钢筋在下，当有圈梁或垫梁时，主梁的钢筋在上。

在楼板钢筋的弯起点，可按以下规定弯起钢筋：板的边跨支座按跨度 $L/10$ 为弯起点，板的中跨及连续多跨可按支座中线 $L/6$ 为弯起点（L 为板的中到中跨度）。

框架梁节点处钢筋穿插十分稠密时，应注意梁顶面主筋间要留有 30mm 的净间距，以利于灌注混凝土。

5）钢筋连接质量控制要点：

钢筋连接方式主要有搭接连接、焊接连接、机械连接。

① 钢筋的绑扎接头应符合下列规定：

连接长度的末端距钢筋弯折处，不得小于钢筋直径的 10 倍，接头不宜位于构件最大弯矩处。

在受拉区域内，HPB300 钢筋绑扎接头的末端应做弯钩，HRB335 以上钢筋可不做弯钩。

钢筋连接处，应在中心和两端用铁丝扎牢。

受拉钢筋绑扎接头的连接长度，应符合结构设计要求。

受力钢筋的混凝土保护层厚度，应符合结构设计要求。

② 钢筋焊接质量控制要点：

钢筋的材质、规格及焊条类型应符合钢筋工程相关的设计施工规范，有材质及产品合格证书和物理性能检验，对于进口钢材需增加化学性能检定，检验合格后方能使用。

钢筋的规格、形状、尺寸、数量、间距、锚固长度、接头位置、保护层厚度必须符合设计要求和施工规范的规定。

焊工必须持相应等级焊工证才允许上岗操作。

在焊接前应预先用相同的材料、焊接条件及参数，制作2个抗拉试件，其试验结果大于该类别钢筋的抗拉强度时，才允许正式施焊。

按同类型（钢种直径相同）分批，每300个焊接接头为一批，每批取6个试件，3个做抗拉试验，3个做冷弯试验。

对所有焊接接头必须进行外观检验，其要求是：焊缝表面平顺，没有较明显的咬边、凹陷、焊瘤、夹渣及气孔，严禁有裂纹出现。

③ 钢筋直螺纹机械连接质量控制要点：

直螺纹的质量控制包括套筒、丝头和连接三个方面，套筒是通过出厂检验进行控制的，丝头和连接是对在现场进行的工作进行控制。直螺纹的质量包括外观质量和力学性能。

套筒出厂检验：以500个为一个验收批，每批按10%抽检，通过目测、外形尺寸检验，套筒合格率应大于95%，若合格率小于95%，需加倍取样复验，若合格率大于95%，该批判为合格，若合格率小于95%，则对该批套筒逐个检验，合格品方可使用。

丝头检查：加工工人应逐个目测检查加工质量，并提供检查记录，每10个丝头应用环规检查螺纹一次，剔除不合格品。经自检合格的丝头质检员在现场以一个工作班为一个验收批，随即抽检10%，合格率应大于95%，若合格率小于95%，需加倍取样复验，合格率大于95%时，该批判为合格，若合格率小于95%，则对丝头逐个检验，合格品方可使用。不合格的丝头切除重加工。

连接检验：在同一施工条件下，采用同一批材料的同等级、同型式、同规格的300个接头为一验收批，不足一批仍按一批送检。每批随机抽取3个试件做抗拉强度试验。接头强度应不低于母材强度。

（2）混凝土工程

1）混凝土浇筑前，应检查水电供应是否保证各工种人员的配备情况；振捣器的类型、规格、数量是否满足混凝土的振捣要求；浇筑期间的气候、气温；夏季、冬雨期施工时，覆盖材料是否准备好。针对不同的板、梁、柱、剪力墙、薄壁型构件应要求采用不同类型的振捣器；当混凝土浇筑超过2m时，应采用串筒式溜槽。

2）混凝土浇筑过程中，必须按照要求安排全程旁站。旁站过程中主要控制以下问题：

① 注意观察混凝土拌合物的坍落度等性能，若有问题，应及时对混凝土配合比进行合理调整，浇筑过程中严禁私自加水。

② 控制好每层混凝土浇筑厚度及振捣器的插点是否均匀，移动间距是否符合要求。对钢筋交叉密集的梁柱节点应振捣到位，以防出现蜂窝、麻面。

③ 检查确认施工缝的设置位置是否合适，使施工单位安排好混凝土的浇筑顺序，保证分区、分层混凝土在初凝之前搭接。

④ 严格控制结构构件的几何尺寸，发现胀模、跑模应立即安排人员整改。

⑤ 要求施工单位现场制作混凝土试块。

3）混凝土振捣主要控制以下问题：

① 振动棒要快插慢拔，快插是为了避免表层振实而下层还未振实，拌合物形成分层；慢拔是使拌合物得到振实，同时，使拌合物插入形成时的孔洞能用周围的拌合物来填实。

② 要注意振动棒的间隔距离，使拌合物不致漏振。振捣孔的排列一般有行列式和交错式（梅花式）两种。

③ 根据结构截面和配筋的不同，振动棒可以直插，也可以斜插，不拘于一种形式。振捣时要使振动棒避免直接振动钢筋、模板和预埋件，以免钢筋受振位移，模板变形，铁件移位。

4）混凝土养护主要控制以下问题：

混凝土的养护包括自然养护和蒸汽养护。自然养护中的覆盖浇水养护应符合下列规定：覆盖浇水养护在混凝土浇筑完毕后的12h内进行。混凝土的浇水养护时间内，对采用硅酸盐水泥、普通硅酸盐水泥等拌制的混凝土，不得少于7d；浇水次数应能够保持混凝土处于湿润的状态；混凝土的养护用水与拌制水相同；当日平均气温低于5℃时，不得浇水。

（3）模板工程

1）模板施工之前，要求施工单位进行模板专项设计，如对模板材料选用、排板、模板整体和支撑系统刚度、稳定性等进行设计，应进行认真审核，重点审核支撑体系的刚度、稳定性，墙、柱、梁侧模对拉螺栓的选型布置等设计是否可靠，并以此为依据检查模板施工。

2）施工过程中应定期检查模板、支架的损耗情况，出现损坏应及时维修，防止因模板本身缺陷造成工程质量问题。施工时，应严格按照设计图纸检查模板安装的轴线、标高、截面尺寸、表面平整度、拼接缝等是否超差，梁、板跨度≥4m时，模板应预先起拱1/1000～3/1000。

3）施工中应加强模板隔离剂的使用管理，不得使用影响结构、装饰工程质量的油质隔离剂，严禁使用废机油。隔离剂应涂刷均匀，无漏涂，且不得污染钢筋与混凝土面。

4）拆模应严格执行混凝土同条件试块强度满足原则，同时要加强拆模报验管理工作，底模及支架拆除时的混凝土强度应符合下列要求：

① 板：当跨度≤2m时，强度≥50％；当2m＜跨度≤8m时，强度≥75％；当跨度＞8m时，强度≥100％。

② 梁：当跨度≤8m时，强度≥75％；当跨度＞8m时，强度≥100％。

③ 悬壁构件：与跨度无关，均必须≥100％。

④ 不承重的侧模板，包括梁、柱墙的侧模板，只要混凝土强度保证其表面、棱角不因拆模而损坏即可。在回填土上的支模要有可靠的防止回填土沉陷引起模板下挠的措施。

（4）砌体工程

1）砌体排板控制要点：

墙体砌筑前根据墙高采用“倒排法”确定砌块匹数，采取由上至下的原则，即先留足后塞口200mm高度（预留高度允许误差±10m，然后根据砖模数进行排砖。后塞口斜砖逐块敲紧挤实，斜砌角度控制为60°±10°。排砖至墙底铺底灰厚超过20mm时，应采取细石混凝土进行铺底砌筑。

2）砌体细节设置要点：

① 实心砖砌筑部位：卫生间（除墙根200mm高采用C20素混凝土）以上1800mm高度范围内为实心砖砌筑；厨房墙体1500mm高以上至梁底或板底砌筑实心砖；构造柱边及L形、T形墙转角实心砖；栏杆与后砌墙相交处砌实心砖（底标高为阳台梁以上1000mm砌筑300mm×300mm）；门窗洞口四周。

② 砌体安装留洞宽度超过300mm以上时，洞口上部应设置过梁。消防箱、卫生间墙体洞口宽度小于600mm时应设置钢筋砖带过梁，否则应采用预制过梁或现浇过梁。

③ 所有门窗过梁安装必须统一以标高1m线进行控制，门窗洞口高度尺寸按建筑施工图的尺寸要求进行留设，过梁搁置处应采用细石混凝土坐浆，搁置长度不得小于250mm。相邻门洞间过梁交叉处要求现浇过梁，预制过梁不能确保搁置长度。现浇过梁两端均需植筋时应控制过梁底部钢筋接头位置不得留在梁跨中部，需错头在1/3跨边，保证搭接长度。

3）砌体砌筑控制要点：

① 所有墙体砌筑三线实心配砖（除卫生间素混凝土浇筑200mm外），墙体砌筑时灰缝不得超过8～12mm，同时要求同一面墙上砌体灰缝厚度差（最大与最小之差）不得超过2mm，以保证灰缝观感上均匀一致。砌筑灰缝应横平竖直，砂浆饱满不低于90%，竖缝不得出现挤接密缝。

② 墙顶后塞口斜砌需等墙体砌筑完成7d后再进行，后塞口采用多孔配砖砌筑，斜砌角度应控制在60°，两端可采用预制三角混凝土块或切割实心砖进行砌筑，斜砌灰缝厚度应宽窄一致，与墙体平砌要求相同。重点注意砌体砂浆饱满度，特别是外墙后塞口砂浆饱满度的控制，以防止外墙渗漏。

③ 砌体构造柱按经确认的构造柱平面布置图进行留设，先进行构造柱钢筋绑扎，再进行墙体砌筑；构造柱“马牙槎”应先退后进，退进尺寸按60mm留设，位置应准确，端部需吊线砌筑。构造柱纵向钢筋搭接长度要满足设计要求，搭接区域箍筋要进行加密。砌体构造柱模板安装前，需清理干净底脚砂灰，并按要求贴双面胶堵缝，双面胶需弹线粘贴，以保证顺直、界面清晰。构造柱模板必须采用对拉螺杆拉接，构造柱上端制作喇叭口，混凝土浇筑牛腿，模板拆除后将牛腿剔凿。喇叭口模板安装高度略高于梁下口10～20mm，确保喇叭口混凝土浇筑密实。

④ 管道井应等安装完成后采取后砌，根据平面尺寸在后砌墙位置留设砖插头及甩槎拉接钢筋，待管道安装、楼板吊补及管道口周边防水处理完成后再进行后砌墙体砌筑。

⑤ 落地窗地台或阳台边梁等混凝土二次浇筑部位，其浇筑高度按经甲方确认的平面图示尺寸进行浇筑；阳台边梁二次浇筑时应同时埋设栏杆，安装预埋铁件，保证埋设位置准确，建议后置埋件。

⑥ 安装砌体线管、线盒时，应根据施工图在砌体上标出线管、线盒的敷设位置、尺寸。使用切割机按标示切出线槽，严禁使用人工剔打。在砌体上严禁开水平槽，应采用45°斜槽。线管敷设弯曲半径应符合要求，并固定牢靠。

⑦ 后砌墙上安装留洞必须在砌筑过程中进行埋设，不得事后凿洞。竖向线管可在墙上采用切割机切槽埋设，如多管埋设其切槽宽度应保证线管之间净距不小于20mm。水平方向线管禁止空心砖切槽。要求用细石混凝土填塞线盒周边及线槽周边，用细石混凝土填塞密实后按要求挂钢丝网防止抹灰裂缝。

⑧ 墙体砌筑完毕、线管线盒安装完成后，在主体结构验收前，混凝土与砌体接缝两侧各 150mm 表层抹灰应加挂钢丝网，采用专用镀锌垫片压钉。若不同材质交接处存在高低错台不平整现象，则铺网前应高剔低补后再钉钢丝网，严禁在铺钉钢丝网的过程中使用非镀锌垫片或铁钉直接铺钉。

2.2.2 主体结构工程常见质量问题及防治（表 2.2-1）

主体结构工程常见质量问题及防治　　表 2.2-1

类别	质量问题			质量问题防治	
	问题描述	问题照片	问题分析	防治关键工序及标准	图示图例
钢筋工程	钢筋保管不当		现场保管不当，导致钢筋锈蚀变形	1. 堆放场地应进行硬化，排水通畅，无积水。 2. 制作专用型钢场架。 3. 应分规格分型号、分类堆放。 4. 所挂标识牌清晰。 5. 制定好责任分工，雨天责任人及时覆盖钢筋	
	箍筋弯钩尺寸偏差		钢筋加工操作不规范，质量、成本意识淡薄	1. 钢筋下料表必须由钢筋翻样师编制，项目总工审核。 2. 采用定型模具加工钢筋。 3. 钢筋后台定期检查，形成奖罚制度。 4. 加强钢筋制作班的交底工作，给班组以明确的尺寸偏差限值	
	直螺纹丝头加工不到位		1. 钢筋直螺纹丝头头部未切平，加工完成后的丝头未及时保护。 2. 设备问题导致加工断丝、断牙。 3. 丝头加工长度、精度不足	1. 采用砂轮切割机进行端头平头。 2. 控制丝扣长度，通规止规检查丝头加工精度。 3. 加工好的成品及时套保护帽。 4. 套丝机使用专用润滑剂，及时更换刀头	

续表

类别	质量问题			质量问题防治	
	问题描述	问题照片	问题分析	防治关键工序及标准	图示图例
钢筋工程	直螺纹连接不到位		直螺纹露丝严重，扭矩不满足要求	用力矩扳手全数检查，合格后用红油漆标识	
	电渣压力焊		1. 电渣压力焊轴线偏心，焊包不饱满，焊渣未清理。 2. 焊包不均匀，焊接质量差	1. 钢筋头歪扭、不平整部分焊前应调整或切除。 2. 两端钢筋夹持于夹具内，上下应同心，焊接过程中上钢筋应保持垂直和稳定。 3. 焊接完成后，不能立即卸下夹具，应在停焊后约 2min 再卸夹具，以免钢包流淌或钢筋倾斜。 4. 钢筋下送加压时，顶压力应适当，不得过大	
	复杂节点钢筋绑扎错乱		1. 核心区钢筋排布不合理，箍筋缺失或不均匀。 2. 劲性钢柱受力钢筋锚固长度不足、漏焊，焊缝长度不足、直螺纹连接不到位	1. 复杂节点处先进行三维模拟深化设计。 2. 钢筋加工前必须现场量尺订做。 3. 复杂节点专项过程检查、验收	
	板筋间距不一致		1. 间距不均匀。 2. 绑扎不到位	1. 板筋采用统一排板，画线绑扎，对标准层模板采用永久的板筋间距标识。 2. 交叉点钢筋全数绑扎	
	柱、剪力墙钢筋偏位		1. 钢筋安装前未进行定位放线，存在钢筋位移。 2. 放线定位发现钢筋位移，没有处理。	1. 混凝土浇筑前对竖向钢筋定位进行复核确保定位筋准确。 2. 对已经发生位移的钢筋严格按照规范要求进行调整。	

续表

<table>
<tr><th rowspan="2">类别</th><th colspan="3">质量问题</th><th colspan="2">质量问题防治</th></tr>
<tr><th>问题描述</th><th>问题照片</th><th>问题分析</th><th>防治关键工序及标准</th><th>图示图例</th></tr>
<tr><td rowspan="4">钢筋工程</td><td>柱、剪力墙钢筋偏位</td><td></td><td>3. 定位措施不到位，混凝土浇筑过程中钢筋产生位移。
4. 箍筋加工尺寸不正确或者绑扎不到位，导致柱钢筋间距偏差</td><td>3. 在柱竖向钢筋与梁板交接面设置一道定位筋并绑扎牢固，在板筋上部500mm处再设置一道定位框。
4. 箍筋使用前复核尺寸，并与柱钢筋绑扎牢固</td><td></td></tr>
<tr><td>钢筋外露</td><td></td><td>垫块稀少，钢筋保护层厚度控制不到位</td><td>1. 板钢筋绑扎前要定位放线，钢筋保护层垫块呈梅花形设置，间距不大于1000mm；上层钢筋安装在马凳上，合理布置马凳保证上下排钢筋网片间距满足要求。
2. 垫块宜采用水泥垫块，不得用花岗石垫块，布置在钢筋交叉位置，并进行绑扎</td><td></td></tr>
<tr><td>楼梯板下层钢筋上浮</td><td></td><td>1. 混凝土浇筑方式有误。
2. 钢筋无固定措施</td><td>梯段钢筋绑扎完成后，下排钢筋按要求布置垫块，具体做法为使用1cm宽轻质薄铁片，通过两端打孔，使用普通钢钉与模板进行固定。布置间距为隔一布一，即为垫块间距二倍</td><td></td></tr>
<tr><td>成品保护不到位</td><td></td><td>1. 板钢筋直径较小，未采取防踩踏措施。
2. 双层钢筋间马凳筋布置不到位</td><td>1. 混凝土浇筑前，建议铺设临时马道。
2. 混凝土浇筑过程中，应有钢筋工值班护筋。
3. 钢筋隐蔽前对马凳布置数量及位置进行检查</td><td></td></tr>
</table>

续表

类别	质量问题			质量问题防治	
	问题描述	问题照片	问题分析	防治关键工序及标准	图示图例
模板工程	原材质量		1. 模板、木方材质差，尺寸偏差较大。 2. 模板使用过程保护不到位。 3. 架管壁厚不足，顶托等不符合要求	1. 选用优质模板、木方，加强材料进场验收。 2. 模板使用过程中应用隔离剂进行保护，破损时及时进行更换。 3. 严格控制架管、扣件等质量。 4. 方木使用前应过刨，保证截面尺寸一致。 5. 模板集中加工采用精密锯木机，以便控制规格	 
	支撑体系不稳定		1. 施工方案编制缺乏现场施工指导性。 2. 扫地杆、立杆间距过大，纵横向剪刀撑不到位。 3. 加固措施不到位	1. 支模架体系必须绘制可实施的、有效的施工图。 2. 支模架验收前应设置好扫地杆、剪刀撑、斜撑、水平杆；大梁下部应增设顶撑。 3. 立管顶托旋出长度≤200mm，不允许采用底托。 4. 外墙柱采用拉顶结合，楼面上预埋钢筋拉结点，斜拉间距≤2m，距墙柱边≤50cm	
	模板拼缝不严密	 	模板拼缝不严密、接缝处止浆效果差	1. 模板下料加工保证方正，陈旧模板及时更换。 2. 较小模板拼缝、螺栓孔眼使用胶带粘贴封堵。 3. 墙、柱根部采用设压脚板、贴海绵条和砂浆封堵等方法封堵	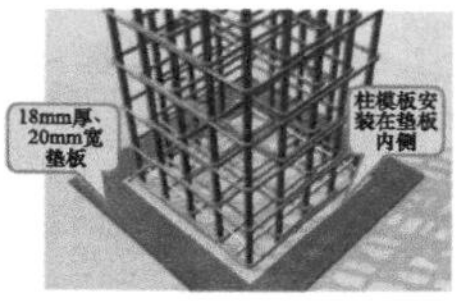  18mm厚、20mm宽垫板 柱模板安装在垫板内侧
	后浇带未独立支模		1. 架体设计时未考虑独立支撑。 2. 架体搭设方式有误，未从后浇带向两侧安装，龙骨未断开	1. 后浇带应编制支模详图，设置独立支模体系。 2. 合理组织施工顺序，由后浇带向两侧支设	

续表

类别	质量问题			质量问题防治	
	问题描述	问题照片	问题分析	防治关键工序及标准	图示图例
模板工程	墙柱模板接槎处错台	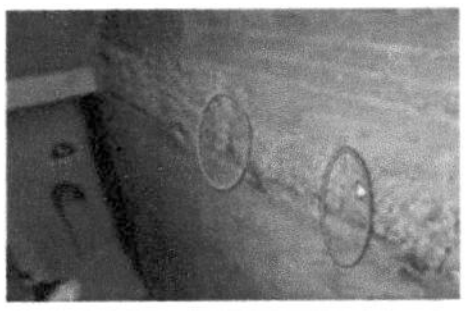	墙柱模板在楼层标高位置接槎尺寸偏差过大，影响整体外立面混凝土表观质量	1. 安装外墙模板时，上层模板应深入下层墙体，下层墙体相应位置预留钢筋限位，以防跑模或错台。 2. 外剪力墙、楼梯间、核心筒等新老混凝土交接处应预埋老墙螺杆	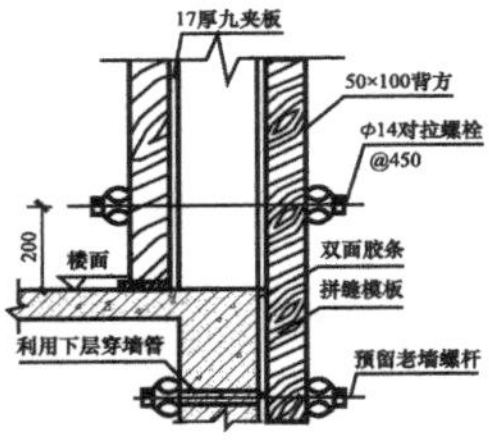  17厚九夹板 50×100背方 Φ14对拉螺栓@450 200 楼面 双面胶条 拼缝模板 利用下层穿墙管 预留老墙螺杆 模板定位钢筋，Φ12@2000*2000 外墙底部利用下层对拉螺杆孔固定 18厚、150宽垫板
钢结构	钢结构加工缺陷	 	预留孔缺失、直螺纹套筒焊接位置错误、剪板毛刺、切割面不规范、表面锈蚀	1. 加强深化设计，充分考虑钢结构与其他工序的交接节点。 2. 钢结构厂家加强图纸审核。核对钢结构加工图与提供的预留孔洞图纸的一致性、预留孔洞图纸与原设计图纸的一致性。 3. 加强构配件的进场验收。对预留孔洞的位置、数量、形状、大小进行专项验收。 4. 构件生产完成后，及时均匀涂刷防锈漆	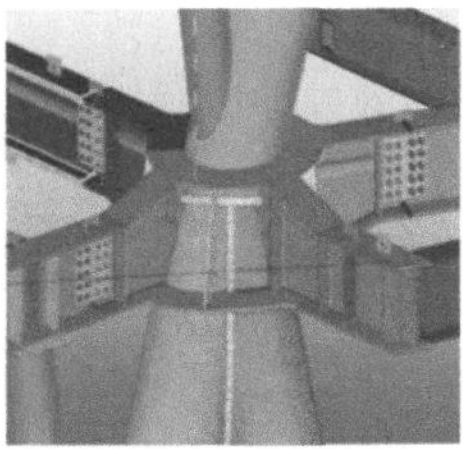 
	钢结构焊接缺陷	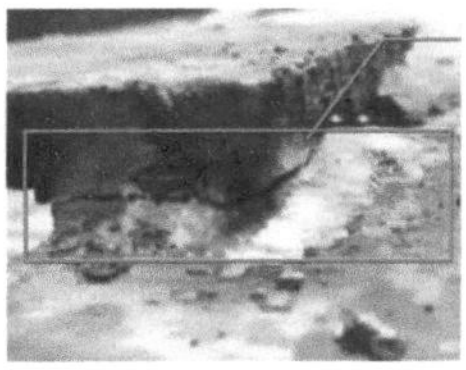	焊缝气孔、不饱满、咬边、焊瘤、表面裂纹、电弧擦伤、填塞异物	1. 施焊前，采用钢丝刷、砂轮等工具清除待焊处表面的氧化皮、铁锈、油污等杂质，要将焊接面的油污等杂质清理干净，并保持干燥。 2. 焊接前，进行工艺试焊，确定适合的电流、电压、电弧等工艺参数。 3. 正式焊接之前，进行预拼装。	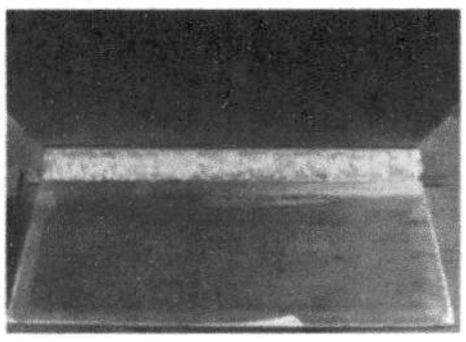 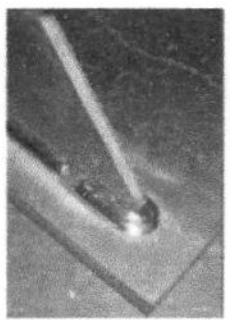 

续表

类别	质量问题			质量问题防治	
	问题描述	问题照片	问题分析	防治关键工序及标准	图示图例
钢结构	钢结构焊接缺陷	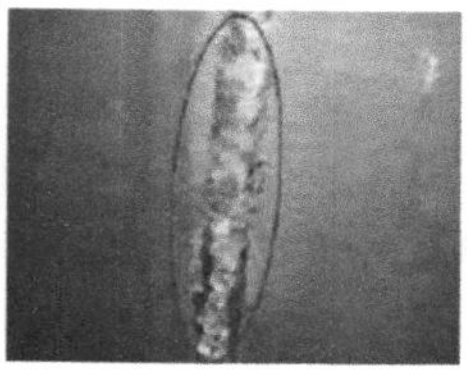		4. 控制焊接速度，做好焊前预热、焊后保温工作。 5. 所有焊工必须持证上岗	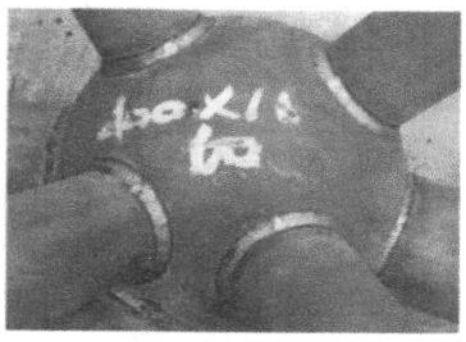
钢结构	高强度螺栓连接缺陷	 	螺栓孔错位，扩孔不当；安装顺序错误、漏安装；直接终拧；接触面有间隙	1. 高强度螺栓应能自由穿入螺栓孔，扩孔时要采用铰刀等机械方式，严禁采用气割方式进行扩孔，扩孔的孔径应控制在1.2d（d为螺栓直径）范围内。 2. 高强度螺栓安装顺序，从中心向四周。 3. 高强度螺栓必须先初拧，再终拧，不能直接终拧。 4. 间隙大于1mm时，采用打磨或增加垫板方式处理	 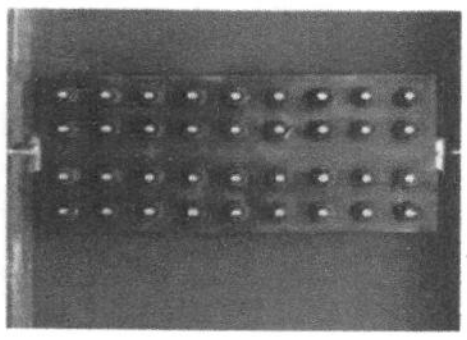
混凝土工程	钢结构现场安装缺陷	 	地脚螺栓偏位、钢构件对接不准确、钢梁钢柱安装精度超差	1. 按照提供的轴线标板和表格基准点复核，确保测量精度。 2. 采用临时规定对构件的位置进行校正，验收后，方可进行焊接。 3. 在安装、焊接操作中采取防变形措施	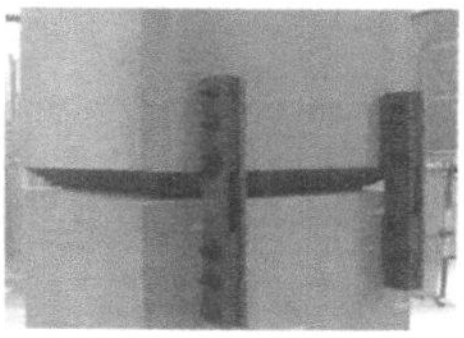 
混凝土工程	钢结构涂装缺陷		涂层开裂、起皮、空鼓、厚度不均匀	1. 涂装前，应采用钢丝刷、砂轮等工具将待焊处表面的氧化皮、铁锈、油污等杂质清理干净，并保持干燥。 2. 涂装前，要通过试验确定防火涂料的配合比、喷涂压力、每层喷涂厚度等参数。	

续表

类别	质量问题			质量问题防治	
	问题描述	问题照片	问题分析	防治关键工序及标准	图示图例
混凝土工程	钢结构涂装缺陷	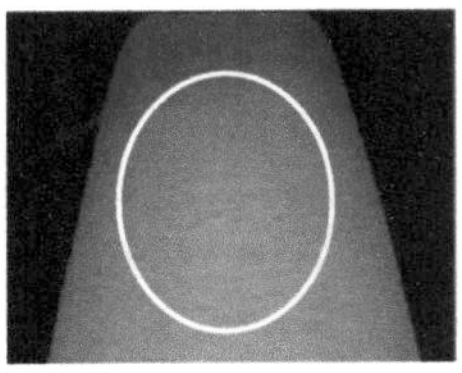		3. 要根据设计要求，分层多遍涂刷，加强中间质量控制，加强自检和抽检	 厚型防火涂料干燥后，表面完整，坚实有浮雕感
	劲性钢结构缺陷	 	1. 梁钢筋漏焊、焊接长度不足。 2. 钢柱产生位移，地脚螺栓偏位、连接随意。 3. 套筒连接器偏位	1. 劲性钢结构节点 BIM 深化，钢柱、钢梁栓钉、钢筋连接器严格按照深化图加工生产。 2. 钢柱地脚螺栓采用固定支架安装，确保位置准确，安装牢固。 3. 吊装时及时对钢柱进行校核，确保位置正确。 4. 钢筋与钢柱焊接合理穿插，确保焊接长度。 5. 钢筋与接驳器连接牢固	 
	原材不合格	 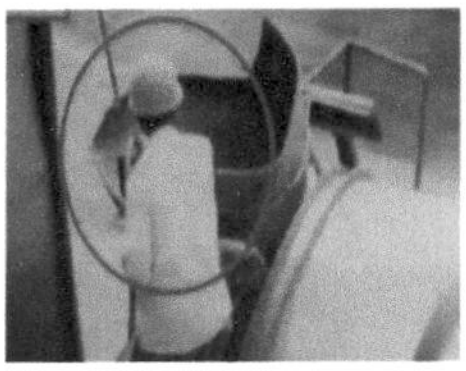	1. 混凝土配合比、坍落度不符合要求。 2. 罐车现场加水	1. 混凝土到施工现场后，应在出料口检查坍落度。 2. 坍落度损失过大应进行退场处理，严禁现场加水	
	常见质量通病		1. 模板表面粗糙或清理不干净。 2. 隔离剂涂刷不均匀或局部漏刷。 3. 模板接缝拼接不严，浇筑混凝土时缝隙漏浆。	1. 模板表面清理干净，不得粘有干硬性水泥等物。 2. 浇筑混凝土前，应用清水湿润模板，不留积水，严密拼接模板缝隙。	

续表

类别	质量问题			质量问题防治	
	问题描述	问题照片	问题分析	防治关键工序及标准	图示图例
混凝土工程	常见质量通病	  	4. 振捣不密实，混凝土中的气泡未排出，一部分气泡停留在模板表面。 5. 混凝土一次下料过厚，振捣不实或漏振，模板有缝隙使水泥浆流失，钢筋较密而混凝土坍落度过小或石子过大，柱、墙根部模板有缝隙，以致混凝土中的砂浆从下部涌出。 6. 混凝土离析，砂浆分离，石子成堆，或严重跑浆。 7. 浇筑前，未认真处理施工缝表面。 8. 混凝土浇筑前木模板未湿润或湿润不够，或者钢模板未刷隔离剂或刷涂不均匀。 9. 钢筋密集时，未选用适当粒径的石子	3. 隔离剂须涂刷均匀，不得漏刷。 4. 混凝土须按操作规程分层均匀振捣密实，严防漏振，每层混凝土均应振捣至气泡排出为止。 5. 正确地振捣，严防漏振，边角加强振捣。 6. 防止土块或木块等杂物的掺入。 7. 选用合理的下料浇筑顺序。 8. 混凝土浇筑以前，认真清理模板内的垃圾杂物，并处理好施工缝表面。 9. 冬期施工时要制定冬期施工预防措施，防止冰雪的夹层。 10. 钢筋密集时，选用适当粒径的石子。 11. 若使用木模板，浇筑前浇水润湿木模板	  
	板面裂缝	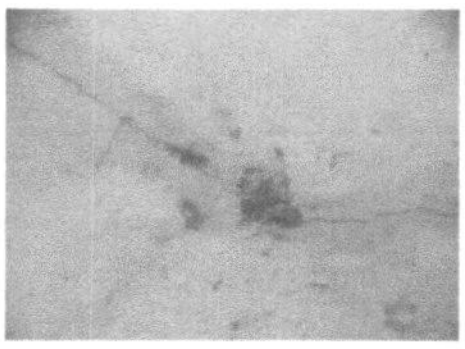	1. 塑性收缩裂缝 混凝土浇筑后，表面没有及时覆盖，受风吹日晒，表面游离水分蒸发过快，产生急剧的体积收缩，而此时混凝土早期强度低，不能抵抗这种变形应力而导致开裂；使用收缩率较大的水泥，水泥用量过多或使用过量的粉砂；混凝土水灰比过大，模板过于干燥。	1. 配制混凝土时，严格控制水灰比和水泥用量，选择级配良好的石子，减小孔隙率和砂率，要振捣密实，以减少收缩量，提高混凝土抗裂强度。	 

续表

类别	质量问题			质量问题防治	
	问题描述	问题照片	问题分析	防治关键工序及标准	图示图例
混凝土工程	板面裂缝		2. 干燥收缩裂缝 混凝土成型后，养护不当；混凝土构件长期露天堆放，表面湿度经常发生剧烈变化；采用含泥量大的粉砂配制混凝土；混凝土振捣过度，表面形成水泥含量较多的砂浆层。 3. 温度裂缝 混凝土内外温差大，特别是大体积混凝土；深进的和贯穿的温度裂缝多由于结构温差较大，受到外界的约束而引起；采用蒸汽养护的预制构件，由于混凝土降温制度控制不严，降温过速引起	2. 在气温高、温度低或风速大的天气下施工，混凝土浇筑后，应及时进行喷水养护，使其保持湿润；大体积混凝土浇完一段，养护一段，要加强表面的抹压和养护工作。 3. 混凝土养护可采用表面喷氯偏乳液养护剂，或覆盖草袋、塑料薄膜等方法，当表面发现微细裂缝时，应及时抹压一次，再覆盖养护	
	楼板厚度不足		1. 模板标高控制不到位。 2. 混凝土浇筑控制不到位	1. 模板安装后应进行模板表面标高检查验收。 2. 浇筑过程中牵线控制板面标高，宜采用板厚检查工具进行检查（插钎）。 3. 楼面板混凝土浇筑后，对楼板厚度全数进行检查，并总结分析发生问题的原因	
	预埋件部位渗漏水		1. 穿过地下工程墙体的水电套管、固定式主管、模板对拉螺栓等，未满焊止水环，或环板宽度太窄，起不到延长渗漏水距离的作用。	1. 所有穿过防水混凝土的预埋件，必须满焊止水环，焊缝要密实无缝。环片净宽至少要 50mm，大管径的套管不得小于 100mm。安装时，须固定牢固，不得有松动现象。 2. 预埋铁件表面锈蚀，必须进行除锈处理。	

续表

类别	质量问题			质量问题防治	
	问题描述	问题照片	问题分析	防治关键工序及标准	图示图例
混凝土工程	预埋件部位渗漏水		2. 施工中预埋件固定不牢受振松动，与混凝土间产生缝隙	3. 防水混凝土结构内部设置的各种钢筋或绑扎钢丝，不得接触模板；固定模板用的拉紧螺栓穿过混凝土结构时，可采用在螺柱或套管上加焊止水环，止水环必须满焊，也可在螺栓两端加堵头	
	混凝土翻边高度不足		模板支设及加固措施不到位	1. 卫生间、阳台等降板部位吊模应采用钢模，确保混凝土成型美观；吊模及翻边拆模应在混凝土浇捣完成24h以后，拆模时需小心谨慎，避免对混凝土造成破坏。 2. 卫生间、阳台等降板部位吊模若采用木模，应使用新方木，不得随意接头，以确保混凝土成型美观	
	降板位置施工不方正、高度不一致		1. 定位放线不准确，无标高控制措施。 2. 降板处固定措施不到位，发生位移	1. 混凝土浇筑前，对标高进行复测。 2. 采用角钢、方钢等制作定型模具，固定牢固	
	施工缝处理不到位	 	1. 交底不到位。 2. 剔凿方法不当	1. 在墙、柱位置及板施工缝处弹出线。 2. 用砂轮机沿线切割10mm。 3. 剔除施工缝内混凝土浮浆，剔除深度10～20mm，以漏出新鲜混凝土及石子为标准	 
	梁柱接头采用不同强度等级混凝土		1. 拦截措施不到位。 2. 隐蔽验收时未重点关注	1. 优化拦截措施（建议做法为梁端采用钢板网＋细网结合方式，拦截网后面交叉布置固定钢筋，与箍筋绑扎牢固）。 2. 作为隐蔽验收重点检查项	

续表

类别	质量问题			质量问题防治	
	问题描述	问题照片	问题分析	防治关键工序及标准	图示图例
混凝土工程	梁柱接头采用不同强度等级混凝土				
	养护措施不到位		1. 项目部质量监督不到位。 2. 方法、措施不当	1. 建立养护巡查制度。 2. 使用新型养护喷淋	
砌体工程	砌体砖缝砂浆不饱满		1. 砂浆和易性差，操作者用大铲和瓦刀铺刮砂浆后使底灰产生空穴、砂浆不饱满。 2. 干砖上墙和砌筑操作方法错误，不按“三一”砌砖法砌筑，水平灰缝缩口太大。 3. 工人施工水平不高，不按照施工规范进行施工	1. 改善砂浆和易性是确保灰缝砂浆饱满和提高粘结强度的关键。 2. 改进砌筑方法，按“三一”砌砖法砌筑，砌筑前1～2d将砖湿润，严禁干砖上墙使砌筑砂浆早期脱水而降低强度，干砖表面的粉屑起隔离作用会使砖与砂浆失去粘结。 3. 砌筑过程中要求铺满口灰然后进行勾缝	
	构造柱不密实		1. 构造柱顶模板安装未设置斜模进料口，浇筑混凝土不密实。 2. 马牙槎未按照规范设置	1. 构造柱安装模板应在顶部安装450mm（宽度250mm，高度应比梁底高30～50mm）的斜模进料口，浇筑细石混凝土时用榔头轻敲模板，钢筋插钎捣实，混凝土振捣密实。 2. 构造柱处砌体留设马牙槎，先退后进，每槎高度不超过300mm（5线），槎口深度≥60mm，进线与退线各自对齐，自底向上，每600mm设置拉结筋一道，外墙马牙槎上口砌45°斜角。 3. 支模时沿马牙槎边贴双面胶，模板采用对拉螺栓固定，螺栓从构造柱内部穿过	

续表

类别	质量问题			质量问题防治	
	问题描述	问题照片	问题分析	防治关键工序及标准	图示图例
砌体工程	灰缝厚度不一致		墙体砌筑前未按砌块模数设置皮数杆或未在混凝土结构柱上标注控制水平灰缝尺寸	1. 砌体结构的建筑物应在四大角设置皮数杆，框架（短肢墙）结构的填充墙应在柱（短肢墙）标注砌砖模数（沿高625mm弹水平线）控制水平灰缝。 2. 砌体的灰缝应横平竖直，厚薄均匀，水平灰缝厚度宜为10mm，但不应小于8mm，也不应大于12mm	
	穿墙风管处理不到位		穿墙风管洞口预留位置尺寸偏差、风管洞口后期封堵方式错误	1. 墙体排板时，结合通风图纸，明确穿墙风管位置、尺寸。 2. 墙体砌筑时严格执行砌体排板图。 3. 风管穿越防火分区时，严格按照图纸及图纸节点进行防火封堵	

2.3 装饰装修工程质量控制重点及常见质量问题防治

2.3.1 装饰装修工程质量控制重点

（1）混凝土地坪起砂：混凝土捣实固化后制成构筑物或构件，其成型后过段时间水泥发生水化反应，使混凝土硬化后具有一般石料的性质。混凝土地坪应连续铺设，施工时间不得超过混凝土初凝时间，如施工过程中发现混凝土初凝，严禁向混凝土中加水搅拌再次使用。

（2）抹灰面空鼓开裂：为了使抹灰层与基层粘结牢固，防止开裂、起鼓，保证工程质量，抹灰一般分层涂抹成活。按相关施工规范要求，内墙普通抹灰层的平均厚度不大于18mm，高级抹灰厚度不大于25mm；底层抹灰厚度一般为5～9mm；中层抹灰厚度一般为5～12mm；面层抹灰厚度一般为2～5mm。

（3）后砌墙体与原混凝土结构交接处开裂：抹灰基体不同材质交接处、部分埋管敷管处与埋墙设备箱背面需增加钢板网或网格布等防裂措施，每边搭接宽度不小于100mm。抹灰总厚度超过35mm时须采取增加一层玻璃纤维网格布等防裂措施。铺设防裂板网前宜先批一层薄灰，将其敷设后再两遍抹灰内部，以较好地发挥其抗裂性能。

（4）线槽处抹灰开裂：水泥砂浆封补线槽的时候，应分层抹灰，待第一次强度达到50%以上方可抹面层砂浆，然后再做界面剂贴纤维网格布，随后贴纸胶带刮腻子；线槽开槽完成后须清理槽内垃圾并洒水湿润；预埋管线深度应达到（管线外表面与原墙体面的距离）15mm。

(5) 石膏抹灰气泡、鼓起、面层不平：常用的建筑石膏是由天然二水石膏在温度107～170℃下煅烧磨细而成，初凝不得早于6min，终凝不得超过30min。抹灰用石膏入库存放须有严格的防潮措施，其质变较快。储存3个月后，强度降低30%左右，储存超过6个月原则上不得使用，使用中发现少量结块应过筛后使用。石膏料浆应在初凝前用完，已初凝的料浆不得加水继续使用。

(6) 涂料流坠、沙痕、表面凹坑：水性涂料涂饰工程施工的环境温度应为5～35℃；既有建筑墙面用腻子找平或直接涂饰前，应清除疏松的旧装修层并涂刷界面剂；新建筑物的混凝土或抹灰基层用腻子找平或直接涂饰前，应涂刷抗碱封闭底漆；涂饰工程使用的腻子应坚实牢固，不得粉化、起皮和裂纹，厨房、浴室及厕所等需使用涂料的部位，应使用具有耐水性能的腻子及防水乳胶漆，窗帘盒、窗侧等阳光直射区域宜采用外墙腻子及外墙乳胶漆。

(7) 设备末端定位不准确：吊顶施工前应进行综合顶棚绘制，将各类设备、点位进行综合考虑排板，且应考虑相关规范，确保布局合理；在吊顶安装时候，根据综合顶棚点位位置合理避让基层骨架，且后期开孔时采取拉通线，采取专用开孔器开设。

(8) 轻钢龙骨隔墙未设置导墙：有防潮要求的石膏板隔墙应在底部设C20细石混凝土导墙，高度大于等于300mm，其他区域高度大于等于100mm，导墙宽度同隔墙。

(9) 墙面轻钢龙骨排布不符合要求：轻钢龙骨竖向龙骨间距必须按300mm/400mm分布，上下两端插入天地龙骨，调整垂直后，用抽心铆钉固定；靠墙、柱边龙骨用膨胀螺栓固定；隔墙超过3m时，应定制整根通长龙骨，如确需接长时，连接处在高度方向应错开，还应考虑穿心龙骨孔在同一水平线上。

(10) 轻钢龙骨隔墙罩面板安装不牢固、缝隙与阴阳角处理不当：采用自攻钉从罩面板中部向四边固定，钉帽略沉入板内，不得破损板面。板螺钉间距边小于200mm，板中小于300mm，螺钉与板边相距10～16mm。隔墙端部的罩面板与周围结构留3mm槽口，并加注嵌缝膏，铺板时挤压嵌缝膏使其和邻近表层紧密接触。罩面板下端应离地面20～30mm或与踢脚板上口齐平，接缝严密。

(11) 木门套底部返潮：木门套基层板不宜直接落地，100mm以下采用水泥砂浆替代木基层；且进行防水处理，基层板应进行防腐、防潮处理，木门套及门扇进行封闭底漆处理。安装卫生间木门套时，应先铺贴门槛石且两边最好埋入墙体，然后做基层安装成品木门套，安装时门套与门槛石留缝5mm左右。在门槛石与墙体之间要进行防渗漏处理，相交处打一圈与门套同色玻璃胶。

(12) 踢脚线上口与墙面有缝隙、与门套线收口端头外露：墙面抹批灰及粉刷时，除大面施工应符合规定要求外，在踢脚线上口处应提高验收标准，平整度允许偏差应≤1mm；木质踢脚线应使用专用挂条和墙面连接，且应在踢脚线上口设置翻边与墙面相交；木质踢脚线含水率应符合当地的环境条件要求，室内易受潮部位应使用防潮型人造板或在安装时下口应留3mm左右的缝隙，使基层潮气通过缝隙散发；木质踢脚线安装前应检查基层含水率，应满足现行《建筑装饰装修工程质量验收标准》GB 50210要求，且木质踢脚线应进行防潮处理。

(13) 墙面不平、阴阳角不垂直、不方正：抹灰前按规矩找方，横线找平，立线吊直，弹出基准线和墙裙（踢脚板）线；抹阴阳角时应随时检查角的方正，及时修正；罩面灰施抹前应进行一次质检验收，不合格处必须修正后再进行面层施工。

（14）乳胶漆涂膜鼓包、脱落：选用合适的砂纸，腻子打磨应精细，表面平整光滑；涂刷前，应将基层表面浮尘清理干净，并进行修补；选用较大漆刷，刷毛应整齐柔软，刷漆时用力均匀；选用涂料配套的稀释剂，调整涂料的黏稠度；基层表面应进行封油处理；涂刷时先用稀料封底层，中、面层正常涂刷，禁止在涂料中掺入水；棱角边沿部位，必须认真涂刷，不得任意减少涂刷遍数；喷涂时应喷涂均匀。

2.3.2 装饰装修工程常见质量问题及防治（表 2.3-1）

装饰装修工程常见质量问题及防治　　表 2.3-1

质量问题			质量问题防治	
问题描述	问题照片	问题分析	防治关键工序及标准	图示图例
混凝土地坪起砂		1. 混凝土强度低，地面光洁度差，表层粗糙，颜色发白，反复清扫无法清理干净。 2. 人员走动或车辆碾压后，表面不断有松散的水泥灰和细碎的骨料脱落。 3. 随着交通量的增多，地面起灰、剥落，露出砂子和石子等骨料，甚至出现缺损	1. 有条件情况采用商品混凝土进行找平浇筑。 2. 不同水泥严禁混用，存放在干燥环境中；必须使用中粗河沙，含泥量≤3%，使用干净的水进行搅拌。 3. 水灰比 0.2～0.25，搅拌前冲洗石子；加料顺序为砂子、水泥、石子、水；搅拌时间为干拌 3min，加水湿拌 3min。 4. 混凝土浇筑前将基层表面砂砾、浮灰清理干净，洒水湿润但不能有积水，进行扫浆或刷界面剂处理。 5. 混凝土地坪应连续铺设，施工时间不得超过混凝土初凝时间，如施工过程中发现混凝土初凝，严禁向混凝土中加水搅拌再次使用。 6. 夏季洒水保湿，覆盖保湿材料进行养护，保持覆盖材料的湿润，3d 后上人；冬季保温养护，7d 后上人	
抹灰空鼓、开裂		1. 基层清理不干净，混凝土基层未进行毛糙化，表面沾有油污、隔离剂等。	1. 抹灰前应清除基层表面的尘土、污垢、油渍等，并洒水润湿，凹凸部位应剔平，抹灰应在基层验收合格后进行。	

续表

质量问题			质量问题防治	
问题描述	问题照片	问题分析	防治关键工序及标准	图示图例
抹灰空鼓、开裂		2. 抹灰前浇水不透、不均匀，湿度不符合要求等。 3. 水泥安定性不合格；砂子含泥量超标，使用细砂、土砂等。 4. 不按要求加设界面抗裂措施。 5. 使用凝结后的砂浆。 6. 水泥没有达到稳定期，施工的环境温度不符合要求，成品保护和养护等不到位	2. 抹灰构造各层厚度宜为5～7mm，抹水泥混合砂浆时宜为7～9mm，后一次抹灰应在前一次抹灰层凝结后进行，且底层抹灰层强度不得低于面层的抹灰层强度。 3. 抹灰砂浆要集中搅拌，专人计量，一般按体积比计量，用途不同拟定不同配合比，满足设计和规范要求。 4. 对抹灰基层的不同基体交接处，按规范要求加设加强网，加强网与各界面的搭接宽度不小于100mm，敷设完毕并隐检通过后方能进行抹灰。 5. 水泥砂浆拌好后应在初凝前用完，凡结硬砂浆不得继续施工。一般夏季拌出的砂浆存放时间不要超过1.5h，春秋宜控制在2h内用完。 6. 抹灰的环境温度一般不低于5℃；水泥砂浆抹灰层应在湿润条件下养护，并应在抹灰后24h内进行养护	
线槽处抹灰开裂		1. 墙内暗敷管槽开槽不正确。 2. 敷管后对管槽填抹砂浆的方法不正确	1. 开槽应先弹线，槽宽为管径 $d+30$mm，槽深为 $d+22$mm。 2. 敷管时将管离开槽底8～10mm，并用管卡固定牢固，卡钉间距不小于0.4m，管子两端和转弯处两侧各设一个卡子。管端接线盒应同时安装，并用锁母与接线盒连接。 3. 安装验收合格后，用清水将槽冲洗干净，充分润湿，再用1∶2.5的水泥砂浆嵌填，要用力使砂浆严密握裹线管，砂浆覆盖管表面不大于15mm，待砂浆收水后用木抹子搓平，并对接线盒周边嵌填。浇水养护不少于3d。	

续表

质量问题			质量问题防治	
问题描述	问题照片	问题分析	防治关键工序及标准	图示图例
线槽处抹灰开裂			4. 墙面整体抹灰时，要事先对管槽处的抹灰进行检查，如果管槽嵌填砂浆表面已有裂缝或敷管有外露的现象，可用宽 20cm 的抗裂网片居中敷设在槽口上，再进行抹灰	
后砌墙体与原混凝土结构交接处开裂	 	1. 在前期砌筑施工过程中未按照相关规范设置相应的拉结筋，导致连接不牢固产生开裂。 2. 墙体砌筑完成后，轻质砌块与混凝土柱连接处未采用镀锌钢丝网进行粘贴处理，或粘贴不规范导致抹灰后出现开裂现象	1. 在砌筑前，按相关规范应在钢筋混凝土结构上植相应的拉结钢筋，增加新砌块和钢筋混凝土结构的整体连接性。 2. 抹灰前应在不同材料的墙体交界处加铺钢丝网或玻纤网，防止两种材料变形不一致产生裂缝。钢丝网或耐碱玻纤网搭接宽度不少于 100mm。进行水泥砂找平浆粉刷后再批腻子。 3. 填充墙与框架柱、梁的缝隙可采用聚苯乙烯泡沫塑料板条或聚氨酯发泡材料填充，并用硅酮胶或其他弹性密封材料封缝。 4. 填充墙砌体与梁、柱或混凝土墙体结合的界面处，宜在粉刷前设置钢丝网片，网片宽度可取 400mm，并沿界面缝两侧各延伸 200mm。钢丝网片与基体可采用抗裂砂浆或锚钉锚固。如为涂饰面层，可在涂饰施工前采用耐碱玻纤网格布进行加强处理	 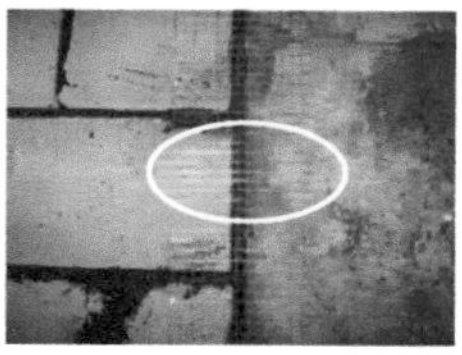
石膏抹灰气泡、鼓起、面层不平		1. 粉刷石膏未拌匀，材料受潮过期等因素导致上墙后出现起鼓。 2. 墙体基层未处理干净、湿润不到位导致起泡。 3. 施工过程中对现场施工的监管不严，对质量问题的防控措施不到位	1. 粉刷石膏应选用优质材料，严禁使用劣质或过期变质产品。 2. 粉刷前应确保墙面基层处理干净且湿润到位，根据平整度控制线，满刮基层粉刷石膏。粉刷石膏使用前，应按照说明书上的要求，将墙固、水、粉刷石膏按照一定的比例搅拌均匀，并在规定的时间范围内使用完毕。如果满刮厚度超过 10mm，需要再满贴一遍玻纤网格布后，再继续满刮基层粉刷石膏	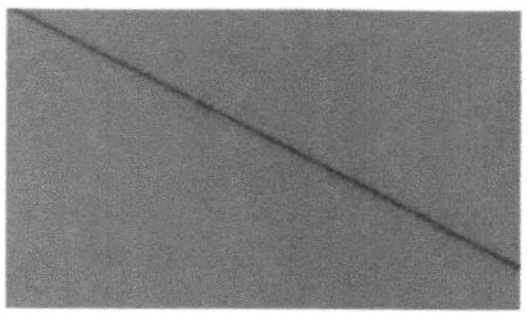

续表

质量问题			质量问题防治	
问题描述	问题照片	问题分析	防治关键工序及标准	图示图例
涂料流坠、沙痕、表面凹坑		1. 油漆中加稀释剂过多。 2. 涂刷的漆膜太厚。 3. 施工环境温度过低，湿度过大，或漆质干固过慢，容易形成流坠。 4. 使用的稀释剂挥发快，在漆膜未形成前已经挥发，造成油漆流平性能差，形成漆膜厚薄不均，或周围空气溶剂蒸发浓度高，油漆流动性大，形成流坠。 5. 物体棱角、转角或线角的凹槽部位，合页连接部位，没有及时将油漆清理。 6. 不明显部位上的涂漆收刷，常因油漆过厚造成流坠。选用的漆刷太长，或刷毛太长、太软	1. 选用优良的油漆材料和配套的稀释剂；选择适宜的刷子。 2. 涂漆前，墙面油、水等污物必须清理干净。凹凸不平部位，应先进行处理。 3. 选用适宜黏度的油漆。 4. 每次涂刷的漆膜不宜太厚。 5. 涂刷操作，应先开油，再横油、斜油，最后顺油。 6. 保证涂刷间隔时间，施涂及成膜时温度应在10℃以上，湿度小于85%，避免雨天施工，成膜助剂选用要得当，加量适宜	
设备末端定位不准确	 	1. 施工前未绘制综合平面图。 2. 未按综合平面图定位。 3. 未进行全面策划与统一定位，导致现场受机电影响，无法按照综合平面图施工。 4. 隐蔽验收会签不到位。 5. 开孔未拉线或未使用专门开孔设备。 6. 防火卷帘与吊顶交接处未进行处理，影响观感	1. 放线前做好图纸会审，确认灯具、消防喷淋、出风口、回风口、检修孔等定位，绘制综合平面布置图。 2. 严格按照综合平面布置图定位施工。 3. 装饰单位宜主动承担机电末端定位放线工作，以避免因末端不规范原因带来的返工与装饰效果不佳的情况。 4. 吊顶封板之前，严格进行隐蔽验收，并进行会签。 5. 开孔应拉通线，并使用专门配套的开孔设备。 6. 与相关单位多沟通，在不影响卷帘正常使用前提下，基层封板尽可能严实，洞口预留宽度比卷帘宽度大4cm左右，以看不到空洞现象为准；定制不锈钢整体套框作为卷帘门轨道，必须在消防验收通过后安装	 

续表

质量问题			质量问题防治	
问题描述	问题照片	问题分析	防治关键工序及标准	图示图例
墙面轻钢龙骨排布不符合要求	 	1. 加气块墙面采用普通膨胀螺栓固定。 2. 竖龙骨与天地龙骨未安装紧固；隔墙超过3m时，用两段龙骨接长，且接头在同一高度水平线上。 3. 穿心龙骨未安装紧固，或接头处无铆钉连接。 4. 门框四周加固不到位，或者未加固	1. 加气块墙面采用穿墙螺栓固定，墙面两侧固定点处加铁板；或用穿心螺丝两面加固；或直接在加气块墙上打80～120mm深的孔并清理干净，注入植筋胶，直接插入丝杆。 2. 按300～400mm间距安装竖龙骨，上下两端插入天地龙骨，调整垂直后，用抽心铆钉固定；靠墙、柱边龙骨用膨胀螺栓固定；隔墙超过3m时，应定制整根通长龙骨，如确需接长时，连接处在高度方向应错开，还应考虑穿心龙骨孔在同一水平线上。 3. 穿心龙骨应用卡托紧固，接头处用铆钉连接牢固。 4. 门框周边用方管/槽钢加固，竖向钢架到顶；较轻的门采用竖龙对扣，中间填实木方，二者固定在一起	 
轻钢龙骨隔墙未设置导墙		1. 隔墙底部未做混凝土导墙，容易造成隔墙下部受潮。 2. 导墙施工不规范，或者导墙宽度较小，龙骨施工时被膨胀螺栓打裂，导墙松动导致板面开裂	1. 隔墙底部应做100mm高的C20混凝土导墙：先放线，预埋丝杆，浇筑完成后，把轻钢龙骨或钢龙骨打孔固定在丝杆上，避免在混凝土没有完全硬化情况下打孔。 2. 卫生间厨房等潮湿区域，应做300mm高的C20混凝土导墙：用专用打孔器打孔，用膨胀管固定地龙骨。 3. 地面直接做隔墙龙骨的，应该在地龙骨下口用防腐木方垫起50mm。 4. 石膏板隔墙封板距地面应空一定的距离，或板底部用100mm水泥硅钙板封，并用塑料薄膜保护好；地面铺设地砖、石材，可防止石膏板受潮	

续表

质量问题			质量问题防治	
问题描述	问题照片	问题分析	防治关键工序及标准	图示图例
轻钢龙骨隔墙罩面板安装不牢固、缝隙与阴阳角处理不当		1. 未按规范要求铺钉。 2. 罩面板搭接存在问题。 3. 罩面板与原墙面平接。 4. 门洞处未采用“L”形板。 5. 接缝处理不当，未按板材配套嵌缝材料及工艺进行施工。 6. 墙面留“V”形缝缝隙过大，腻子批补宽度过大；“V”形缝缝隙过小，腻子无法嵌入缝隙形成连接，导致开裂。 7. 阳角未采用塑料护角条	1. 安装一侧板，从门口或墙一端开始，板边与板中钉距 150mm，螺钉距板边缘 8～10mm；安装双层板，第二层板接缝与第一层错开，不能落在同一龙骨上。 2. 造型封板安装时要做到先小面、后大面、先侧面、后正面等施工顺序，做到大面盖小面，正面盖侧面，避免侧边缝隙开裂和影响平整度。 3. 施工面积较小时，可考虑整面墙整体加封一层石膏板；或与设计师沟通平接处缩进 10～20mm 留阳角或三面留设 5～8mm 宽的凹槽。 4. 门洞等处封板应采用“L”形板。 5. 清净缝内浮土，用小刮刀把腻子嵌入板缝，填实刮平；待腻子凝固，薄刮 1mm 厚胶状腻子，宽度为拉结带宽，粘贴拉结带，用刮刀从上而下刮平压实；再刮 1mm 厚比拉结带宽 80mm 的腻子，用大刮刀填满楔形槽抹平。 6. “V”形缝宽度应控制在 10mm 左右。 7. 埃特板墙面，建议阴阳角均用钢丝网粉刷加固	
木门套底部返潮		1. 木门套所处环境潮湿度过大。 2. 木门套安装时直接落地。 3. 门窗套底部没有做防潮处理。 4. 木门套基层底面没有做防潮处理	1. 木门套使用环境应保持通风。 2. 木门套安装时不宜直接落地，最好距地面 100mm。 3. 100mm 以下采用其他材料衔接，或做特殊的防水、防腐处理。 4. 木门套基层底部应做不低于 500mm 高的防水、防潮处理。	

续表

质量问题			质量问题防治	
问题描述	问题照片	问题分析	防治关键工序及标准	图示图例
木门套底部返潮			5. 安装卫生间木门套时，应先铺贴门槛石且两边最好埋入墙体，然后在基层安装成品木门套，安装时门套与门槛石留缝5mm左右。在门槛石与墙体之间要做防渗漏处理，相交处打一圈与门套同色玻璃胶	
踢脚线上口与墙面有缝隙、与门套线收口端头外露	 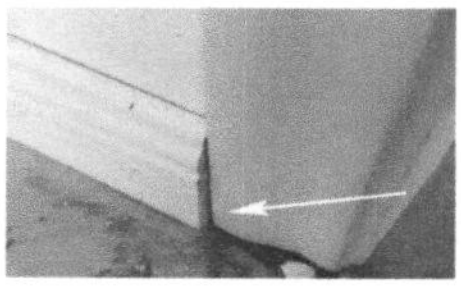	1. 墙面施工过程把控不严，墙面不平整、偏差过大。 2. 木质踢脚线固定和收口方式不合理，难以控制安装误差。 3. 木质踢脚线受应力变形。 4. 基层含水率不符合要求，木质踢脚线受潮变形。 5. 深化设计前没有精确测量现场实际尺寸。 6. 没有综合审核门套和相交踢脚线排板图和加工图	1. 墙面抹批灰及粉刷时，除大面施工应符合规定外，在踢脚线上口处应提高验收标准，平整度允许偏差≤1mm。 2. 木质踢脚线应使用专用挂条和墙面连接，且应在踢脚线上口设置翻边与墙面相交。 3. 木质踢脚线含水率应符合当地的环境条件要求，室内易受潮部位应使用防潮型人造板或在安装时下口应留3mm左右的缝隙，使基层潮气通过缝隙散发。 4. 木质踢脚线安装前应检查基层含水率，应满足相关规范要求，且木质踢脚线应进行防潮处理。 5. 深化设计前必须进行现场实际尺寸的测量。 6. 必须综合审核所有相交饰面的排板图和加工图尺寸，确保交接处合理美观。 7. 建议深化设计时，可以采用弱化交接处容易出现质量瑕疵的技术措施。比如：踢脚线完成面位置宜低于与之相交的门套线完成面位置3mm	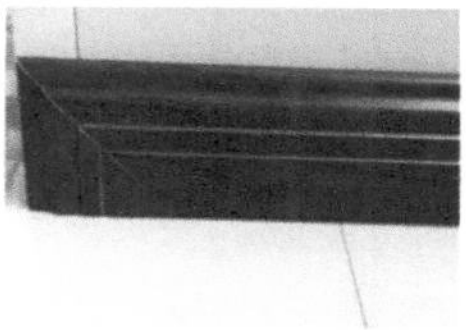 

续表

质量问题			质量问题防治	
问题描述	问题照片	问题分析	防治关键工序及标准	图示图例
墙面不平、阴阳角不垂直、不方正	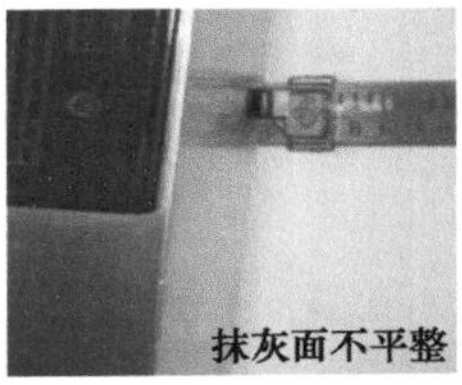  抹灰面不平整	1. 图省力，省工缺序，未按施工工序操作。 2. 抹灰前没有事先按规矩找方、挂线、做灰饼和冲筋，冲筋用料强度较低或冲筋后过早进行抹面施工。 3. 冲筋离阴阳角距离较远，影响了阴阳角的方正	1. 抹灰前按规矩找方，横线找平，立线吊直，弹出基准线和墙裙（踢脚板）线。 2. 增加检查频次，修正抹灰工具，尤其避免木杠变形后再使用。 3. 抹阴阳角时应随时检查角的方正，及时修正。 4. 罩面灰施抹前应进行一次质检验收，不合格处必须修正后再进行面层施工。 5. 先用托线板检查墙面平整度和垂直度，决定抹灰厚度，在墙面的两上角用1∶3砂浆或者1∶3∶9混合砂浆各做一个灰饰，利用托线板在墙面的两下角做出灰饼，拉线，间隔1.2～1.5m做墙面灰饼，冲纵筋同灰饼平，再次利用托线板和拉线检查，一切无误后方可抹平	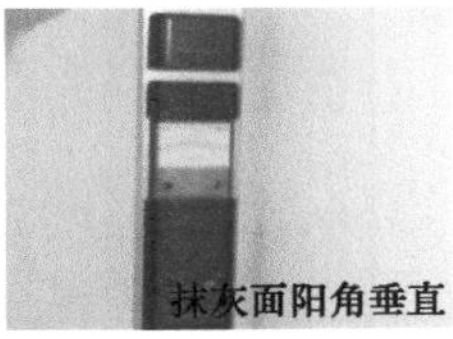 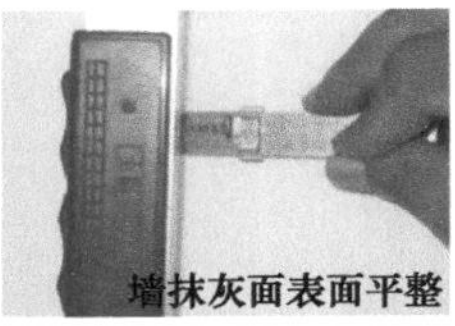 抹灰面阳角垂直 墙抹灰面表面平整
乳胶漆涂膜鼓包、脱落	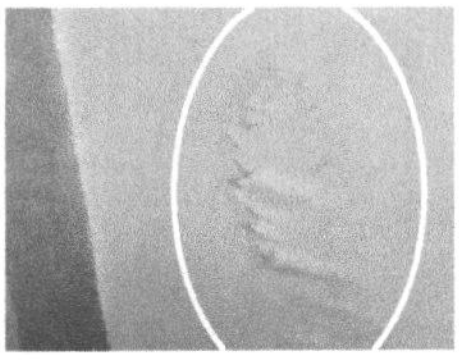	1. 基层处理不当，表面有油垢、水汽、灰尘或化学药品等。 2. 每遍涂膜太厚。 3. 基层潮湿。 4. 环境原因	1. 基层应清理干净，砂纸打磨后产生的灰尘应清扫干净。 2. 按要求控制每遍漆膜的厚度。 3. 基层应干燥，混凝土及抹灰面层的含水率应在10%以下（新抹砂浆常温要求7d以后，现浇混凝土常温要求28d以后）。 4. 水性涂料涂饰工程的环境温度应在5～35℃之间，并注意通风换气和防尘。冬季室内温度不宜低于5℃，相对湿度为85%，并在供暖条件下进行，室温保持均匀，不得突然变化	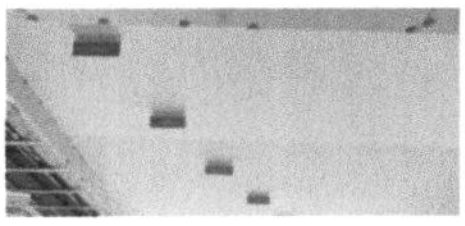

2.4 屋面工程质量控制重点及常见质量问题防治

2.4.1 屋面工程质量控制重点

（1）材料质量控制要点：屋面工程所用的防水、保温材料应有产品合格证书和性能检测报告（图 2.4-1），材料的品种、规格、性能等必须符合国家现行产品标准和设计要求，产品质量应由经过省级以上建设行政主管部门对其资质认可和质量技术监督部门对其计量认证的质量检测单位进行检测。

图 2.4-1　产品合格证书和性能检测报告

（2）基层与保护工程：屋面找坡应满足设计排水坡度要求，结构找坡不应小于 3%，材料找坡宜为 2%（图 2.4-2）；檐沟、天沟纵向找坡不应小于 1%，沟底水落差不得超过 200mm。找坡层和找平层、隔汽层、隔离层、保护层所用材料的质量及配合比，应符合设计要求。

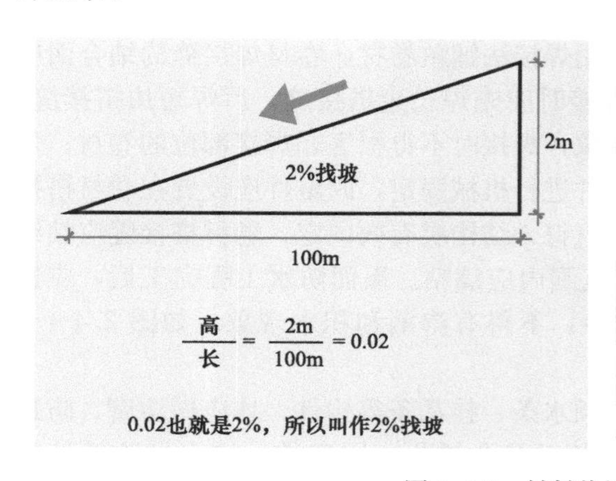

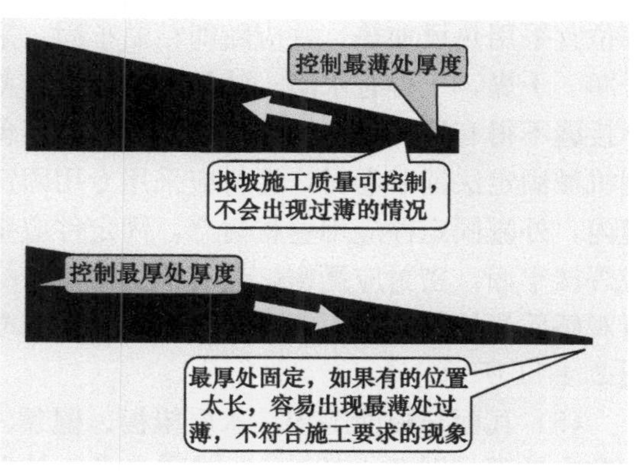

图 2.4-2　材料找坡（结构找坡同理）

（3）保温与隔热工程：保温材料的导热系数、表观密度或干密度、抗压强度或压缩强度、燃烧性能，须符合设计要求。板状材料保温层采用干铺法施工时，板状保温材料应紧靠在基层表面上，应铺平垫稳（图 2.4-3）；分层铺设的板块上下层接缝应相互错开，板间缝隙应采用同类材料的碎屑嵌填密实；采用粘贴法施工时，胶粘剂应与保温材料的材性相容，并应贴严、粘牢；板状材料保温层的平面接缝应挤紧拼严，不得在板块侧面涂抹胶粘剂，超过 2mm 的缝隙应采用相同材料板条或片填塞严实；采用机械固定法施工时应选择专用螺钉和垫片，固定件与结构层之间应连接牢固。

图 2.4-3　板状保温材料应紧靠在基层表面上，应铺平垫稳

（4）防水与密封工程：屋面坡度大于 25%时，卷材应采取满粘和钉压固定措施，相邻两幅卷材短边搭接缝应错开，且不得小于 500mm，上下层卷材长边搭接缝应错开，且不得小于幅宽的 1/3。采用冷粘法铺贴卷材，胶粘剂涂刷应均匀，不应露底、堆积，卷材下面的空气应排尽，并应辊压粘牢固，接缝口应用密封材料封严，宽度不应小于 10mm；采用热粘法铺贴卷材，熔化热熔型改性沥青胶结料时，宜采用专用导热油炉加热，加热温度不应高于 200℃，使用温度不宜低于 180℃，其热熔型改性沥青胶结料厚度宜为 1.0～1.5mm；采用热熔法铺贴卷材，卷材接缝部位应溢出热熔的改性沥青胶，溢出的改性沥青胶宽度宜为 8mm，厚度小于 3mm 的高聚物改性沥青防水卷材，严禁采用热熔法施工；采用自粘法铺贴卷材，接缝口应用密封材料封严，宽度不应小于 10mm，低温施工时，接缝部位宜采用热风加热，并应随即粘贴牢固。采用焊接法铺贴卷材，卷材焊接缝的结合面应干净、干燥，不得有水滴、油污及附着物，焊接时应先焊长边搭接缝，后焊短边搭接缝，焊接缝不得有漏焊、跳焊、焊焦或焊接不牢现象，焊接时不得损害非焊接部位的卷材；采用机械固定法铺贴卷材，卷材应采用专用固定件进行机械固定，固定件应设置在卷材搭接缝内，外露固定件应用卷材封严，固定件应垂直钉入结构层有效固定，卷材搭接缝应粘结或焊接牢固，密封应严密，卷材周边 800mm 范围内应满粘。屋面防水工程完工后，应进行观感质量检查和雨后观察或淋水、蓄水试验，不得有渗漏和积水现象。如图 2.4-4～图 2.4-11 所示。

（5）瓦面与板面工程：木质望板、檩条、顺水条、挂瓦条等构件，均应做防腐、防蛀和防火处理（图 2.4-12）；金属顺水条、挂瓦条以及金属板、固定件，均应做防锈处理（图 2.4-13）。瓦材或板材与山墙及突出屋面结构的交接处，均应做泛水处理（图 2.4-14）。

图 2.4-4 卷材搭接，上下层卷材长边搭接缝应错开，且不得小于幅宽的 1/3

图 2.4-5 冷粘法铺贴卷材，胶粘剂涂刷应均匀，宽度不应小于 10mm

图 2.4-6 热粘法铺贴卷材，采用专用导热油炉加热

图 2.4-7 热熔型改性沥青胶结料厚度宜为 1.0～1.5mm

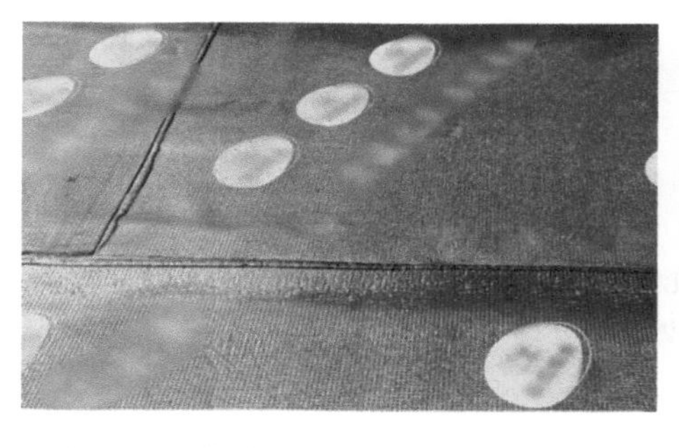

图 2.4-8 热熔法铺贴卷材，溢出的改性沥青胶宽度宜为 8mm

图 2.4-9 自粘法铺贴卷材，接缝口宽度不应小于 10mm

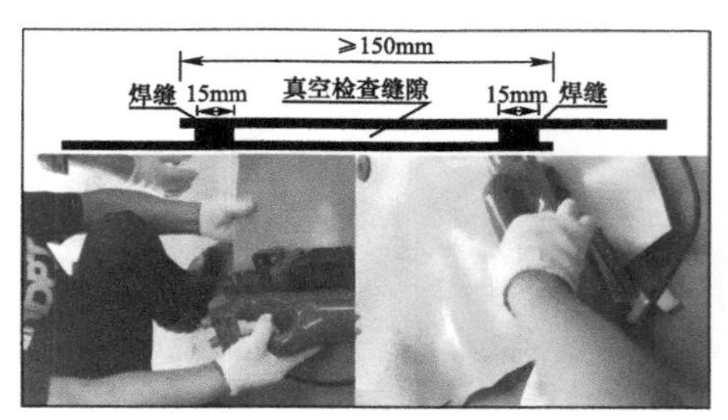

图 2.4-10 焊接法铺贴卷材，焊接时应先焊长边搭接缝，后焊短边搭接缝，焊接时不得损害非焊接部位的卷材

图 2.4-11 防水完成后，进行蓄水试验

在大风及地震设防地区或屋面坡度大于100%时，瓦材应采用固定加强措施，严寒和寒冷地区的檐口部位，应采取防雪融冰坠的安全措施。

图 2.4-12　木质材料：木质望板、檩条、顺水条、挂瓦条等构件，均应做防腐、防蛀和防火处理

图 2.4-13　金属材料：金属顺水条、挂瓦条以及金属板、固定件，均应做防锈处理

图 2.4-14　瓦材或板材与山墙及突出屋面结构的交接处，均应做泛水处理

烧结瓦和混凝土瓦铺装，基层应平整、干净、干燥，顺水条应垂直于正脊方向铺钉在

基层上，顺水条表面应平整，其间距不宜大于 500mm，挂瓦条间距应根据瓦片尺寸和屋面坡长经计算确定。瓦屋面檐口挑出墙面的长度不宜小于 300mm，脊瓦在两坡面瓦上的搭盖宽度，每边不应小于 40mm，脊瓦下端距坡面瓦的高度不宜大于 80mm，瓦头深入檐沟、天沟内的长度宜为 50～70mm，金属檐口、天沟深入瓦内的宽度不应小于 150mm，瓦头挑出檐口的长度宜为 50～70mm，突出屋面结构的侧面瓦深入泛水的宽度不应小于 50mm。

沥青瓦铺装，每张瓦片不得少于 4 个固定钉，在大风地区或屋面坡度大于 100%时，每张瓦片不得少于 6 个固定钉，固定钉应垂直钉入沥青瓦盖盖面，钉帽应与瓦片表面齐平。脊瓦在两坡面瓦上的搭盖宽度，每边不应小于 150mm（图 2.4-15），脊瓦与脊瓦的压盖面不应小于脊瓦面积的 1/2，沥青瓦挑出檐口的长度宜为 10～20mm，金属泛水板与沥青瓦的搭盖宽度不应小于 100mm，金属泛水板与突出屋面墙体的搭接高度不应小于 250mm，金属滴水板伸入沥青瓦下的宽度不应小于 80mm。

图 2.4-15　沥青瓦铺装：脊瓦在两坡面瓦上的搭盖宽度，每边不应小于 150mm

（6）细部构造工程：檐口、檐沟和天沟、女儿墙和山墙、水落口、变形缝、伸出屋面管道、屋面出入口、反过梁水孔、设施基座、屋脊、屋顶窗防水构造应符合设计要求，不得有渗漏和积水现象。檐口 800mm 范围内卷材应满粘（图 2.4-16）。女儿墙和山墙的压顶向内排水坡度不应小于 5%（图 2.4-17），压顶内侧下端应做成鹰嘴或滴水槽。水落口周围直径 500mm 范围内坡度不应小于 5%，防水层及附加层伸入水落口杯内不应小于 50mm（图 2.4-18），并应粘结牢固。伸出屋面管道周围的找平层应抹出高度不小于 30mm 的排水坡（图 2.4-19）。屋面垂直出入口防水层收头应压在压顶圈下，水平出入口防水层收头应压在混凝土踏步下，附加层铺设和护墙应符合设计要求，屋面出入口的泛水高度不应小于 250mm。设施基座直接放置在防水层上时，设施基座下部应增设附加层，必要时应在其上浇筑细石混凝土，其厚度不应小于 50mm（图 2.4-20）。

屋面栏杆施工，外廊、内天井及上人屋面等临空处的栏杆净高，六层及六层以下不应低于 1.05m，七层及七层以上不应低于 1.10m。防护栏杆必须采用防止儿童攀登的构造，栏杆的垂直杆件间距不应大于 0.11m（图 2.4-21）。放置花盆处必须采取防坠落措施。

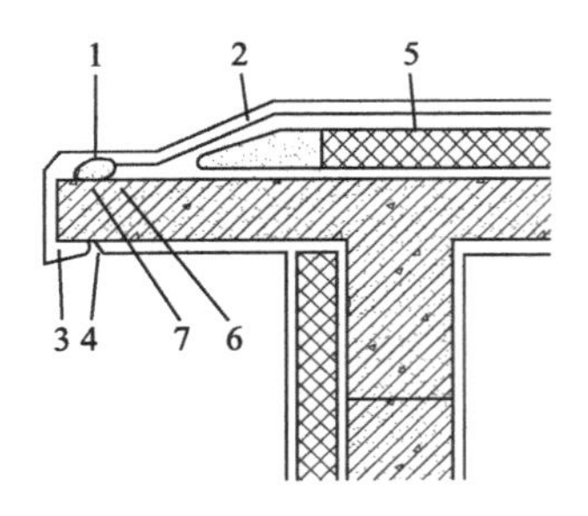

卷材防水屋面檐口

1—密封材料；2—卷材防水层；3—鹰嘴；4—滴水槽；5—保温层；6—金属压条；7—水泥钉

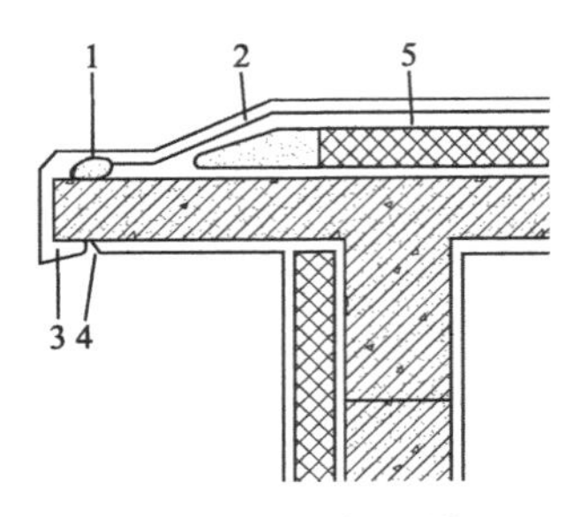

涂膜防水屋面檐口

1—涂料多遍涂刷；2—涂料防水层；3—鹰嘴；4-滴水槽；5—保温层

图 2.4-16　檐口 800mm 范围内卷材应满粘

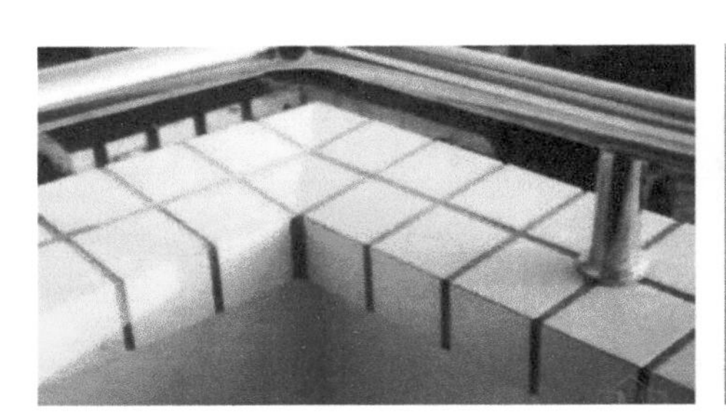

图 2.4-17　女儿墙和山墙的压顶向内排水坡度不应小于 5%

图 2.4-18　水落口周围直径 500mm 范围内坡度不应小于 5%，防水层及附加层伸入水落口杯内不应小于 50mm

图 2.4-19　伸出屋面管道周围的找平层应抹出高度不小于 30mm 的排水坡

图 2.4-20 设施基座直接放置在防水层上时，设施基座下部应增设附加层，必要时应在其上浇筑细石混凝土，其厚度不应小于 50mm

图 2.4-21 防护栏杆必须采用防止儿童攀登的构造，栏杆的垂直杆件间距不应大于 0.11m

(7) 屋面工程验收：屋面有无渗漏、积水和排水系统是否通畅，应在雨后或持续淋水 2h 后进行，并应填写淋水试验记录。具备蓄水条件的檐沟、天沟应进行蓄水试验，蓄水时间不得少于 24h（图 2.4-22），并应填写蓄水试验记录。

图 2.4-22 屋面进行蓄水试验，不少于 24h

2.4.2 屋面工程常见质量问题及防治（表 2.4-1）

屋面工程常见质量问题及防治　　表 2.4-1

类别	质量问题			质量问题防治	
	问题描述	问题照片	问题分析	防治关键工序及标准	图示图例
渗漏问题	顶板渗漏		1. 未分阶段蓄水检查。 2. 未对渗水区域提前进行加强处理	1. 屋面第一次蓄水试验。屋面防水层施工完后，将雨水口等进行临时封堵，进行一次闭水试验，时间不少于 24h，蓄水深度为最高点 20mm。观察女儿墙及屋面层下部楼板是否存在渗漏水，若存在渗漏水做出标识及时进行修补。 2. 屋面保护层施工。当一次闭水试验无渗漏情况下，进行防水保护层施工，保护层施工期间，要采取措施，防止施工期间破坏防水保护层。 3. 屋面第二次蓄水试验。屋面面层施工完毕后，进行二次闭水试验。 4. 屋面渗漏检查。二次闭水试验方法同一次闭水，确保屋面周边及屋面板无渗漏、排水通畅。 5. 坡屋面检查。对坡屋面，可采用淋水或雨后观察方法检查渗漏情况	
	女儿墙根部渗漏		1. 女儿墙脚手眼采用砌体、砂浆封堵。 2. 女儿墙与屋面结构同时施工的上翻高度不足或女儿墙二次施工，与屋面结构存在缝隙。 3. 女儿墙与屋面结构阴角未做圆弧或圆弧开裂、未做防水附加层	1. 与主体结构同步浇筑。女儿墙与屋面结构同时施工的上翻高度大于500mm，避免二次接缝。 2. 细石混凝土封堵孔洞。女儿墙孔洞采用外掺堵漏王的细石混凝土封堵。 3. 圆弧角制作。在屋面防水层与女儿墙之间的阴角做成 $R=100$mm 的圆弧角。 4. 防水层压槽处理。女儿墙泛水做防水层压顶，屋面刚性保护层与女儿墙间留 30mm 的空隙嵌密封材料	

续表

类别	质量问题			质量问题防治	
	问题描述	问题照片	问题分析	防治关键工序及标准	图示图例
渗漏问题	出屋面烟道根部渗漏		1. 烟道混凝土反坎高度不足。 2. 烟道混凝土反坎与结构板不一次性浇筑时，根部没有预留凹槽。 3. 防水卷材收头处没有预留凹槽并采用压条压紧。 4. 防水附加层施工不到位。 5. 烟道吊洞不密实，每次采取二次封堵工艺	1. 与主体结构同步浇筑烟道。排烟道必须用现浇混凝土结构，宜与主体结构同时浇筑（若不能同时浇筑需留企口），混凝土墙高度不得小于300mm。 2. 圆弧角制作。阴角抹成圆弧角，防水附加层上翻和水平延伸不得小于250mm。 3. 防水层上翻控制。防水上翻高度不得小于300mm，卷材收头于预留凹槽处，铝合金压条并用水泥钉@600mm固定，钉头用密封胶密封	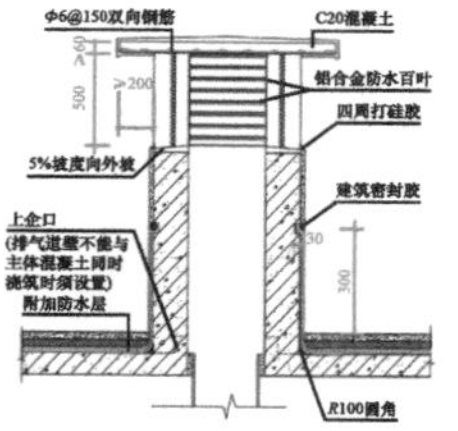 
	屋面变形缝渗漏		1. 变形缝盖板坡度不足，存在局部积水。 2. 未设置盖缝卷材或盖缝卷材破损	1. 基层表面清理、修整。基层必须清理干净，混凝土才能密实，出现缺陷应及时加以修补。 2. 喷涂基层处理剂。基层必须干燥，喷涂处理剂以便卷材与基层粘结牢固。 3. 变形缝内填填充材料。变形缝内应填充聚苯乙烯泡沫保温塑料，安装牢固。 4. 附加层防水层。变形两侧交角处按要求粘铺1～2层卷材附加层。 5. 变形缝施工盖缝卷材。卷材应满粘铺至墙顶，然后上部用卷材覆盖，覆盖的卷材与防水层粘牢，中间应尽量向缝中下垂，并在其上放置聚苯乙烯泡沫棒，再在其上覆盖一层卷材，两端下垂并与防水层粘牢。 6. 变形缝顶部加扣盖板安装。变形缝顶端加盖板，端头由密封材料密封，同时对已完工的天沟、檐沟防水卷材进行检查，对不符合要求的部位进行修整，并同时将杂物清理干净	 

续表

类别	质量问题			质量问题防治	
	问题描述	问题照片	问题分析	防治关键工序及标准	图示图例
防水问题	女儿墙卷材脱落	 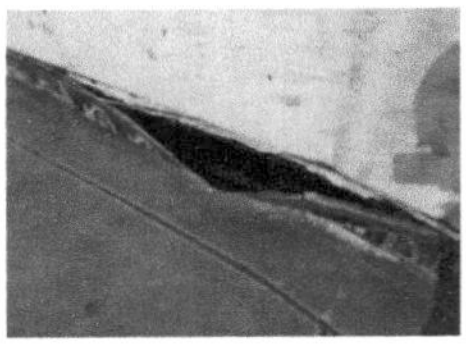	1. 施工交底不明确。 2. 分包漏设。 3. 女儿墙未设置防水卷材压槽	1. 基层处理。检查基层施工情况，清除夹杂、凹凸不平、孔洞等质量通病。 2. 防水上翻250mm，应考虑屋面建筑做法高度，并适当将上翻高度提高，以防屋面找坡或保护层厚度控制不准确。 3. 女儿墙防水卷材选择。女儿墙上翻部位的防水卷材需使用毛面卷材。 4. 不同材质的防水卷材搭接。搭接时要按照相关规范规定施工，综合考虑错开搭接长度，确保搭接部位封闭密实。卷材铺贴时要粘贴严密，防止空鼓。 5. 抹灰施工时要先甩浆，防止抹灰层空鼓开裂	 
	凸出屋面构筑物部位渗漏		1. 凸出屋面构筑物部位未预留防水收头压槽。 2. 屋面排烟口、风帽处未密封严密，口部存在倒反水现象	1. 结构施工时侧壁留置凹槽。凹槽可采取在模板上钉木条的方式留设，凹槽留设高度必须满足相关规范及设计要求；凹槽距屋面完成面不应低于250mm。 2. 凸出屋面构筑物部位顶部坡度。顶部坡度正确，且无内坡淌水。 3. 凹槽处防水施工质量管控。基层清理后，进行阴角加强层。整体均匀涂刷基层处理剂，按照设计要求进行防水层施工。建筑密封油膏，表面进行抹灰及屋面保温和饰面。打密封胶，增加防水收头密封性，防止收头部位开裂造成渗漏隐患。 4. 设备口打胶密封。风帽及百叶等部位进行根部打胶密封，打胶应连续且无断裂	 

续表

类别	质量问题			质量问题防治	
	问题描述	问题照片	问题分析	防治关键工序及标准	图示图例
防水问题	屋面防水卷材收口不合理	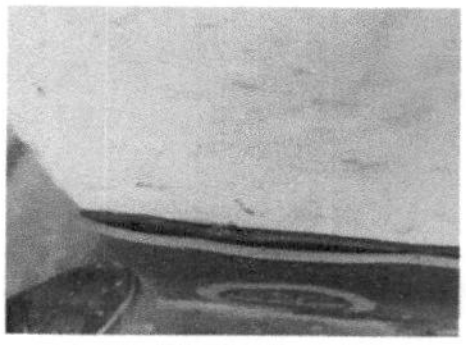 	沥青油毡卷材防水材料与结合层剥离、脱落	1. 结构和混凝土反坎施工时侧壁应留置凹槽。凹槽可采取模板上钉木条的方式留设，深度 30mm，高度 50mm，凹槽留设高度必须满足规范及设计要求；凹槽下口距屋面完成面不应低于 250mm。 2. 混凝土反坎孔洞、错台等缺陷位置采用聚合物砂浆找平处理，凹槽内抹灰斜坡找平，内外高差不低于 20mm。 3. 凹槽处防水施工质量管控。基层清理后，整体均匀涂刷基层处理剂，按照设计要求将防水上翻粘结在凹槽内。采用 15mm 宽不锈钢压条固定防水上口，凹槽内防水上口采用建筑密封油膏封口，表面进行抹灰及屋面保温和饰面	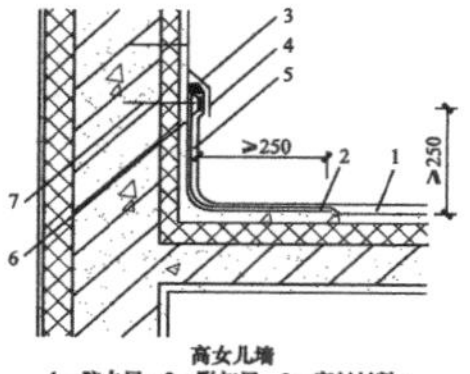 ≥250 ≥250 高女儿墙 1—防水层；2—附加层；3—密封材料；4—金属盖板；5—保护层；6—金属压条；7—水泥钉 
细部构造问题	屋面出入口门槛高度不足，不满足泛水高度	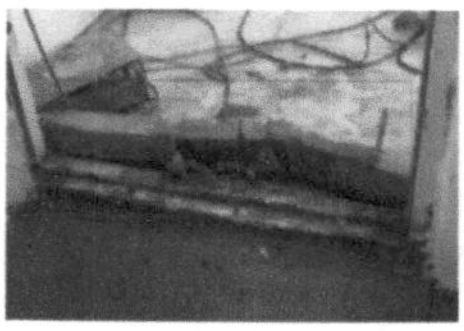 	1. 未提前做好节点策划。 2. 室外屋面按设计做法做完后与室内高差不满足泛水高度	1. 提前进行图纸会审。明确屋面建筑做法，排水坡向的大面坡度不小于 2%，地漏四周 500mm 范围内不小于 5%。 2. 根据屋面面层标高，确定屋面出入口门槛高度。门槛（距完成面不低于 250mm）及窗底口混凝土结构上翻高度；通过提前策划有效控制标高，避免了泛水高度小于 250mm 的问题。 3. 根据门窗底口标高，确定门窗上口标高。满足设计要求高度，避免后期因门窗洞口高度不足而剔凿，影响质量和成本	

续表

类别	质量问题			质量问题防治	
	问题描述	问题照片	问题分析	防治关键工序及标准	图示图例
细部构造问题	坡屋面烟道出屋面高度不足		1. 设计问题未考虑挂瓦做法。 2. 一次结构、找平层、保护层等施工误差	1. 坡屋面图纸会审应作为一项重点工作，明确坡屋面的坡度及细部做法。 2. 烟道结构适当提高。烟道出屋面高度适当提高100mm左右，以防止坡屋面找平层、防水保护层等厚度偏差。 3. 防水加强处理，保证烟道返水高度及出屋面高度，确保在阴角无积水现象	
	平屋面烟道、竖向排气道高度未超过女儿墙高度		1. 设计问题未考虑女儿墙与烟道的标高逻辑。 2. 施工过程中管控不严格	烟道应伸出屋面，伸出高度应有利烟气扩散，并应根据屋面形式、排出口周围遮挡物的高度、距离和积雪深度确定。 1. 竖向排气道屋顶风帽的安装高度不低于相邻建筑砌筑体。 2. 排气道的出口设置在上人屋面、住户平台上时，应高出屋面或平台地面2m，当周围4m之内有门窗时，应高出门窗上皮0.6m	
	上人屋面栏杆安装错误		1. 未考虑整体防护高度。 2. 栏杆立杆无防止儿童攀登的构造。 3. 间距不符合要求	1. 外廊、内天井及上人屋面等临空处的栏杆净高，六层及六层以下不应低于1.05m，七层及七层以上不应低于1.10m。 2. 防护栏杆必须采用防止儿童攀登的构造，栏杆的垂直杆件间距不应大于0.11m。 3. 放置花盆处必须采取防坠落措施	
	屋面雨篷设置错误	 	1. 部分雨篷未考虑完成地面做法。 2. 雨篷标高错误。 3. 遗漏雨篷，未施工	1. 确定尺寸标高。根据门窗底口标高，确定门窗上口标高，满足设计要求高度。 2. 控制要点。混凝土结构雨篷标高距门洞口上400mm为宜，两侧超出门洞口宽度250mm为宜。 3. 避免后期因门窗洞口高度不足而剔凿，影响质量和成本	 

续表

类别	质量问题			质量问题防治	
	问题描述	问题照片	问题分析	防治关键工序及标准	图示图例
细部构造问题	设备根部未设置护墩、存在渗漏	 	1. 遗漏设置支架根部护墩。 2. 支座开裂或破损。 3. 护墩根部渗漏	1. 护墩选型。管道及支架底部护墩样式可自行选择，管道及支架根部应做找平层且应居护墩中心。 2. 设备基础施工防水必须上翻并包裹严密。 3. 刷涂料或镶贴瓷砖。混凝土护墩基体浇筑后粘贴饰面砖，饰面砖拼接缝应倒角，拼接严密。 4. 细部处理。护墩与管道、屋面及护墩错台处应打胶密封。减少了管道及支架根部的渗漏，使屋面整体形象更为美观	  
	屋面保护层开裂		1. 保护层养护不及时、不到位。 2. 屋面分格缝未完全分离屋面保护层	混凝土养护： 1. 屋面浇筑完成后及时进行覆盖和长期养护。 2. 避免雨天及冬期施工屋面保护层。 屋面分格缝处理： 1. 屋面分格缝深化设计需准确，根据深化图纸进行瓷砖下料，确保倒角位置的成型质量和大面线条的顺直度。 2. 施工前，根据间距要求和坡度设计进行分格缝位置弹线和标高控制点的制作，保证屋面整体的成型效果。 3. 用瓷砖剩料在现场加工成宽度为50mm、长度为800mm的长条板材。 4. 在直角拐角和十字交接部位采用45°斜角。 5. 用砂浆将裁切的瓷砖沿控制线镶贴在基层上，顶部高度与屋面完成面层标高一致，中间留出分格缝宽度。 6. 在砂浆凝固达到一定强度后，进行屋面混凝土浇筑	 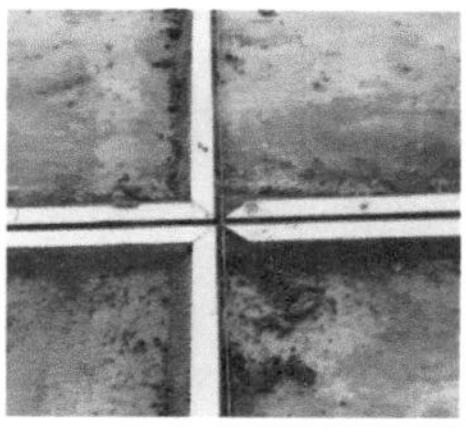 

续表

类别	质量问题			质量问题防治	
	问题描述	问题照片	问题分析	防治关键工序及标准	图示图例
细部构造问题	雨篷、花架梁等未设滴水线		花架梁未设置滴水线，造成雨水随意流淌	1. 基层处理。基层毛化处理，甩水泥浆养护。 2. 粘贴滴水线（槽）。弹线，粘贴滴水线（槽），距迎雨面侧边20mm、滴水槽宽10mm、深10mm，用胶砂水泥浆满粘，滴水线（槽）不可通到墙边，应在离墙50mm的地方截断。 3. 抹灰。与建筑外沿抹灰同时进行，然后修补，清除槽内砂浆等。 4. 一次成型，且保证滴水槽的宽度深度均匀一致，线条顺直	
机电安装问题	避雷带施工不顺直；支持件间距不均匀，固定不牢；焊接不符合要求		1. 避雷带进场受损不顺直。 2. 支持件施工未放线定位。	1. 避雷带如为扁钢，可放在平板上用手锤调直；如为圆钢，可将圆钢放开一端固定在牢固地锚的夹具上，另一端固定在绞磨（或捯链）的夹具上，进行冷拉调直。 2. 将避雷线用大绳提升到顶部，调直、敷设、卡固、焊接连成一体，同引下线焊接。焊接的药皮应敲掉，进行局部调直后刷防锈漆及银粉。 3. 若建筑物屋顶上有突出物，如金属旗杆、透气管、金屑天沟、铁栏杆、爬梯、冷却水塔、电视天线等，这些部位的金属导体都与避雷网焊接成一体。 4. 在建筑物的变形缝处应进行防雷跨越处理。 5. 避雷网卡固时应加镀锌弹垫、平垫。 6. 避雷线弯曲处不得小于90°，弯曲半径不得小于圆钢直径的10倍。 7. 避雷线如用扁钢，截面不得小于48mm^2；如为圆钢，直径不得小于8mm。 8. 遇有变形缝处应进行揻弯补偿。	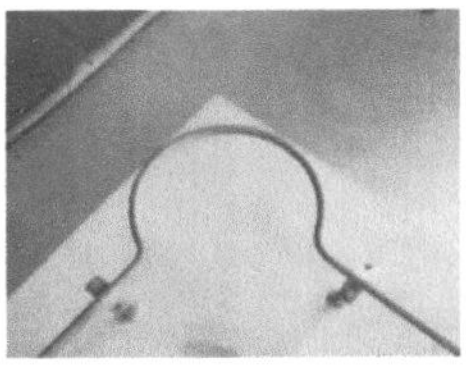 

续表

类别	质量问题			质量问题防治	
	问题描述	问题照片	问题分析	防治关键工序及标准	图示图例
机电安装问题	避雷带施工不顺直；支持件间距不均匀，固定不牢；焊接不符合要求		3. 避雷带焊接随意，焊接长度不符合相关规范要求	9. 避雷网圆钢的搭接长度满足大于6倍圆钢直径双面施焊，并做好防腐，搭接时保持避雷圆钢的上平。 10. 屋面避雷带的间距小于1m。 11. 屋面避雷带在建筑转角处应摵270°圆角，直径应大于15倍圆钢直径	
	屋面金属透气管避雷针距离透气管过远，避雷针高出透气管高度小于30cm，避雷针锈蚀		1. 避雷针距离设备引出位置超出15cm。 2. 避雷针施工高度不符合设计规范要求。 3. 避雷针防锈蚀层受损，经雨淋锈蚀严重	1. 提前预留接地点于根部基础位置，在基础施工前引出，避雷针与接地点之间可靠焊接。 2. 焊接部分补刷的防腐油漆完整，避雷针底部应加装镀锌套管并封堵。 3. 避雷针统一可选用ϕ12镀锌圆钢，避雷针采用抱卡利用管道进行固定，间距600～800mm，避雷针顶部磨尖搪锡，高于设备顶端0.3～0.5m。 4. 屋面存在多个避雷针时，安装时应位置统一，方向一致，分布于管道同一侧，距离管道距离100～150mm为宜。 5. 上人屋面透气管应高出屋面完成面2m，在透气管出口4m以内有门、窗时，透气管应高出门、窗顶0.6m或引向无门、窗一侧	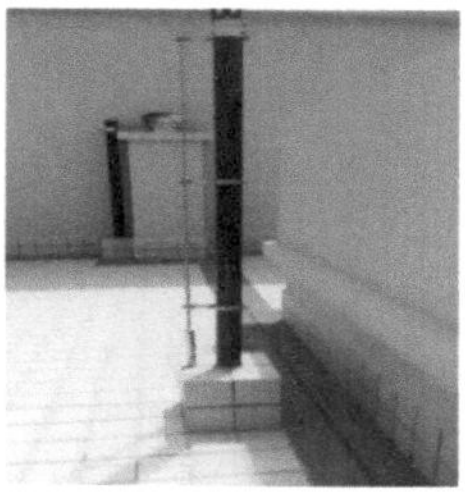 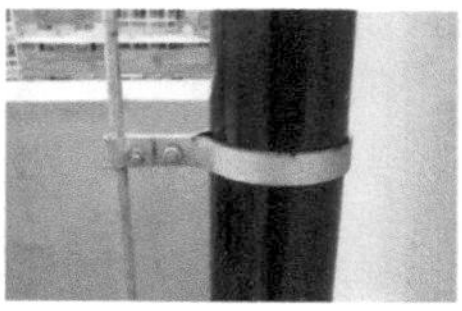
	设备电源管进水，室外设备接线柱位置未设置滴水弯或滴水弯过小进水	 	1. 垂直出屋面电源管未设置有效防雨措施。 2. 未预留有效线缆长度，未设置滴水弯	1. 设备电源管根据设备位置、基础高度提前预留，宜低于设备接线柱30～50mm。 2. 在设备电源管出线位置采用专用防水弯头作为接头。 3. 敷设线缆时进行设备线缆压接，在设备接线柱与电源管之间采用柔性导管连接并设置滴水弯	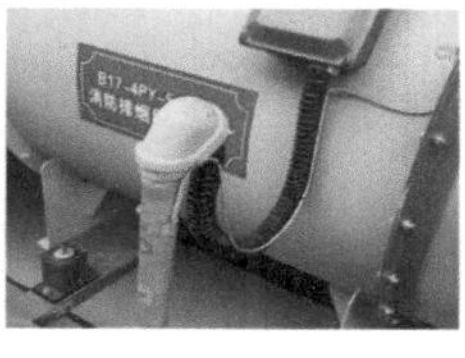

续表

类别	质量问题			质量问题防治	
	问题描述	问题照片	问题分析	防治关键工序及标准	图示图例
机电安装问题	屋面风管出墙位置向墙内渗水，风阀等执行机构上存水		1. 出墙面风管根部倒坡安装。 2. 根部封堵不严密	1. 屋面风管出风井处加工成45°斜坡或增加防雨罩，保证风管出墙处顺水。 2. 露天防火阀生产时要求厂家将防火阀上表面做成水平，无挡水边，保证能够泄水通畅，避免防火阀内存水，导致锈蚀严重。 3. 风管与风井周边采用密封胶封堵严密。 4. 各类风阀安装正确牢固，法兰接口不得设于墙体内，便于操作检修。防火阀距墙边距离不应大于200mm，并设置单独支撑，屋面支架根部加设混凝土支墩	 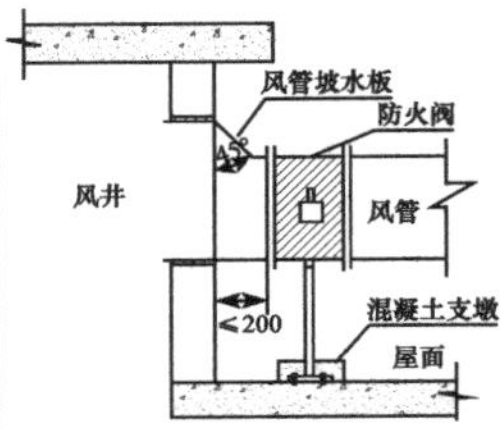  风管坡水板 防火阀 风井 风管 ≤200 混凝土支墩 屋面
	穿屋面的管道根部渗漏	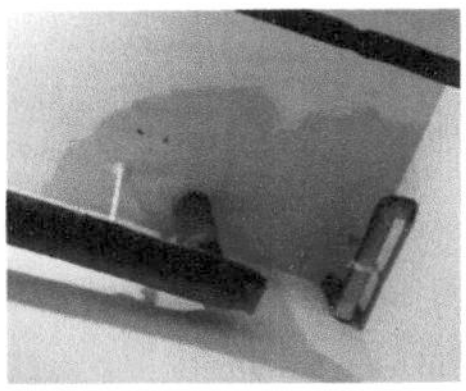 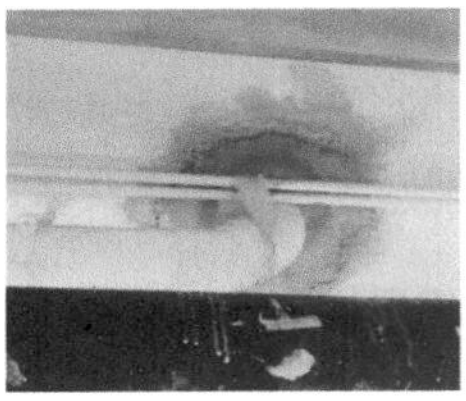 	1. 屋面预留洞口封堵工艺不符合相关规范要求。 2. 屋面预留套管高度不符合要求	1. 屋面预留洞口防水施工前进行结构蓄水排查渗漏点。 2. 预留洞口采取二次封堵工艺。 3. 屋面预留洞口两次封堵之间采用堵漏灵加强。 4. 屋面预留洞口封堵采用微膨胀混凝土或者灌浆料。 5. 屋面预留洞口管根部打胶处理。 6. 屋面预留洞口第一次封堵后进行围堰试验。 7. 屋面预留洞口第二次封堵后在防水施工前进行结构蓄水试验。 8. 屋面预留套管应高出地面不低于300mm，采用防水套管施工，防水施工完毕后进行护堆处理	   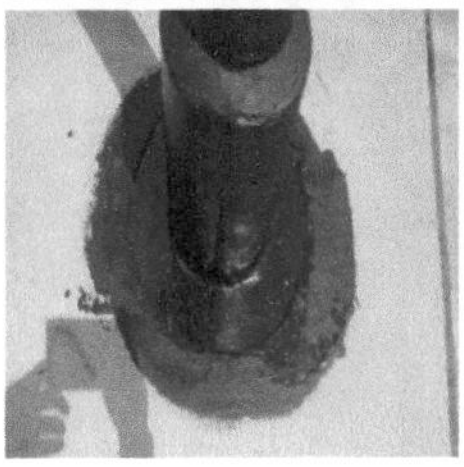

续表

类别	质量问题			质量问题防治	
	问题描述	问题照片	问题分析	防治关键工序及标准	图示图例
机电安装问题	屋面水落口渗漏	 	1. 水落口位置不合理，周边防水节点处理难。 2. 水落口周边500mm范围内找坡不足。 3. 水落口吊洞未按标准做法施工	1. 水落斗与雨水口提前制作好。 2. 水落口、过水洞设置位置、标高、排水坡向正确，数量满足排水要求。水落口杯下口的标高应设置在沟底的最低处。 3. 防水层及附加层伸入水落口、过水洞管道内不应小于50mm，落水口周围500mm范围内坡度不应小于5%。 4. 水落口下方按要求设水簸箕。 5. 水落管安装：安装水落管随外檐抹灰架子由上往下进行，先在水落口处吊线坠弹出直线，用钢錾子在墙上打眼，按直线用水泥砂浆埋入卡子铁脚，卡子间距1.2m一个，卡子露出墙面20mm左右，待水泥砂浆达到强度后再安装水落管；有马腿弯时上口必须压进水斗嘴内50～60mm，并在弯管与直管接槎处加钉一个卡子。安装下节水落管时套入上节水落管的长度应不少于40mm，加一半圆卡子用螺丝拧紧；最下面一节管子要待勒脚散水做完后才能安装，主管距散水面200mm处安装45°弯嘴一个，弯嘴与水落管之间接头必须焊接；水落管经过带形线脚、檐口等墙面突出部位处宜用直管，线脚、檐口等处应预留缺口或孔洞；如必须采用弯管绕过时，弯管的弯折角应为钝角	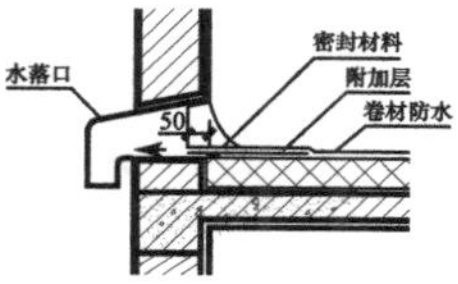 
	屋面桥架内涉水，倒灌进室内或设备箱体	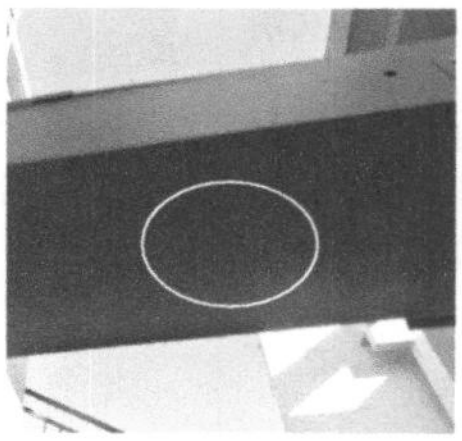	1. 屋面桥架未采用防雨盖板。 2. 桥架下方没有泄水孔。 3. 桥架贴地施工，不符合设计要求	1. 屋面露天桥架盖板应选用带坡度的防水盖板，桥架采用下端带孔的防水线槽。 2. 对于上人屋面，桥架落地安装区域，桥架应高出屋面30～50cm，桥架出侧墙及进室外配电箱体位置宜偏高于其他位置5～10mm。 3. 在行人通道处且无专用爬梯位置宜张贴防踩踏标识	 

2.5 给水排水及供暖工程质量控制重点及常见质量问题防治

2.5.1 给水排水及供暖工程质量控制重点

(1) 管道穿越墙体或楼板处应设置金属或塑料套管，管道接口不得置于套管内，避免管道套管渗水。

(2) 地下室或地下构筑物外墙有管道穿过的，应采取防水措施。对有严格防水要求的建筑物，必须采用柔性防水套管。

(3) 安装在楼板内的套管，其顶部应高出装饰地面 20mm，安装在卫生间及厨房内的套管，其顶部应高出装饰地面 50mm，底部应与楼板地面相平，安装在墙壁内的套管其两端应与饰面相平。穿过楼板的套管与管道之间缝隙宜用阻燃密实材料填实，且端面应光滑。管道的接口不得设在套管内。

(4) 各种承压管道系统和设备应做水压试验，非承压系统和设备应做灌水试验。

(5) 隐蔽或埋地的排水管道在隐蔽前必须做灌水试验。

(6) 排水主立管及水平干管管道均应做通球试验，通球球径不小于排水管道管径的 2/3，通球率必须达到 100%。

(7) 高层建筑中明设排水塑料管道的应按照设计要求设置阻火圈或防火套管。

(8) 排水管道的坡度必须符合设计或规范的要求。

(9) 箱式消火栓的安装栓口应朝外，并不应安装在门轴侧。

2.5.2 给水排水及供暖工程常见质量问题及防治（表 2.5-1）

给水排水及供暖工程常见质量问题及防治　　表 2.5-1

质量问题			质量问题防治	
问题描述	问题照片	问题分析	防治关键工序及标准	图示图例
给水管道流水不畅或堵塞		1. 管道安装前未清除管内杂物和断口毛刺，螺纹接口填料聚四氟乙烯生料胶、麻丝、白漆等挤入管内，施工中甩口、管口未及时封堵或封堵不严。 2. 给水箱使用前未冲洗或冲洗不净，使用后未及时加盖，阀门阀板脱落；通水前管道系统未冲洗或冲洗不净	1. 螺纹接口用的白漆、麻丝等缠绕要适当，不得堵塞管口或挤入管内；用割刀断管时，应用螺纹钢清除管口毛刺。 2. 管道在施工时须及时封堵管口；给水箱安装后，要清除箱内杂物，及时加盖	

续表

质量问题			质量问题防治	
问题描述	问题照片	问题分析	防治关键工序及标准	图示图例
管道连接接口处有返潮、滴水与渗漏现象	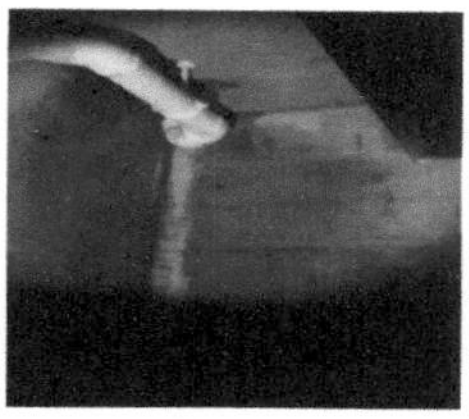	1. 接口未粘结牢固。 2. 接口处有杂质。 3. 柔性连接密封圈破损、压盖未压紧。 4. 管道未固定牢固，接口松动	1. 涂胶均匀，粘结后不得转动。 2. 管道连接前将管道、管件、密封圈清理干净，不得有杂质，检查密封圈，确保完好。 3. 管道安装后应固定牢固	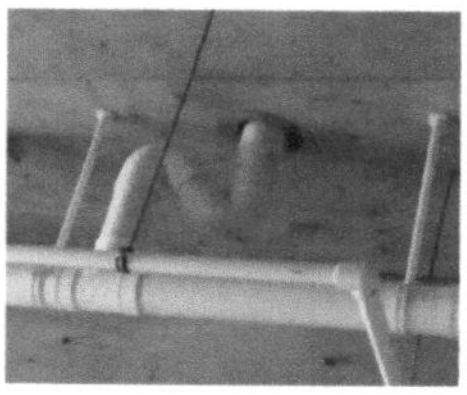
预埋套管位置偏差		1. 预埋套管固定不牢。 2. 预埋套管定位有误。 3. 混凝土振捣或外力作用，造成套管移位	1. 套管预埋位置、尺寸要准确。 2. 套管及时固定牢固。 3. 混凝土浇筑过程做好旁站，做好成品保护	
泵房噪声大		1. 水泵等设备安装未采用减振措施。 2. 设备噪声大。 3. 水泵出入口未采用软连接。 4. 泵房未采取隔声措施	1. 水泵安装按照要求设置减振措施。 2. 采用低噪声设备。 3. 水泵出入口采用软连接。 4. 泵房墙体采用穿孔复合板隔声处理，达到降噪目的	
室内接室外排水管未按图纸设计进行找坡，导致施工后排水不畅		1. 排水管未按要求设置坡度。 2. 支架间距过大，导致管道变形	1. 按照规范要求设置管道坡度。 2. 管道固定牢固	
管道法兰接口安装不到位，法兰连接处有返潮、滴漏现象，影响使用		1. 管道法兰不同心、法兰安装不平行。 2. 法兰垫片破损、有杂质。 3. 法兰螺栓未紧固或受力不均匀	1. 管道法兰安装同心，两法兰平面平行。 2. 安装前保证垫片完整、清洁。 3. 法兰螺栓分次均匀紧固	

续表

质量问题			质量问题防治	
问题描述	问题照片	问题分析	防治关键工序及标准	图示图例
管道开槽宽度、深度有偏差		管道开槽随意，开槽宽度、深度不符合规范要求	1. 开槽宽度不大于150mm，深度不得大于墙体厚度的1/3，横向长度超过300mm时应征得土建专业的同意，墙槽槽底应平整，无尖角，管卡间距小于1.2m，管道穿墙及转弯处须设置管卡。 2. 管道钳实应在隐蔽工程验收完成后进行，管槽填补应采用C10水泥砂浆分2次进行，第一次先填管件，管卡和弯管段，后再填至管材表面，待水泥砂浆达到50%强度后，进行第二次填补，填补到与墙面相平。 3. 抹灰前应进行挂网处理，每侧伸出槽边100mm	

2.6 电气工程质量控制重点及常见质量问题防治

2.6.1 电气工程质量控制重点

（1）选择合格的施工材料。材料进场时，严格按照质量标准验收，对灯具、开关、插座等电器材料复查合格证、检测报告、3C认证证书；需要复试材料，严格按照取样数量及批次进行送检。

（2）预留预埋质量控制。保证线管通畅无杂物敷设有序，根据设计图纸，设计现场预留预埋线管排布及走向，控制线管弯曲程度及弯曲数量，线管连接牢固且符合要求；精确定位线盒位置、标高、埋设深度，线管、线盒安装完毕后封堵管口和线盒。

（3）户内配电箱质量控制。箱体开孔与管径适配，配电箱箱盖紧贴墙面；安装高度符合要求，垂直度偏差不大于0.15%；户内配电箱内电线压接牢固，整齐有序，回路标识正确清晰。

（4）电线敷设质量控制。电线敷设前后遥测电线绝缘电阻，同一线管内不允许敷设不同回路电线；导线的三相、零线（N线）、接地保护线（PE线）色标一致，导线连接正确牢固。

（5）防雷接地质量控制。接地装置、引下线、接闪器连接符合要求且固定牢固，采用圆钢与圆钢焊接时焊接搭接长度不应少于圆钢直径的6倍，双面施焊。卫生间局部等电位安装正确且应做等电位联结，可导电部分无遗漏。

2.6.2 电气工程常见质量问题及防治（表 2.6-1）

电气工程常见质量问题及防治 表 2.6-1

类别	质量问题			质量问题防治	
	问题描述	问题照片	问题分析	防治关键工序及标准	图示图例
电线导管	线管不通	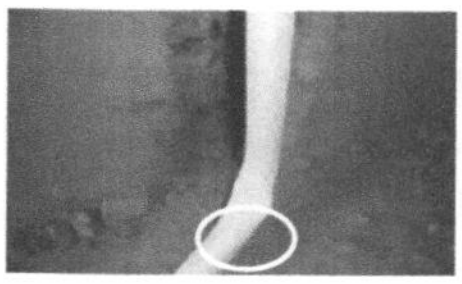   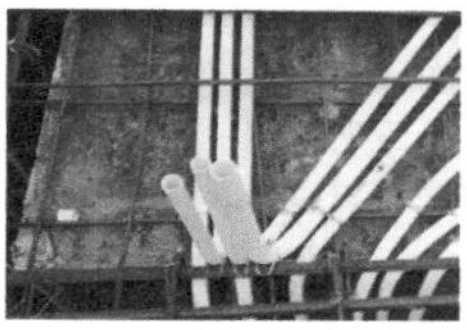	1. 线管及附件质量不合格致使连接不牢固。 2. 线管敷设过程中由于弯曲半径过小、弯曲方法、壁薄等原因造成线管凹扁。 3. 线管固定不牢固或成品保护不佳，造成线管在浇筑混凝土时被破坏。 4. 线管敷设完毕后管口封堵不严或未封堵	1. 选择合格材料。选择合格且符合国标要求的线管和附件，线管连接应紧密牢固，PVC 塑料管管内胶水涂抹均匀，JDG 管紧固时紧顶丝拧断。 2. 线管敷设时，弯曲半径需满足：埋设于混凝土内的导管的弯曲半径不宜小于管外径的 6 倍，当埋于地下时，其弯曲半径不宜小于管外径的 10 倍。 3. 预留预埋线管敷设时，将敷设线管固定于钢筋之上，固定间距符合要求。固定间距不大于 1000mm，线管连接处两端各 100～200mm 处增设固定点，电线管进入盒体时，在盒体外侧 150～200mm 处增设固定点。 4. 线管敷设完成后对管口进行封堵，最后用胶带封堵严密，防止混凝土等杂物进入	 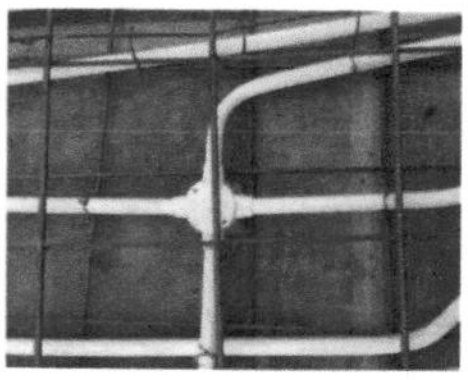  
	线盒预埋偏位		1. 线盒定位不准确。 2. 线盒固定不牢，混凝土浇筑振捣导致后期线盒位置移动	1. 线盒精准定位。根据电气施工图纸与土建图纸，首先复核室内土建基准线，对线盒位置精确定位，同一室内相同高度线盒高度差宜小于 5mm。 2. 线盒安装加固。预埋线盒固定后选用钢筋对线盒重新加固，对于多个同一标高线盒采用同根钢筋进行定位、固定。 3. 加强成品保护。混凝土浇筑时，禁止振捣线盒	

续表

类别	质量问题			质量问题防治	
	问题描述	问题照片	问题分析	防治关键工序及标准	图示图例
电线导管	进入配电箱电线管管口不平整，长短不一；管口不用保护圈；未紧锁固定		1. 施工前对回路线管未做排布，导致线管混乱，线管不顺直，长短不一。 2. 配电箱进出线口整体开孔，未根据线管尺寸和数量开孔	1. 管线排布。统一排布进入配电箱的线管顺序及走向。 2. 配电箱开孔。根据配电箱回路数量及配电箱进出线管尺寸确定配电箱开孔数量和尺寸，当开孔数量及尺寸不满足要求时，采用机械开孔。 3. 统一线管长度。线管进入配电箱后统一出管长度，与箱体平齐。 4. 用保护圈连接配电箱和出线管，用锁扣紧锁固定线管	
导线敷设	导线的三相、零线（N线）、接地保护线（PE线）色标不一致，或者混淆		1. 电线敷设过程中，未确定回路电线颜色。 2. 电线敷设过程中，由于同一颜色电线不够，选用其他颜色电线代替。 3. 施工人员未严格按照施工交底施工，造成电线颜色混用	1. 提前确定线色。根据配电箱回路中电线属性及数量确定所需电线线色。规定L1，L2，L3回路分别选用黄色、绿色、红色电线，N线为蓝色，PE线为黄绿双色线。 2. 禁止用其他线色电线代替。回路分支处或电线数量不够时，选用相同线色电线进行连接，禁止使用其他颜色电线代替。 3. 对施工人员进行技术交底，严格按照技术交底要求施工	
配电箱	配电箱与墙体有缝隙，箱体不平直		1. 配电箱安装固定不牢导致后期封堵洞口时配电箱突出过大。 2. 配电箱安装时箱体垂直度不符合要求	1. 预留配电箱洞口。根据设计图纸确定配电箱位置，根据厂家返回的配电箱尺寸确定配电箱预留洞口尺寸。 2. 安装配电箱。根据设计图纸安装相应配电箱，安装完成后保证配电箱固定牢固，配电箱箱体与墙体平齐。 3. 配电箱洞封堵。配电箱箱体安装完成后对外围洞口封闭，封闭洞口时注意对箱体成品保护，严禁移动箱体封堵洞口，洞口封堵完毕后复核配电箱垂直度，保证垂直度偏差不应大于0.15%。 4. 配电箱箱盖安装。安装配电箱箱盖，复核电箱与墙体之间有无缝隙	

2.7 智能建筑工程质量控制重点及常见质量问题防治

2.7.1 智能建筑工程质量控制重点

(1) 系统联调

1) 模拟服务器、工作站失电，重新恢复送电后，服务器、工作站应能自动恢复全部监控管理功能。

2) 对建筑设备监控系统中央管理工作站与现场控制器进行功能检测时，应主要检测其监控和管理功能，检测时应以中央管理工作站为主，对现场控制器主要检测其监控和管理权限以及数据与中央管理工作站的一致性。

3) 应检测中央管理工作站显示和记录各种测量数据、运行状态、故障报警信息的实时性和准确性，以及对设备进行控制和管理的功能；并检测中央管理工作站控制命令的有效性和参数设定的功能，保证中央管理工作站的控制命令被无冲突地执行。

(2) 设备箱安装

1) 箱盒安装应牢固、平正，各种构件间应连接牢固、受力均匀，并应做防锈处理，不得出现吊挂现象。

2) 光端机、编码器安装在摄像机附近的设备箱内时，设备箱应具有防尘、防水、防盗功能，进出线口位于下方，并封闭处理。

3) 控制器、读卡器不应与大电流设备共用电源插座。

(3) 综合布线

1) 对绞电缆中间不得有接头，不得拧绞、打结。

2) 线缆两端应有永久性标签，标签书写应清晰、准确。

3) 各设备导线连接应正确、可靠、牢固；从配线架引向工作区各信息端口对绞电缆的长度不宜大于 90m。

4) 箱内电缆（线）应排列整齐，线路编号应正确清晰。

5) 线路较多时应绑扎成束，并应在箱（盒）内留有适当空间。

2.7.2 智能建筑工程常见质量问题及防治（表 2.7-1）

智能建筑工程常见质量问题及防治 **表 2.7-1**

类别	质量问题			质量问题防治	
	问题描述	问题照片	问题分析	防治关键工序及标准	图示图例
信息系统联调	安防系统栅栏对射报警装置装在围墙的外侧时常引起系统误报警		设计时未考虑行人、花草树木等对系统使用的影响	栅栏对射报警装置宜安装在围墙的内侧和上侧。内侧可防止破坏围墙侵入，上侧可防止攀越，从而解决因正常行人或花草树木摆动而产生的报警	

续表

类别	质量问题			质量问题防治	
	问题描述	问题照片	问题分析	防治关键工序及标准	图示图例
信息系统联调	安防系统周界安装红外对射报警，很难确定报警的具体位置		周界红外对射报警装置防区距离设计时，未考虑保安对报警范围的判断	报警的防区距离不要超过50m，设置报警警示灯及手动复位装置	
	门禁系统出门紧急按钮没有明显标记或安装位置隐蔽，给行人使用带来不便		出门紧急按钮的安装位置及方式考虑不周	出门紧急按钮的安装位置要便于用户操作，且旁边做好明显的文字标识和言简意赅的使用说明	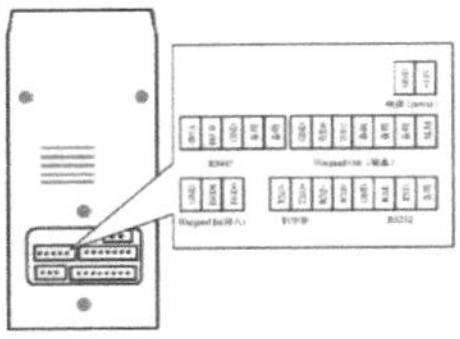
	门禁、安防、监控系统的终端设备、户外设备就近采用市电供电，小区一旦停电，系统就停止工作，单元门锁自动打开，给住户的安全带来隐患	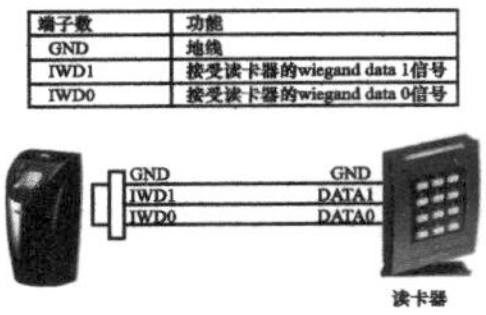	设计时，设备的供电未考虑市电停电问题	弱电系统（除通信、有线、网络公共设备外）其他设备均尽量采用独立的不间断电源来供电，系统的供电方案要经过设计和评审	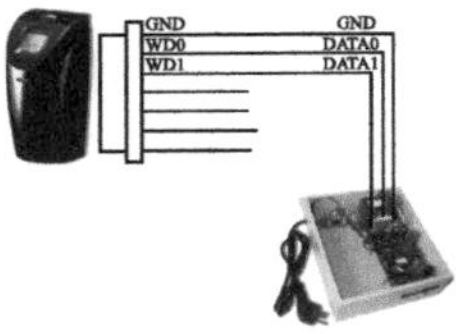
	设备放置没有很好地规划，接线凌乱，没有线路标识，观感不好，同时给设备维护带来不便和困难		系统设计、施工管理和检查工作均不到位，验收后的整改也不到位	设备系统要按照规范进行设计，同时要规范施工做好标识，并加强施工管理及验收后的复查工作	

续表

类别	质量问题			质量问题防治	
	问题描述	问题照片	问题分析	防治关键工序及标准	图示图例
设备箱安装	井道设备箱体尺寸不能满足安装规范要求，箱体整体布置缺乏统一规划，接线方式混乱		未进行统一井道布局规划设计，井道内设备安装深化设计不合理，没有综合考虑线缆走线、箱体尺寸、设备间配线、作业面等情况，各家施工单位根据自己的思路安装	通过 BIM 设计工具，对井道内设备安装布局进行设计，直观展示，便于与业主方、设计方、监理方协调变更	
设备箱安装	1. 箱内设备安装不规范，接线凌乱，箱门关闭不严。 2. 施工过程中弱电箱安装并穿线后，线缆裸露在箱体外，没有进行保护		设备箱仅考虑一只空箱体，箱内各功能模块要另外购买安装，增加了工程协调的工作量，影响了美观和安装质量	1. 进入机柜（箱）内的线缆要进行固定，端接前机柜内线缆应做好绑扎，绑扎要整齐美观；选用同一区段的电缆跳线颜色要尽可能统一，便于安装调试和日常维护。 2. 剥除电缆护套时应采用专用剥线器，不得剥伤绝缘层，电缆中间不得产生断接现象。 3. 按图施工接线正确，连接牢固接触良好，配线整齐、美观，标牌清晰	
综合布线	1. 敷设线缆不顺直，未可靠固定，敷设混乱。线缆敷设先后顺序倒置或交叉施工，先敷设的线缆遭破坏。		1. 线缆敷设没有设专人指挥，没在敷设前向全体施工人员交底，说明敷设电缆的根数，始末端的编号，工艺要求及安全注意事项。	1. 线缆敷设必须设专人指挥，在敷设前向全体施工人员交底，说明敷设电缆的根数，始末端的编号，工艺要求及安全注意事项。 2. 敷设线缆前要准备标志牌，标明电缆的编号、型号、规格、图位号、起始地点。核对电缆的规格和型号。 3. 在敷设电缆之前，先检查所有槽、管是否已经完成并符合要求，路由与拟安装信息口的位置是否与设计相符，确定有无遗漏。 4. 在管内穿线时，要避免电缆受到过度拉引，每米的拉力不能超过 7kg 以便保护线对绞距。	

续表

类别	质量问题			质量问题防治	
	问题描述	问题照片	问题分析	防治关键工序及标准	图示图例
综合布线	2. 桥架内线缆敷设过多，填充率超过规范要求；未考虑线缆的弯曲半径；桥架内线缆长度预留不够，施工结束后，导致盖板盖不上，桥架盖板盖不起来		2. 桥架内线缆敷设过多，填充率超过规范要求；未考虑线缆的弯曲半径；桥架内线缆长度预留不够	5. 拉线时每段线的长度不超过20m，超过部分必须有人接送；在线路转弯处必须有人接送。 6. 布放线缆时，线缆不能放成死角或打结，以保证线缆的性能良好，水平线槽中敷设电缆时，电缆应顺直，尽量避免交叉。 7. 做好放线保护，不能伤保护套和踩踏线缆。光缆应尽量避免重物挤压。 8. 线缆敷设时，两端应做好标记，线缆标记要标示清楚，在一根线缆的两端必须有一致的标识，线标应清晰可读。 9. 垂直线缆布放时，穿线宜自上而下进行，在放线时线缆要求平行摆放，不能相互绞缠、交叉，不得使线缆放成死弯或打结。 10. 施工穿线时做好临时绑扎，避免垂直拉紧后再绑扎，以减少重力下垂对线缆性能的影响。主干线穿完后进行整体绑扎，要求绑扎间距≤1.5m。光缆应单独绑扎。绑扎时如有弯曲，弯曲半径应不小于10cm	
	机柜进线未整理，内布线凌乱不美观，端子接线处缺少号码管，长时间会影响线路的稳定性；机柜配线的电缆布置不当，系统中的配线不充分，不仅会损坏电缆还会严重阻碍气流，导致设备过热，甚至损坏系统		机柜进行布线时，布线混乱现象比较普遍。机柜内部线缆整齐有序地布置，不仅会给以后的维护带来了极大的方便，而且便于我们查看机柜内部，更重要的是，使设备能够达到最高的性能	1. 必须打开机柜的空调挡板，以免设备过热并导致坠毁。 2. 机柜内的每条网络电缆均应贴上标签，以避免不必要的麻烦，以便以后进行维护。 3. 交换机应使用匹配的耳朵固定在机柜的顶部，以帮助放置网络电缆。	

续表

类别	质量问题			质量问题防治	
	问题描述	问题照片	问题分析	防治关键工序及标准	图示图例
综合布线	机柜进线未整理，内布线凌乱不美观，端子接线处缺少号码管，长时间会影响线路的稳定性；机柜配线的电缆布置不当，系统中的配线不充分，不仅会损坏电缆还会严重阻碍气流，导致设备过热，甚至损坏系统			4. 贴好每个服务器的资产编号，然后通过标签打印机打印资产编号＋条形码。每台打印两张一致的，设备前面以及侧边各贴一个。 5. 连接服务器和交换机的网络电缆的后端应标有相同编号的电缆扎带标签，并且该标签应与交换机的端口号相同。 在对机柜进行布线时请确保电源线插头与服务器电源连接器的两端都用标签扎带固定。 6. 机柜与机柜之间通常从机柜顶部进行布线，如果机柜是具有内部和外部网络的交换机，请使用两种不同颜色的网络电缆来区分它们	

2.8 通风与空调工程质量控制重点及常见质量问题防治

2.8.1 通风与空调工程质量控制重点

（1）风管加工成型质量：包括板厚、咬口、翻边、打胶密封、法兰铆钉连接等。

（2）矩形金属风管边长大于等于 500mm，且内弧半径与弯头端头边长比小于等于 0.25 时，应设置导流片；导流片数量采用平面边长除以 500 来确定。

（3）矩形金属风管边长大于等于 630mm，保温风管边长大于等于 800mm，管段长度大于等于 1250mm 或低压风管单边面积大于 1.2m^2，中高压风管单边面积大于 1.0m^2，均应采取加固措施；中高压风管的管段长度大于 1250mm 时，应采取加固措施。边长小于等于 800mm 的风管，宜采用压筋加固；中高压风管管段长度大于 1250mm，应采用加固框形式；加固铆钉间距不应大于 220mm；风管压筋间距不应大于 300mm；内支撑加固：镀锌加固垫圈应置于管壁内外侧，正压时密封圈置于风管外侧，负压置于内侧。

（4）风管支架应符合相关规范要求（包括支架的形式、支架的材质、规格以及加工、支架的间距等，缺一不可），此处检查包含防晃支架的设置（当水平悬吊的主、干风管长度超过 20m 时，应设置防止摆动的固定点，每个系统不应少于 1 个）。

（5）支吊架不宜设置在风口、阀门、检查门及自控机构处，离风口或插接管的距离不宜小于 200mm。

(6) 薄钢板法兰弹簧夹应具有弹性；长度宜为 120～150mm；薄钢板法兰连接端面应平整，接口四角有固定件；薄钢板法兰中压系统固定间距 120～150mm。

(7) 金属矩形风管连接严密，低中压螺栓孔间距小于等于 150mm；高压系统小于等于 100mm。防排烟系统金属风管：螺栓孔间距不大于 150mm；非金属风管螺栓孔间距不得大于 120mm。

(8) 穿越防火墙及防爆墙风管套管的厚度不得小于 1.6mm；套管内壁和管道外壁之间填充不燃材料；填充材料密实。

(9) 防火阀、排烟阀安装方向位置应准确，防火分区隔墙两侧的防火阀距墙面小于等于 200mm，防火阀直径或长边尺寸大于等于 630mm 时，宜设独立支吊架，防火阀的设置位置符合相关规范要求。各类风阀应安装在便于操作及检修的部位，安装后的手动或电动操作装置应灵活、可靠，阀板关闭应保持严密。

(10) 风管软连接应符合系统要求，不应明显压缩、紧绷，采用不燃型材质；当风机仅用于排烟、防烟时不宜采用柔性连接。

(11) 风管安装完成后应进行漏风量测试，测试合格后方可进行隐蔽验收。

2.8.2 通风与空调工程常见质量问题及防治（表 2.8-1）

通风与空调工程常见质量问题及防治　　表 2.8-1

类别	质量问题			质量问题防治	
	问题描述	问题照片	问题分析	防治关键工序及标准	图示图例
支吊架	通风吊架不顺直		1. 支架选型与风管不匹配。 2. 风管吊架未受力。 3. 风管支架被其他管线遮挡	1. 风管支吊架的型钢材料应按风管、部件、设备的规格和重量选用，并应符合设计要求。 2. 支吊架定位放线时，应按施工图中管道、设备等的安装位置，弹出支吊架的中心线，确定支吊架的安装位置。 3. 吊杆与吊架根部连接应牢固，吊杆应平直，螺纹完整、光洁。安装后，吊架的受力应均匀，无变形	
空调水系统	预留管道孔不正确，或未预留		1. 设计的孔洞的坐标位置和标高位置不准确。 2. 楼板、墙面抹灰层超过设计厚度。 3. 通风空调施工图纸的孔洞坐标位置和标高与土建施工图纸不符。	1. 在图纸会审时，应重视风管穿过楼板、隔墙的坐标位置的复核工作，及时纠正施工图纸中的错误。 2. 在不影响土建结构和建筑的美观条件下，适当地加大预留孔洞，保证风管穿过楼板、墙壁有一定的余量。	

续表

类别	质量问题			质量问题防治	
	问题描述	问题照片	问题分析	防治关键工序及标准	图示图例
空调水系统	预留管道孔不正确，或未预留		4. 通风空调管道的安装位置未按设计或预留洞图纸要求预留、预埋。 5. 与土建配合的人员经验不足	3. 在图纸会审中，应核对暖通施工图纸的风管穿过楼板和墙壁的坐标和标高与土建图纸中的标示位置是否相符，如有遗漏或不相符之处，应提出总的解决办法，明确记载在会审纪要上，以便于施工。 4. 在预埋、预留风管支吊架的垫铁或吊杆时，应根据确定的安装位置和间距，在混凝土的模板上弹线定点，保证预埋的准确性。 5. 安装人员与土建施工人员在配合过程中，把已确定的风管走向、标高、坐标位置，在现场与土建施工人员进行复核，以保证预埋、预留的准确性，因此应选择有丰富施工经验的人员完成	
	地暖辐射热量不足		1. 盘管间距过大。 2. 地暖供回水管道接反。 3. 地暖管道内存在空气。 4. 盘管及过滤器被管道内杂质封堵。 5. 系统流量不足。 6. 供水温度过低	1. 地暖盘管按照设计图纸所标的管道间距进行施工，杜绝随意进行管道敷设。 2. 分集水器连接管道时复核供回水管道，避免供回水管接反。 3. 地暖供热时要先关闭回水管阀门及每一支回路阀门，分别对每支回路进行排气，最后开启回水阀门。 4. 施工完成后对系统进行冲洗，使管道内循环水质清洁。 5. 进行系统调试，使系统流量平衡及供水温度符合设计要求	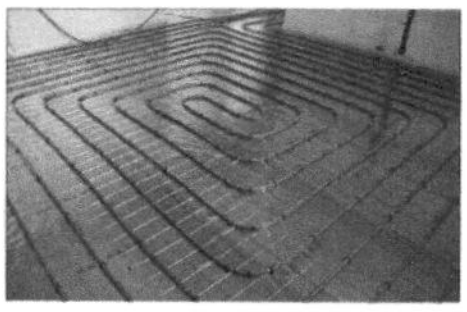
风管系统	风管连接不严密，漏风		1. 法兰管口翻边宽度小，风管咬口开裂。 2. 法兰之间连接螺栓松紧度不一致，铆钉、螺栓间距太大。	1. 调整圆形风管法兰的同心度和矩形风管法兰的对角线，控制风管表面平整度。 2. 法兰风管垂直度偏差小时，可加厚法兰垫或控制法兰螺栓松紧度，偏差大时，须对法兰重新找方铆接。	

续表

类别	质量问题			质量问题防治	
	问题描述	问题照片	问题分析	防治关键工序及标准	图示图例
风管系统	风管连接不严密，漏风		3. 法兰垫片材质不符合相关质量验收规范的要求。 4. 法兰垫片的厚度不够，因而影响弹性及紧固程度。 5. 法兰垫片凸入风管内。 6. 法兰的周边螺栓压紧程度不一致	3. 风管翻边宽度应大于或等于 6mm，咬口开裂可用铆钉铆接后，再用锡焊或密封胶处理。 4. 铆钉、螺栓间距应均等，间距不得超过 150mm。 5. 系统应根据输送各类不同介质和空气的温度选用适合的法兰垫片材质。 6. 法兰垫片的厚度应根据风管壁厚及系统要求的密闭程度决定，一般在 3～5mm 之间。 7. 垫片不能凸入风管内，否则它将会减少风管的有效截面，并增加系统的噪声、积尘和阻力。因此在连接风管前，垫片必须按法兰上的孔洞位置冲孔。 8. 在安装过程中将垫片孔对准法兰孔并穿上螺栓，防止垫片凸入风管或错位；安装过程中不得对风管强拉硬拽，保证垫片不产生移位并准确放在法兰中间位置。 9. 紧固法兰连接螺母时，为保证连接后的严密性，螺母必须对称紧固均匀施力。螺母应在法兰的同一侧，使外观整齐美观，也便于紧固	
	风管检视门、检视口处漏风，情况严重的在系统运转时有呼哨声		1. 检视门框边（或法兰）不平整。 2. 检视门（或法兰盖板）用料太薄或不平整。 3. 检视门未采用专用的窗密封胶条；检视口未采用弹性较好的橡胶板	1. 检视门（或检视口）的法兰必须平整，应按风管法兰的要求进行施工。 2. 检视门的法兰盖板必须平整，其厚度必须满足设计要求。 3. 检视门的密封胶条应按设计的标准图选用。如设计无特殊要求，可选用如右图所示的专用门窗密封胶条。 4. 检视口的法兰垫片可采用弹性好的闭孔泡沫氯丁橡胶板等	(a) (b) (c) 门窗密封胶条 (a) 圆形海绵条； (b) 海绵嵌条； (c) 海绵门窗压条

续表

类别	质量问题			质量问题防治	
	问题描述	问题照片	问题分析	防治关键工序及标准	图示图例
风管系统	矩形风管的上、下表面下沉，两侧面向外凸，管段的两端至中间部分有明显变形	 	风管未进行加固	1. 矩形风管边长大于630mm，保温风管边长大于800mm，且管段长度大于1250mm或低压风管单边面积大于1.2m²，中、高压风管大于1.0m²，均应采取加固措施，边长小于或等于800mm的风管宜采用压筋加固，边长在400～630mm之间，长度小于1000mm的风管可采用压制十字交叉筋的方式加固。 2. 中压和高压系统风管的管段，其长度大于1250mm时，应采取加固框补强措施；高压系统风管的单咬口缝应有防止咬口缝胀裂的加固或补强措施。 3. 风管加固应排列整齐，间隔应均匀对称，与风管的连接应牢固，铆接间距不应大于220mm；风管压筋加固间距不应大于300mm，靠近法兰端面的压筋与法兰间距不应大于200mm。 4. 风管采用镀锌螺杆内支撑时，镀锌加固垫圈应置于管壁的内外两侧，正压时密封圈置于风管外侧，负压时密封圈置于风管内侧，采用钢管内支撑时，钢管两端设置内螺母	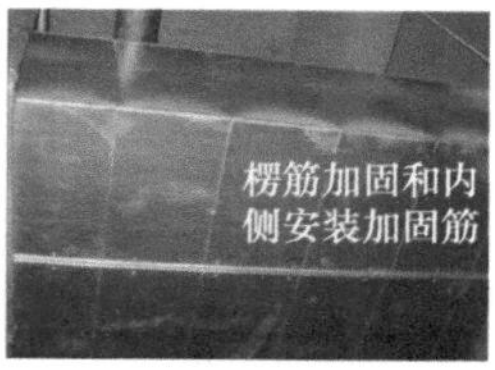  楞筋加固和内侧安装加固筋
预留孔洞	穿墙套管封堵不严密		1. 套管尺寸、安装位置与风管不匹配。 2. 封堵材料选择不当	1. 风管套管尺寸比风管尺寸大50mm为宜。 2. 套管安装时要与结构施工密切配合，并按照标高、位置进行固定。 3. 封堵材料采用岩棉或玻璃棉进行封堵，不可采用防火泥进行封堵。 4. 风管穿越普通墙体，做好孔洞预留，套管使用镀锌钢板制作，钢板厚度依据管道尺寸而定，风管长边≤450mm采用0.6mm厚镀锌钢板，450mm<长边≤1250mm采用1.0mm厚镀锌钢板，风管长边>1250mm采用1.2mm厚镀	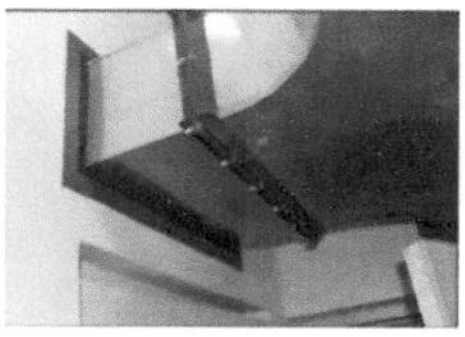

续表

类别	质量问题			质量问题防治	
	问题描述	问题照片	问题分析	防治关键工序及标准	图示图例
预留孔洞	穿墙套管封堵不严密			锌钢板；套管与墙体之间使用墙体材料填充固定，套管与管道之间，保温风管则使用B1级橡塑保温棉填充密实；非保温风管则使用岩棉填充密实。 5. 风管穿越防火墙体，制作套管的钢板厚度不应小于1.6mm，套管周长同洞口周长相等，宽度与墙体厚度相等，套管制作完毕后内外除锈，刷两遍防腐漆，外露部分刷一遍面漆。套管安装做到牢固、准确、美观，套管与防火墙体之间要采用M15的砂浆填补饱满，不得出现空鼓现象。套管两侧要与防火墙两侧平齐或者嵌入≤5mm。风管与套管之间使用防火岩棉或玻璃棉塞填密实，两侧使用水泥砂浆填实。保温风管穿越防火墙时，要注意防火封堵不得破坏保温风管保温层的连续性，避免造成结露现象。 6. 风管穿越楼板的封堵，预留楼板后浇带洞口。制作套管的钢板厚度不应小于1.6mm，套管底部与楼板底平齐，上部高出完成面30mm。套管与楼板钢筋间焊接固定，确保避雷接地连接可靠，并清理焊渣、刷防锈漆，套管制作完毕后内外除锈，刷两遍防腐漆，外露部分刷一遍面漆。预留楼板后浇带洞口使用与楼板同强度混凝土浇筑。楼板底部使用3mm厚200mm宽防火钢板封堵，周边使用ϕ12膨胀螺丝固定，间距≤300mm。套管与风管之间使用防火岩棉或玻璃棉填塞密实，上表面使用50mm厚水泥砂浆填实抹平，风管周边使用防火密封胶打胶密封	

2.9 电梯工程质量控制重点及常见质量问题防治

2.9.1 电梯工程质量控制重点

（1）检查井道、机房土建结构尺寸和质量是否符合电梯图纸要求。电梯井道的土建工程应符合建筑工程质量要求，复核土建施工单位提供有关的轴线、标高线。按照电梯施工图复核结构相关尺寸。

（2）样板架应按照井道内的实际净空尺寸安装，水平度偏差不应>1mm，顶部和底部样板架间的水平偏移不应>1mm。

（3）导轨安装要符合下列要求：

1）导轨支架必须按图纸要求设置，中间导轨架间距≤2500mm，且均匀布置，如与接导板位置相遇，间距可以调整，错开的距离≥30mm，每根导轨不少于两个支架。导轨支架安装应牢固可靠。

2）单根导轨全长直线度偏差≤0.6mm。两导轨的侧工作面和端面接头处台阶应≤0.05mm。导轨支架和导轨背面间的衬垫厚度以3mm以下为宜，超过3mm但小于7mm时，在衬垫间点焊，当超过7mm要垫入与导轨支架宽度相等的钢板垫片后，再用较薄的衬垫调整。

3）导轨间距及扭曲度允许偏差符合表2.9-1要求。

导轨间距及扭曲度允许偏差　　表2.9-1

导轨用途	轿厢	对重
轨距偏差（mm）	0～0.8	0～1.5
扭曲度偏差（mm）	1	1.5

（4）轿厢的安装符合下列要求：

1）轿厢的拼装必须做到横平竖直、组装牢固，轿壁结合处应平整，开门侧壁的不垂直度≤1‰。轿厢洁净，门扇平整、洁净、无损伤，启闭轻快、平稳。中分式门关闭时上、下部同时合拢，门缝一致。

2）开门刀与各层层门地坎以及各层门开门装置的滚轮与轿厢地坎间的间隙均必须在5～10mm范围以内。

3）轿厢地坎与各层层门地坎距离偏差为0～3mm（在整个地坎长度范围内）。

（5）层门、地坎的安装应控制以下要点：

1）开门刀与各层层门地坎、各层层门开门装置与门锁滚轮间隙应均匀，尺寸应符合电梯厂的要求。

2）层门扇不垂直度偏差≤2mm，在门下端用150N的力扒开时：中分门间隙应≤45mm；旁开门间隙≤30mm，偏心轮对滑道间隙≤0.5mm。

3）门扇安装、调整应达到：门扇平整、洁净、无损伤。启闭轻快平稳，无噪声，无摆动、撞击和阻滞。中分门关闭时上下部同时合拢，门缝一致。

4）层门框架立柱的垂直偏差和层门导轨的不水平度均不应超过1‰。

5）层门关好后，门锁应立即将门锁住，锁钩电气触点刚接触，电梯能够启动时，锁紧件啮合长度至少为7mm。

6）层门门扇下端与地坎面的间隙、门套与门扇的间隙、门扇与门扇的间隙为客梯1～6mm，货梯1～8mm。

（6）曳引机安装控制以下要点：

1）曳引机承重梁安装必须符合设计要求和施工规范规定，并由建设单位代表参加隐蔽验收。

2）曳引轮和导向轮轮缘端面相对水平面的垂直度在空载和满载工况下均不宜大于4/1000。设计上要求倾斜的除外。

3）限速器绳轮、钢带轮、导向轮安装必须牢固，转动灵活，限速器绳轮轮缘端面相对水平面的垂直度偏差不宜大于2/1000。

4）制动器应动作灵活，工作可靠。制动时两侧闸瓦应紧密，均匀地贴合在制动轮的工作面上，松闸时应同时离开，制动器闸瓦平均间隙应符合电梯使用说明书的规定。

5）涡轮减速器的油位及油质应符合要求；油标齐全，油量充足。

（7）曳引钢丝绳施工控制要点：

1）在做绳头、挂绳之前，应将钢丝绳用专用设备放开，以消除内应力的产生。

2）绳头组合必须安全可靠，且每个绳头组合必须安装防螺母松动和脱落的装置。

3）钢丝绳上应做平层标志，在停电时能确认轿厢所在楼层和平层位置。

4）机房内钢丝绳与楼板孔洞边缘间隙为20～40mm，通向井道的孔洞四周应设置高度≥50mm的台阶。

5）每根曳引绳的张力相对于平均值的偏差≤5％。

（8）电气设备安装控制要点：

1）机房内的配电箱、控制柜盘按图纸设计要求安装。机房控制柜的安装位置应距墙600～700mm，且远离门窗，防雨水浸入。

2）电梯的随行电缆必须绑扎牢固，排列整齐、无扭曲，其敷设长度必须保证其在轿厢极限位置时不受力、不拖地。多根并列时，长度应一致。

3）随行电缆两端以及不运动部分应可靠固定。

（9）严格按照说明书进行电气、安全部件的有效性测试，并做好记录。

（10）按照相关规范逐项对电梯进行调试和试验运行。

（11）电梯投用前必须按照当地特种设备管理要求办理备案登记并取得电梯检验合格报告、安全检验合格标志等相关文件。

2.9.2 电梯工程常见质量问题及防治（表 2.9-2）

电梯工程常见质量问题及防治　　表 2.9-2

类别	质量问题			质量问题防治	
	问题描述	问题照片	问题分析	防治关键工序及标准	图示图例
井道	1. 井道平面尺寸偏小或过大。 2. 井道垂直度偏大过大	 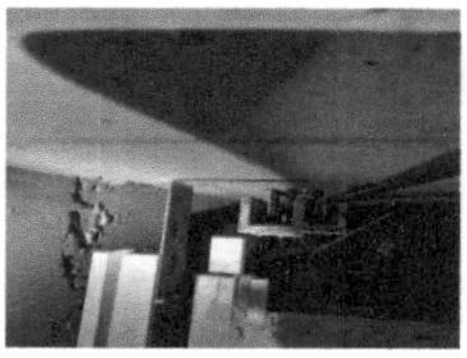	电梯井井道模板施工精度不满足要求，模板支撑不顺直、不牢固。墙模板平整度及垂直度不符合图纸及相关规范要求	1. 电梯井上口模板不得过高，宜比上层地面标高高 20cm 左右；电梯井模板上口应设销口楞，再进行侧向支撑，以保证上口模板不变形。 2. 电梯井模板上口应设销口楞，再进行侧向支撑，以保证上口模板不变形；电梯井加固必须采用顺直、均匀的方木制作竖向木楞，不得采用钢管；电梯井阴角必须采用顺直、均匀的方木。 3. 电梯井门洞顶部梁底模板两侧应设顺直方木两道，两侧搁置在门洞侧模方木上口；不得仅将模板搁置在方木上口，以防门洞顶部模板下垂。电梯井门洞两侧模板必须采用水平方木对撑，支撑间距不大于60cm，确保加固到位。 4. 电梯井阴角采用方木防止模板加固时变形漏浆，不得采用钢管；方木应顺直，均匀；方木布置应连续。 5. 模板安装完成后，采用激光扫平仪对楼板平整度、墙模板平整度及垂直度进行复核，将实测数据标注在模板或钢管上	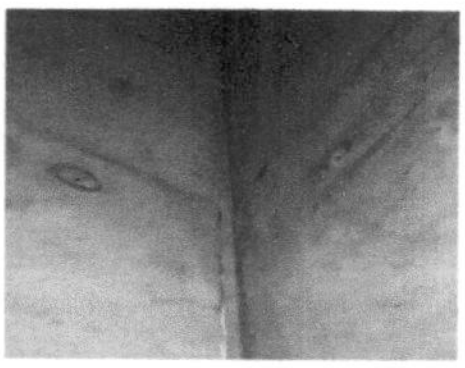 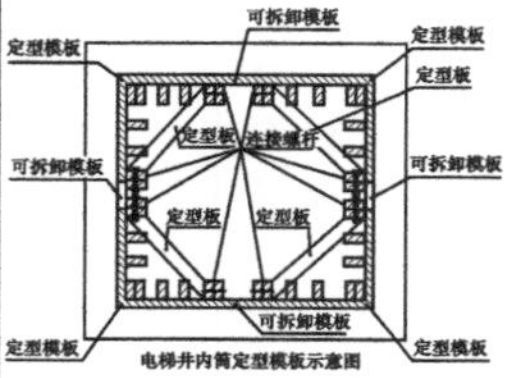 
曳引机	曳引机垂直度、平行度差		1. 曳引机减振垫变形不一致。 2. 曳引机预留变形量错误	1. 参照工艺及受力大小来放置不同规格的减振垫。 2. 曳引机挂绳前后均要测量垂直度、平行度，不达标要实时调整	

续表

类别	质量问题			质量问题防治	
	问题描述	问题照片	问题分析	防治关键工序及标准	图示图例
导轨	导轨垂直度、平行度差		1. 基础样线偏差。 2. 导轨调整不规范。 3. 导轨外力变形	1. 每天工作开始前，对基础样线复核。 2. 参照工艺施工，调整导轨平行度不大于1/300，导轨距0～2mm。 3. 现场规范放置导轨并做好防护，防止导轨变形。安装前每根进行测量，保证施工时的导轨品质	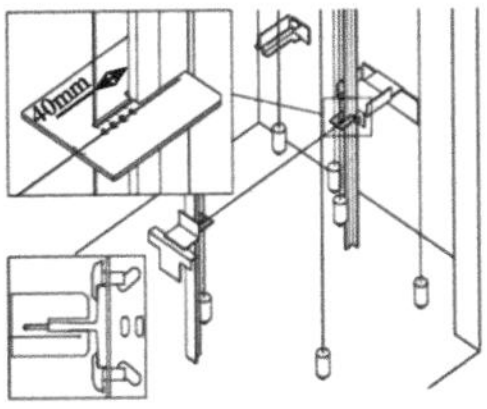
电梯井	电梯安装时由于安装标准线的问题，造成牛腿和墙面剔凿工作量增加		1. 电梯井道尺寸小于图纸要求尺寸或井道垂直偏差偏大会造成剔凿发生。 2. 对于多台电梯位于同一电梯厅的分布，不同楼层的厅门分布会存在垂直和平行度的误差而引起剔凿。 3. 土建施工精度低于安装精度要求，对于极端尺寸的设计，也会造成剔凿的发生。 4. 安装样线未考虑周全，不是最佳定位	1. 施工前对电梯施工图与土建施工蓝图尺寸进行校对，调整产品与土建尺寸的匹配性。 2. 电梯厅精装定位、电梯位置定位、土建施工定位要统一沟通配合。 3. 杜绝极端尺寸的设计。参照电梯施工图与现场实际尺寸检查、复盘、反复比较，寻找最佳定位方案	
电梯基础	电梯基础底部存在渗水		1. 电梯井防水施工时，底板的大量积水没有排干、排尽，而直接把混凝土倒入水中，造成底板四周出现很多蜂窝、麻面、孔洞、疏松。与底板交接不严实，而电梯井底部位置一般处于正负零水位线以下，当地下水压较大时，地下水渗漏至底坑，造成电梯井积水。	1. 电梯井道混凝土浇筑前清理干净杂物，将积水排干，检查混凝土原材质量、配合比，保证坍落度符合相关设计规范要求。 2. 电梯井道底板需上翻30cm，井壁同时浇筑，保证底板与井壁交接严实；井壁浇筑前对混凝土接槎处凿毛处理并清理干净；井壁采用止水对拉螺栓固定模板。 3. 浇筑时注意振捣质量，避免出现蜂窝、麻面、孔洞、疏松等质量缺陷。	

续表

类别	质量问题			质量问题防治	
	问题描述	问题照片	问题分析	防治关键工序及标准	图示图例
电梯基础	电梯基础底部存在渗水		2. 电梯井侧壁内外均未进行防水处理（或没有防水设防要求），造成地下水从井壁外墙渗透进壁内而造成电梯井积水	4. 地下水位较高、水压较大的地区电梯井侧壁内外均需进行防水处理，防水做法质量要求应满足设计和相关规范要求。 5. 在电梯安装完毕后，于坑底用水泥砂浆局部找坡的方式避免存水，坡度倾向排水孔，以 2%～3%，且以水泥砂浆不没过基坑底部弹簧钢梁为宜，可有效避免底坑潮湿及积水。 6. 现场应要求在积水坑内（如有）安装自动水位控制的降水水泵，并定期巡视检查水泵运行情况	
预留孔洞	电梯机房结构板面未预留孔洞，二次开孔破坏钢筋	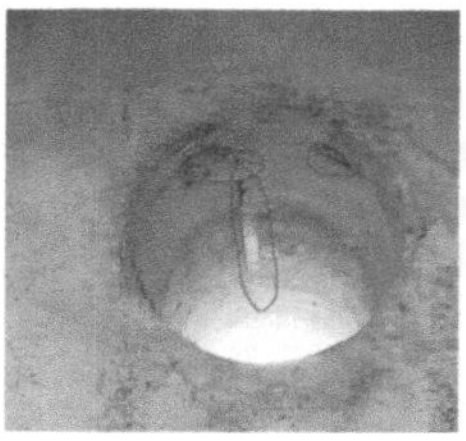 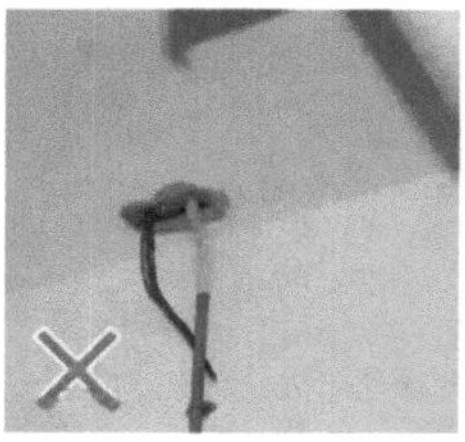	1. 预留孔受力点和机房布置符合电梯设计图要求，机房顶部需有符合合同规定承重要求的吊钩，以便机房部件安装时进行起吊作业。如果机房顶部没有吊钩，为了进行主机起吊定位，势必打穿顶梁钢筋，不仅增加额外的人力物力，并且对建筑结构造成隐患。 2. 机房地面应根据设计图做出相应开孔，使得曳引钢丝绳、限速器钢丝绳能从孔中通过。 3. 每层都应按设计图做出预留孔	1. 施工前对比土建专业图纸和电梯专业图纸，确保不遗漏电梯预留洞口和预埋件，要熟悉图纸看看设计的孔洞的位置是否合理，与其他专业图纸有没有冲突。 2. 按照图纸进行施工交底和施工方案进行施工，确保施工质量和预留预埋不遗漏。 3. 根据要求在绑扎好钢筋的剪力墙上找好位置；将墙上的钢筋分开绑扎固定。 4. 套管口应做明显标记（端头用红漆标记）便于拆模后寻找。 5. 注意套管安装坡度的控制，防止倒坡现象。 6. 明确专人检查洞口预留情况，按照工序联检制度确保预留位置准确、不遗漏；加强对混凝土工的操作交底，并要求浇混凝土时留心预留套管不受扰动	 

续表

类别	质量问题			质量问题防治	
	问题描述	问题照片	问题分析	防治关键工序及标准	图示图例
电梯运行	轿厢在运行中抖动或晃动		1. 导轨接头未处理。 2. 导轨距不合格。 3. 轿厢导靴磨损严重。 4. 轿厢动、静平衡未调好。 5. 曳引绳之间张力不均。 6. 曳引机调速部件故障	1. 对于台阶大于0.05mm的接头，可用垫片调整或用专用刨刀对导轨接头进行处理，根据运行速度，保证修光长度。 2. 参照厂家尺寸要求，调整导轨平行度不大于1/300，导轨距0～2mm。 3. 防止导轨严重污染，防止导轨缺少润滑油，定时调整和更换导靴靴衬，导轨接头规范处理。 4. 按照厂家标准要求对轿厢动、静平衡参数进行调整。 5. 定期测量、调整任意两根钢丝绳之间张力平均值的偏差均不大于5%。 6. 根据调速部件运行时间预判性更换，及时发现、及时处理	
	电梯运行时轿厢或机房内噪声大于规定值	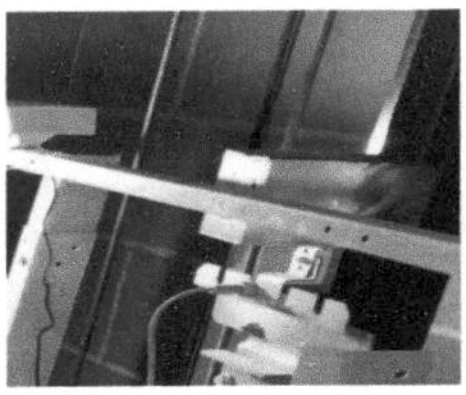 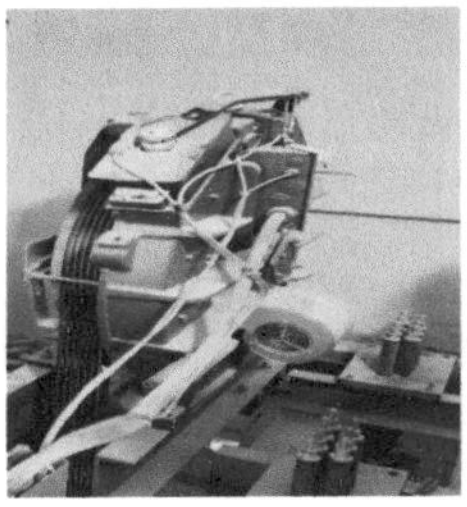	1. 导轨未清理干净或未使用润滑油。 2. 导轨安装调整不合格。 3. 独立封闭的井道无泄压孔，风噪过大。 4. 转动部件轴承锈损。 5. 运行部件机械短路。 6. 马达、控制柜变频器高频变音。 7. 马达抱闸机械噪声	1. 对污染严重的导轨用清洁剂清理干净并涂满润滑油做好防锈处理，最后安装好油盒，观察油毡渗油良好，投入使用。对于高速电梯导轨要干净并做好防锈处理。 2. 参照厂家尺寸要求，调整导轨平行度不大于1/300，导轨距0～2mm。 3. 施工时参照厂家井道设计要求，增加排风孔（对于有防火要求的井道，需设火警联动）；封闭电梯前厅，减少空气流动；降低电梯运行速度（如允许）。 4. 对于进水、受潮的轴承、轴套要及时更换、注油养护。 5. 按照安装工艺施工，各部件间隙应符合工艺要求。 6. 对于机房噪声：电梯运行速度≤2.5m/s的电梯平均噪声值应≤80dB；电梯运行速度>2.5m/s，≤6m/s的电梯；平均噪声值应≤85dB；对于无机房电梯：是指距离曳引机1m处所测得的平均噪声值。对噪声超出的部件应分析原因及时更换。 7. 定期检查、调整抱闸间隙，保证间隙在厂家规定范围之内	  

2.10 建筑节能工程质量控制重点及常见质量问题防治

2.10.1 建筑节能工程质量控制重点

（1）建筑节能工程施工的基本规定

1）当工程设计变更时，建筑节能性能不得降低，且不得低于国家现行有关建筑节能设计标准的规定。

2）建筑节能工程采用的新技术、新设备、新材料、新工艺，应按照有关规定进行评审、鉴定及备案。施工前应对新的或首次采用的施工工艺进行评价，并制订专门的施工技术方案。

3）材料和设备进场应遵守下列规定：

① 对材料和设备的品种、规格、包装、外观和尺寸等进行检查验收，并应经监理工程师（建设单位代表）确认，形成相应的验收记录。

② 进入施工现场用于节能工程的材料和设备均应具有出厂合格证、中文说明书及相关性能检测报告；定型产品和成套技术应有型式检验报告，进口材料和设备应按规定进行出入境商品检验。

③ 建筑节能工程应按照经审查合格的设计文件和经审查批准的施工方案施工。

④ 建筑节能工程的施工作业环境和条件，应满足相关标准和施工工艺的要求。节能保温材料不宜在雨雪天气中露天施工。

（2）墙体节能工程

1）墙体节能工程使用的材料、产品进场时，应对保温材料的导热系数或热阻、密度、压缩强度或抗压强度、燃烧性能，粘结材料的拉伸粘结强度等性能进行取样送样（参照《建筑节能工程施工质量验收标准》GB 50411—2019），确保各项参数满足设计要求。

2）保温砌块砌筑的墙体，应采用具有保温功能的砂浆砌筑。砌筑砂浆的强度等级应符合设计要求。砌体的水平灰缝饱满度不应低于90%，竖直灰缝饱满度不应低于80%。

3）当墙体节能工程的保温层采用预埋或后置锚固件固定时，锚固件数量、位置、锚固深度和拉拔力应符合设计要求。后置锚固件应进行锚固力现场拉拔试验。

4）当外墙采用保温浆料作保温层时，厚度大于20mm的保温浆料应分层施工。保温浆料和基层之间及各层之间的粘结必须牢固，不应脱层、空鼓和开裂。

5）墙体节能工程各类饰面层的基层及面层施工，应符合设计和现行《建筑装饰装修工程质量验收标准》GB 50210的要求，并应确保饰面基层无脱层、空鼓和裂缝，不宜采用粘贴饰面砖作外墙外保温工程饰面层。

6）针对外墙保温立面所设置的构件及附属安装物件、出墙面预留洞口等部位，务必确保该部位外墙保温收口的严密性，合理选择外墙保温表面涂料及真石漆等饰面层材料，不得出现外墙外保温工程的饰面层渗漏，并做好外墙外保温层、饰面层与其他部位交接的收口密封措施。

7）采用现场喷涂或模板浇筑的有机类保温材料作外保温时，有机类保温材料应达到陈化时间后方可进行下道工序施工。

8）严寒和寒冷地区外墙热桥部位，应按设计要求采取节能保温等隔断热桥措施。设置空调的房间，其外墙热桥部位应按设计要求采取隔断热桥措施。

（3）幕墙节能工程

1）幕墙（含采光顶）节能工程使用的材料、构件进场时，应对幕墙材料的导热系数或热阻、密度、压缩强度或抗压强度、燃烧性能，玻璃的可见光透射比、传热系数、遮阳系数，隔热型材的抗拉强度、抗剪强度，以及各类结构胶、密封胶的粘结性能等性能进行取送样（参照《建筑节能工程施工质量验收标准》GB 50411—2019），确保各项参数满足设计要求。

2）幕墙工程热桥部位的隔断热桥措施应符合设计要求，隔断热桥节点的连接应牢固可靠。

3）幕墙节能工程使用的保温材料，其厚度应符合设计要求，安装应牢固，不得松脱。

4）建筑幕墙与基层墙体、窗间墙、窗槛墙及裙墙之间的空间，应在每层楼板处和防火分区隔离部位采用防火封堵材料封堵。

5）幕墙与周边墙体、屋面间的接缝处应按设计要求采用保温措施，并应采用耐候密封胶等密封。建筑伸缩缝、沉降缝、抗震缝处的幕墙保温或密封做法应符合设计要求。

（4）门窗节能工程

1）建筑外窗的气密性、保温性能、中空玻璃露点、玻璃遮阳系数和可见光透射比应符合设计要求。

2）金属外门窗隔断热桥措施应符合设计要求和产品标准的规定，金属副框的隔断热桥措施应与门窗框的隔断热桥措施相当。

3）严寒、寒冷、夏热冬冷地区的建筑外窗，应对其气密性做现场实体检验，检测结果应满足设计要求。

4）外门窗框或副框与洞口之间的间隙应采用弹性闭孔材料填充饱满，并使用密封胶密封；外门窗框与副框之间的缝隙应使用密封胶密封。

5）天窗安装的位置、坡度应正确，封闭严密，嵌缝处不得渗漏。

6）门窗扇密封条和玻璃镶嵌的密封条，其物理性能应符合相关标准的规定。密封条安装位置应正确，镶嵌牢固，不得脱槽，接头处不得开裂。关闭门窗时密封条应接触严密。

（5）屋面节能工程

1）屋面节能工程使用的保温隔热材料，其导热系数、密度、抗压强度或压缩强度、燃烧性能应符合设计要求。

2）屋面保温隔热层的敷设方式、厚度、缝隙填充质量及屋面热桥部位的保温隔热做法，应符合设计要求及相关技术标准规定。

3）屋面保温隔热层所使用的松散材料应分层敷设、按要求压实、表面平整、坡向正确；现场采用喷、浇、抹等工艺施工的保温层，其配合比应计量正确，搅拌均匀、分层连续施工，表面平整，坡向正确；板材应粘贴牢固、缝隙严密、平整。

4）坡屋面、内架空屋面当采用敷设于屋面内侧的保温材料作保温隔热层时，保温隔热层应有防潮措施，其表面应有保护层，保护层的做法应符合设计要求。

（6）地面节能工程

1）地面节能工程施工前，应对基层进行处理，使其达到设计和施工方案的要求。

2）地面节能工程的施工质量应符合下列规定：

① 保温板与基层之间、各构造层之间的粘结应牢固，缝隙应严密。

② 保温浆料应分层施工。

③ 穿越地面直接接触室外空气的各种金属管道应按设计要求，采取隔断热桥的保温措施。

3）有防水要求的地面，其节能保温做法不得影响地面排水坡度，保温层面层不得渗漏。

4）严寒、寒冷地区的建筑首层直接与土壤接触的地面，供暖地下室与土壤接触的外墙，毗邻不供暖空间的地面以及底面直接接触室外空气的地面应按设计要求采取保温措施。

（7）供暖节能工程

1）供暖节能工程使用的散热器和保温材料进场时，应对其散热器的单位散热量、金属热强度和保温材料的导热系数或热阻、密度、吸水率进行复验。

2）低温热水地面辐射供暖系统安装时，防潮层和绝热层的做法及绝热层的厚度应符合设计要求。

3）供暖管道保温层和防潮层的施工应符合下列规定：

① 保温材料的燃烧性能、材质及厚度等应符合设计要求。

② 保温管壳的捆扎、粘贴应牢固，铺设应平整；硬质或半硬质的保温管壳每节至少应用防腐金属丝或难腐织带或专用胶带进行捆扎或粘贴 2 道，其间距为 300～350mm，且捆扎、粘贴应紧密，无滑动、松弛及断裂现象。

③ 硬质或半硬质保温管壳的拼接缝隙不应大于 5mm，并用粘结材料勾缝填满；纵横应错开，外层的水平接缝应设在侧下方。

4）供暖系统阀门、过滤器等配件的保温层应密实、无空隙，且不得影响其操作性能。

（8）通风与空调节能工程

1）风与空调系统节能工程使用的设备、管道、自控阀门、仪表、绝热材料等产品进场时，应对空调机组及多联机空调系统室内机等设备供冷量、供热量、风量、水阻力、功率及噪声，阀门与仪表的类型、规格、材质及公称压力，绝热材料的材质、规格及厚度、燃烧性能、导热系数或热阻、密度、吸水率，风管材质、断面尺寸及壁厚等技术性能参数和功能进行核查（参照《建筑节能工程施工质量验收标准》GB 50411—2019），确保各项参数符合设计要求和国家现行有关标准的规定。

2）空调风管系统及部件的绝热层和防潮层施工应符合下列规定：

① 绝热层与风管、部件及设备应紧密贴合，无裂缝、空隙等缺陷，且纵、横向的接缝应错开。

② 绝热层表面应平整，当采用卷材或板材时，其厚度允许偏差为 5mm；采用涂抹或其他方式时，其厚度允许偏差为 10mm。

③ 风管法兰部位绝热层的厚度，不应低于风管绝热层厚度的 80％。

④ 风管穿楼板和穿墙处的绝热层应连续不间断。

3）空调水系统管道、制冷剂管道及配件绝热层和防潮层的施工，应符合下列规定：

① 绝热管壳的捆扎、粘贴应牢固，铺设应平整。硬质或半硬质的绝热管壳每节至少

应用防腐金属丝、耐腐蚀织带或专用胶带捆扎2道，其间距为300～350mm，且捆扎应紧密，无滑动、松弛及断裂现象。

② 硬质或半硬质绝热管壳的拼接缝隙，保温时不应大于5mm、保冷时不应大于2mm，并用粘结材料勾缝填满：纵缝应错开，外层的水平接缝应设在侧下方。

③ 松散或软质保温材料应按规定的密度压缩其体积，疏密应均匀，搭接处不应有空隙。

4）空调冷热水管道及制冷剂管道与支吊架之间应设置绝热衬垫，其厚度不应小于绝热层厚度，宽度应大于支吊架支承面的宽度。衬垫的表面应平整，衬垫与绝热材料之间应填实无空隙。

(9) 空调与供暖系统冷热源及管网节能工程

1）空调与供暖系统冷热源及管网节能工程的预制绝热管道、绝热材料进场时，应对绝热材料的导热系数或热阻、密度、吸水率等性能进行复验，复验应为见证取样检验。

2）当输送介质温度低于周围空气露点温度的管道，采用封闭孔绝热材料作绝热层时，其防潮层和保护层应完整，且封闭良好。

3）冷热源机房、换热站内部空调冷热水管道与支吊架之间应设置绝热衬垫，其厚度不应小于绝热层厚度，宽度应大于支吊架支承面的宽度。衬垫的表面应平整，衬垫与绝热材料之间应填实无空隙。

4）空调与供暖系统冷热源和辅助设备及其管道和管网系统安装完毕后，按要求进行系统试运转、单机调试，联合调试，并满足相关验收要求。

5）空调与供暖系统的冷热源设备及其辅助设备、配件的绝热，不得影响其操作功能。

(10) 配电与照明节能工程

1）配电与照明节能工程使用的照明光源、照明灯具及其附属装置等进场时，应对其下列性能进行复验，复验应为见证取样检验：照明光源初始光效，照明灯具镇流器能效值，照明灯具效率，照明设备功率、功率因数和谐波含量值。

2）工程安装完成后应对低压配电系统进行调试，调试合格后应对低压配电电源质量进行检测。

3）三相照明配电干线的各相负荷宜分配平衡，其最大相负荷不宜超过三相负荷平均值的115%，最小相负荷不宜小于三相负荷平均值的85%。

(11) 监测与控制节能工程

1）监测与控制系统采用的设备、材料及附属产品进场时，应按照设计要求对其品种、规格、型号、外观和性能等进行检查验收，并应经监理工程师（建设单位代表）检查认可，且应形成相应的质量记录。各种设备、材料和产品附带的质量证明文件和相关技术资料应齐全，并应符合国家现行有关标准和规定。

2）空调与供暖的冷热源、空调水系统的监测控制系统应成功运行，控制及故障报警功能应符合设计要求。

3）监测与计量装置的检测计量数据应准确，并符合系统对测量准确度的要求。

4）建筑能源管理系统的能耗数据采集与分析功能，设备管理和运行管理功能，优化能源调度功能，数据集成功能应符合设计要求。

(12) 太阳能光热系统节能工程

1）太阳能光热系统节能工程采用的设备、材料、阀门、仪表、保温材料等进场时，应按设计要求对其类型、材质、规格及外观等进行验收，并应经监理工程师（建设单位代表）检查认可，且应形成相应的验收记录。各种材料和设备的质量证明文件和相关技术资料应齐全，并应符合国家现行有关标准和规定。

2）太阳能光热系统节能工程采用的集热设备、热水器和保温材料等进场时，应对其下列技术性能参数进行复验，复验应为见证取样送检：集热设备的热性能；保温材料的导热系数、密度、吸水率。

3）辅助能源加热设备为电热水加热器时，安装应符合设计要求，永久接地保护必须可靠固定，并加装防漏电、防干烧等保护装置。

4）太阳能热水系统过滤器等配件的保温层应密实、无空隙，且不得影响其操作功能。

2.10.2 建筑节能工程常见质量问题及防治（表 2.10-1）

建筑节能工程常见质量问题及防治　　表 2.10-1

质量问题			质量问题防治	
问题描述	问题照片	问题分析	防治关键工序及标准	图示图例
饰面层系统出现起鼓		1. 面层系统的透气性差，主要是涂料的透气性差，造成内部水蒸气扩散受阻，最终变现为涂料起鼓。 2. 由于面层开裂，渗水而导致空鼓。 3. 使用的腻子或抹面胶浆质量不合格。 4. 不当的施工环境造成面层空鼓	1. 外墙涂料使用与保温系统相容的弹性涂料，涂料的性能指标应符合有关标准规定。 2. 严格控制施工质量。 3. 腻子应使用柔性防水腻子，同时严格控制抹面胶浆的质量（憎水剂含量应准确），减少抹面砂浆的吸水率。 4. 严禁在雨天进行面层施工	
外墙隔热保温层开裂		1. 采用水泥砂浆作抗裂防护层时，因强度高、收缩大、柔韧变形性不够，引起砂浆层开裂。 2. 抗裂砂浆层过厚，砂浆层收缩大易开裂。 3. 砂的粒径过细，含泥量过高，砂子的颗粒级配不合理。	1. 保温浆料应分层施工，每层厚度不宜大于10mm。 2. 采用专用的抗裂砂浆并辅以合理的增强网。在砂浆中加入适量的聚合物和纤维。 3. 使用质量合格的聚苯板材料及胶粘剂。	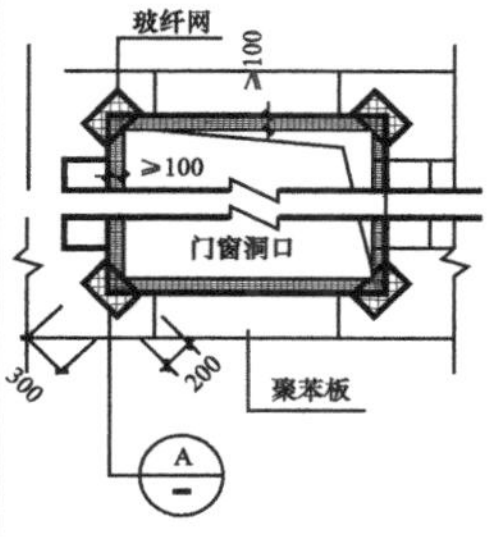

续表

质量问题			质量问题防治	
问题描述	问题照片	问题分析	防治关键工序及标准	图示图例
外墙隔热保温层开裂		4. 采用密度太低的聚苯板作为墙体保温材料，由于密度低、易变形、抗冲击性差，造成保温墙面开裂。 5. 聚苯板等有机保温材料没有达到陈化时间（EPS板自然养护不少于42d；蒸汽养护不少于5d；XPS板自然养护不少于28d），导致有机材料保温稳定性不够，上墙后产生较大的后期收缩。 6. 材料粉化：由于工期长或隔年施工等原因，造成聚苯板表面粉化，导致聚苯板粘贴不牢或抹面砂浆粘结不牢，使保温层脱落，抹面砂浆开裂。 7. 聚苯板粘贴时局部出现通缝或在窗口四角没有套割。 8. 所用的胶粘剂达不到外保温技术对产品的质量、性能要求或采用预埋或后置锚固件。 9. 加强网使用了不合格的玻纤网格布或铜丝网，加强网的镀锌层厚度不足，铜丝锈蚀膨胀。 10. 门窗洞口周边玻纤布或铜丝网包边不到位。阳角处未用玻纤布或钢丝网包边	4. 保温板为模塑聚苯板（EPS）和挤塑聚苯板（XPS），在墙体安装时，拼装接缝处应增设不小于200mm宽的加强网、网的搭接每边应大于100mm，如不满足100mm。应采用结构胶粘或锚钉加固措施。加强网不得皱褶、外露。 5. 采用预埋或后置锚固件固定时，锚固件数量、位置、锚固深度和拉拔力应符合设计要求。 6. 加强对女儿墙内侧的保温处理	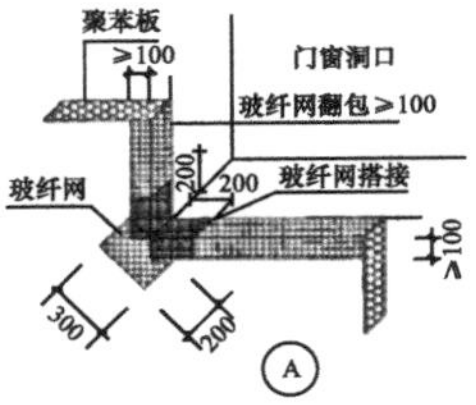 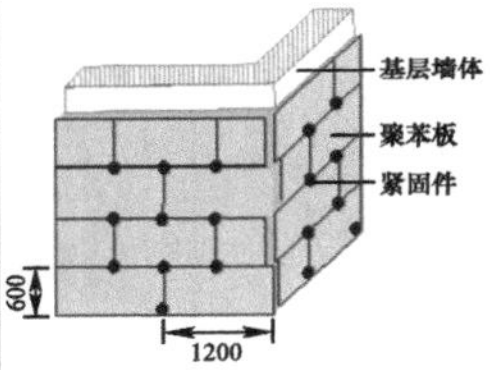  聚苯板 ≥100 门窗洞口 玻纤网翻包≥100 玻纤网 200 200 玻纤网搭接 ≥100 300 200 A 基层墙体 聚苯板 紧固件 600 1200 铺压网格布

续表

质量问题			质量问题防治	
问题描述	问题照片	问题分析	防治关键工序及标准	图示图例
保温墙体局部泛碱、破损、渗漏	   	1. 面砖饰面的勾缝处出现了开裂，勾缝砂浆吸水率增大，引起饰面层泛碱，雨水通过该处缝隙渗入保温系统，造成局部渗漏。 2. 面砖饰面的勾缝处未开裂，但由于勾缝料质量不合格（如憎水剂掺量过少），勾缝砂浆吸水率偏高，导致勾缝部位泛碱。 3. 彩色饰面砂浆中水泥掺量过大造成抹面层的碱性太高。 4. 涂料的封闭底漆封闭性不好或漏刷封闭底漆。 5. 外保温施工完成后，由于施工单位对外保温工程成品保护措施不到位，工程出现踩踏、磕碰外窗台、装饰线条、大角、墙面现象，且不能及时修补。 6. 外窗台部位使用普通腻子找补顺直，腻子与外保温系统不相容，且强度低，容易破损。 7. 对脚手架眼和废弃空洞的封堵不严，线管出墙口处理不善，造成墙体渗漏。 8. 外墙出现裂缝，雨水通过裂缝渗入保温系统内部，导致墙体出现渗漏。 9. 各种固定件未提前进行预埋并进行防水处理。 10. 窗的四周、墙身管道等容易渗水的地方，防水处理不到位或未进行防水处理	1. 严格控制外墙饰面砖勾缝料的质量，保证勾缝处不出现裂纹。 2. 施工过程中要采用质量合格的封闭底漆，在进行饰面层施工前施工人员要对封闭底漆进行专项检查，施工时，监理人员要进行旁站监理，防止漏刷现象发生。 3. 加强对外保温工程的成品保护，尽量避免或减少对外保温系统的破坏，一旦出现损坏情况，应立即组织人员对损坏部位进行修复。 4. 未设外挑混凝土窗台时，在外窗台部位应设置5mm厚角钢，并用M6mm×60mm@300mm膨胀螺栓固定，角钢宽度为保温层加线脚总厚度减10mm，长度同窗洞口，角钢要进行防腐处理。 5. 在外墙阴阳角、门窗洞口周边应使用塑料护角网和不带玻纤网的塑料护角条。 6. 对脚手架眼和废弃孔洞的封堵进行专项验收，基层墙面应使用防水砂浆进行找平处理。 7. 外墙外保温施工前，门窗框应安装完毕，伸出墙面的落水管、各种进户管线、防盗网、空调器等预埋件、连接件应采取防水措施处理完毕，并按外保温系统厚度留出间隙。 8. 保证窗底框泄水孔畅通。窗沿保温阳角部位应采用专用塑料护角条做成鹰嘴，管道穿墙部位，应在管道周圈填嵌20mm宽的密封膏进行密封处理	    排水孔

续表

质量问题			质量问题防治	
问题描述	问题照片	问题分析	防治关键工序及标准	图示图例
有保温层的外墙饰面砖出现空鼓、脱落	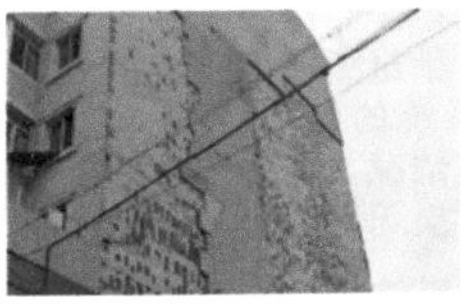  	1. 材料因素： (1) 保温板密度太低，造成局部空鼓、脱落，保温板自身应力大，加之不合理粘贴方式或胀缩等因素，造成局部空鼓或保温板损坏。 (2) 保温浆料质量不合格，极易发生粘结不牢，或日久失效造成空鼓；胶粉料存放时间过长或受潮初凝使其失效。 2. 施工因素： (1) 浆体保温层施工影响因素。基层墙体处理不当，违反操作规程及涂抹方法错误，造成局部空鼓。 (2) 粘结保温板材施工影响因素。点粘时，粘结面积小于30%又无锚栓固定时，易导致空鼓、松动；条粘时，粘结胶浆沟槽部分尺寸太小，满粘或保温板拼缝用胶浆粘死，形成排水、排汽不畅及胀缩应力造成空鼓；钉粘结合时，粘结胶浆过稀或粘结后马上安装锚栓，使保温板的锚栓与墙形成无效连接。 3. 其他影响因素，如没有做好产品保护等	1. 在与墙体连接的聚合物水泥砂浆结合层中加设镀锌四角网。 2. 施工宜采用带有燕尾槽的面砖。 3. 面砖勾缝胶粉要有足够的柔韧性，避免饰面层面砖的脱落。勾缝材料应具有良好的防水透气性。 4. 要提高外保温系统的防火等级，以避免火灾等意外事故出现后，产生大面积塌落。 5. 要提高外保温系统的抗震和抗风压能力。以避免偶发事故出现后，对外保温系统的巨大破坏。 6. 饰面砖粘贴宜分板块组合，不大于1.5m板块间留缝用弹性胶填缝，饰面砖应按粘贴面积，每16～18m² 留不小于20mm的伸缩缝	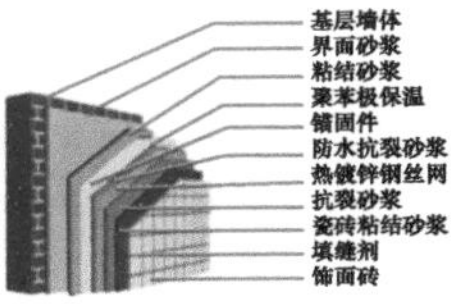  基层墙体 界面砂浆 粘结砂浆 聚苯板保温 锚固件 防水抗裂砂浆 热镀锌钢丝网 抗裂砂浆 瓷砖粘结砂浆 填缝剂 饰面砖

续表

质量问题			质量问题防治	
问题描述	问题照片	问题分析	防治关键工序及标准	图示图例
EPS 聚苯板外墙外保温墙体饰面层龟裂	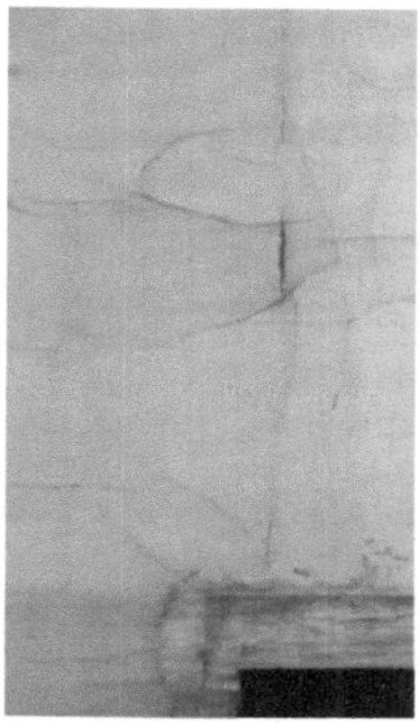	1. 刚性腻子柔韧性不够，不耐水的腻子受到水的浸渍后起泡开裂。 2. 采用了漆膜坚硬的涂料，涂料断裂伸长率很小，产生开裂。 3. 腻子与涂料不匹配，例如在聚合物改性腻子上面使用某些溶剂型涂料，由于该涂料中的溶剂同样会对腻子中的聚合物产生溶解作用而使腻子性能遭到破坏。 4. 在材料柔性不足的情况下未设保温系统的变形缝	1. 采用抗裂外墙腻子。外墙抗裂腻子具有优秀的防水性能和良好透气性，其网状结构可以让空气分子从里向外透出，而由于其良好的分子结构可以阻止水分子的进入。 2. 减少基层水分子的存在，可有效防止抗裂层水泥砂浆的碱化反应，增加其使用的年限，使外保温长期发挥其节能的作用	 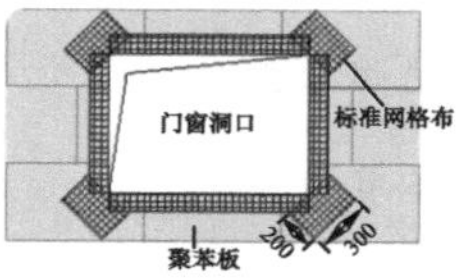 门窗洞口 标准网格布 聚苯板 200 300
板面交错排布不严格；板粘结面积不足	 	1. 操作工人责任心不强，质量意识差；施工技能低，保温板安装工序未检查验收。 2. 外墙保温铺贴粘接率不足，铺设拼缝过大，阴阳角部位未交叉设置	1. 加强施工人员素质与技术培训：培训板面布胶、板裁剪、板排布、板拍打挤压胶料、板缝及板与板打磨等操作技能，强调板安装质量的重要性；加强管理人员的检查职能；严格监理人员验收，并做好记录。 2. 保温板四周抹粘结剂的宽度控制在 50～80mm。板内设置 8 个圆形粘结点，直径控制在 100～140mm，确保粘结面积不小于聚苯板面积的 40%。EPS 板周围粘结剂处预留一排气孔，用于排除 EPS 板粘贴时产生的空气及粘结剂固化时产生的气体。粘结面积不小于聚苯板面积的 40%	 
增强水泥（GRC）聚苯复合板固定不牢		增强水泥（GRC）聚苯复合板粘结、固定不牢固引起保温板变形、裂缝，存在不安全因素和质量隐患	1. 结构墙面必须清理，凡突出墙面 20mm 的砂浆块、混凝土块必须剔除，并清扫墙面。	

续表

质量问题			质量问题防治	
问题描述	问题照片	问题分析	防治关键工序及标准	图示图例
增强水泥（GRC）聚苯复合板固定不牢			2. 清理保温板与地面、顶板、墙面结合部，凡突出的砂浆块、混凝土块必须剔除并清扫，结合部尽量剔平，以增大粘结接触面。 3. 板侧面、顶面清刷浮灰，在侧墙面、顶面、板的顶面及侧面（所有相拼合面）、冲筋带上满刮胶粘剂，再挤压使之相拼合面冒浆，并使板紧贴冲筋带，以使粘结牢固。 4. 粘结完毕的墙体应立即用C20干硬性细豆石混凝土将板下口堵严，当混凝土强度达到10MPa以上，撤去板下木楔，并用同等强度的干硬性砂浆捣实，以防松动。 5. 复合板在门窗洞口处的缝隙用胶粘剂嵌填密实，以增强牢固性。 6. 胶粘剂要随配随用，配置的胶粘剂要在30min内用完，以防过期粘结不牢。 7. 严禁剔凿和猛击保温板	 
热桥及结露	 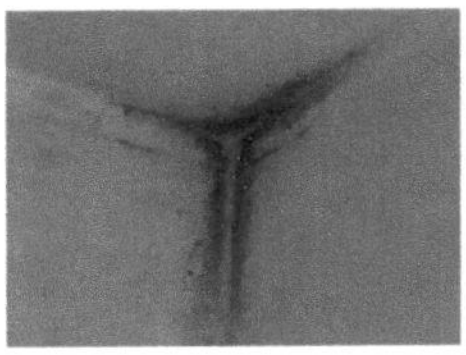	1. 窗的节点设计不合理。在节能设计中对窗的设计位置只有一个原则，就是根据保温形式的不同而设置不同的位置。采用外保温时应靠近墙体的外侧。尽量使保温层与窗连接成一个整体以减少保温层与窗体间的保温断点，避免热桥的发生，有的设计人员在设计中忽视了外窗膀传热对耗热指标的影响，对外窗洞口周围的窗户不采取保温设计处理。这就导致了室内结露。	1. 优化窗节点设计，在外墙门窗安装过程中，门窗周边要按设计要求加设保温材料，保证此部位的保温隔热效果。	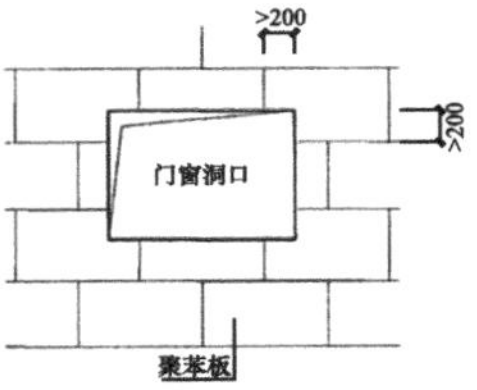 门窗洞口聚苯板排板图 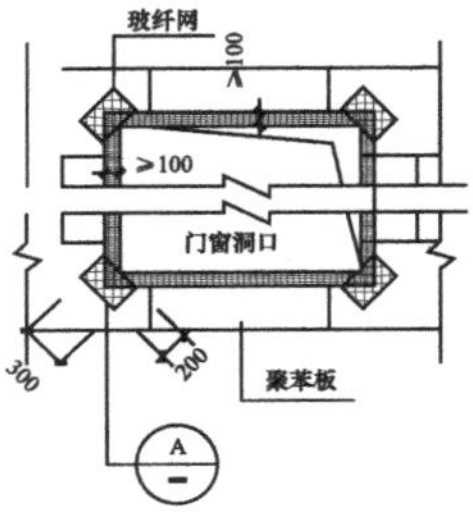

续表

质量问题			质量问题防治	
问题描述	问题照片	问题分析	防治关键工序及标准	图示图例
热桥及结露		2. 冷热桥形成。保温断点设计不合理，导致窗洞周边形成热桥效应，应该改善室内的湿度死角，保持良好的通风条件，从根本上阻断热桥。 3. 防水设计不合理。在窗户的设计中没有考虑到根部上口的滴水处理，以及窗户下口根部的防水设计处理，水容易从保温层与窗根的连接部位进入保温系统的内部，从而对外保温系统造成危害	2. 门窗角部的保温板，均应切成刀把状，不得在角部接板。门窗口周边侧面，也应按尺寸塞入保温板避免产生热桥。墙体防潮层以下贴保温板前，要进行防潮处理	

2.11 室外工程质量控制重点及常见质量问题防治

2.11.1 室外工程质量控制重点

(1) 做好工程测量工作，确保道路、管网等工程的测量精度。

(2) 做好地方材料、水泥、钢筋等原材料的验收、复验、确认工作，确保不使用不合格的原材料；同时做好沥青路面混合料配合比的质量控制。

(3) 回填土工程主要控制压实密度。压实密度不好控制的位置主要有：楼体四周、采光井、车库出入口、车库顶部、沉降后浇带挡土墙中间以及两侧。

(4) 综合管线施工控制重点：排水沟开挖完成后基层夯实、随时抽查排水坡度、承口连接的牢固性、HDPE 双壁波纹管回填应采用中砂回填至管顶以上 500mm，上部用素土夯实回填至室外地坪；管线交叉施工时先施工管线，施工完成后应在交叉点位置钉立工程明白牌，旁站施工避免破坏管道；各类管线、强弱电井应避免设置在小区沥青路上，应设置在房子绿化或者辅路上，便于检查，减少里边被雨水浸泡的情况。

(5) 铺装工程施工控制重点：灰土（级配砂石）等拌和、碾压、密实、标高正确，混凝土垫层要每隔 6～10m 设置伸缩缝，大面积铺装工程广场应每 $30m^2$ 设置伸缩缝，缝隙用沥青油膏堵密实。铺装过程中严格控制排水坡度和面层平整缝隙的顺直；干硬性灰应严格控制水泥用量，避免碱性过大产生碱骨料反应造成表面反白色结晶。铺贴完成后应避免碾压，及时洒水养护，并用中砂扫缝；石材铺贴应掌握好干硬性灰的平整度，浇浆后应用抹刀划几道缝通气，避免空鼓，应用橡胶锤敲击、揉搓、压实。

（6）道路工程施工控制重点：路基压实度、水稳层、路面层及路缘石等附属结构的质量控制；沥青混凝土路面施工，路面排水方向应一致，忌出现向道路两侧排水，避免出现井盖标高高于设计地坪标高造成摊铺机将井盖拖走导致沥青混凝土进入检查井内堵塞管道；沥青混凝土路面与小区铺装路面接槎地方的路牙石应该特殊处理，路牙石下边加强灰土夯实，做 20mm 厚的混凝土垫层。沥青混凝土的施工温度不低于 180℃。

2.11.2 室外工程常见质量问题及防治（表 2.11-1）。

室外工程常见质量问题及防治　　表 2.11-1

类别	质量问题			质量问题防治	
	问题描述	问题照片	问题分析	防治关键工序及标准	图示图例
回填土沉降	回填土经碾压或夯实后，达不到设计要求的密实度，使回填土在荷载下变形增大，强度和稳定性降低，导致不均匀沉降		1. 回填土料不符合要求。 2. 施工方法不当。	1. 严格控制回填土料质量：填方土料不得使用含有大量有机物、石膏和水溶性硫酸盐（含量大于5%）的土以及淤泥、冻土、膨胀土；以黏土为土料时，应检查其含水量是否在控制范围内，含水量大的黏土不宜作填土用；一般碎石类土、砂土和爆破石渣可作表层以下填料，其最大粒径不得超过每层铺垫厚度的 2/3；使用灰土或者砂、砂石进行回填。 2. 回填土的压实方法一般有碾压、夯实、振动压实等几种，碾压法适用于大面积填土工程。碾压机械有平碾（压路机）、羊足碾、振动碾和气胎碾。碾压机械进行大面积填方碾压，宜采用“薄填、低速、多遍”的方法；夯实法是利用夯锤自由下落的冲击力来夯实填土，适用于小面积填土的压实。夯实机械有夯锤、内燃夯土机和蛙式打夯机等。 3. 回填施工基本要求：填土应按整个宽度水平分层进行，当填方位于倾斜部位时，应将斜坡修筑成 1∶2 阶梯形边坡后施工，以免填土横向移动，并尽量用同类土填筑；回填施工前，应排除积水并清除杂物：清除基底松软部分：分层碾压或夯实，分层厚度应根据夯实机具的性能确定。	

续表

类别	质量问题			质量问题防治	
	问题描述	问题照片	问题分析	防治关键工序及标准	图示图例
回填土沉降	回填土经碾压或夯实后，达不到设计要求的密实度，使回填土在荷载下变形增大，强度和稳定性降低，导致不均匀沉降		3. 铺土厚度和压实遍数不符合要求	4. 严格控制铺土厚度和压实遍数：在压实功作用下，土中的应力随深度增加而逐渐减小，其压实作用也随土层深度的增加而逐渐减小；各种压实机械的压实影响深度与土的性质和含水量等因素有关：对于重要填方工程，其达到规定密实度所需的压实遍数、铺土厚度等应根据土质和压实机械在施工现场的压实试验决定	
雨污水排水不畅	污水管理不通畅，造成检查井积水无法及时排出，造成倒灌		1. 未按设计坡度进行施工。 2. 管沟回填不到位造成不均匀沉降	1. 严控施工过程质量控制，放线要根据设计坡度变化计算挖槽深度，并对已放出的开挖沟（槽）线认真落实测量复核制度，挖槽时要安排专人把关检查，验收合格后可进行开挖。 2. 回填要点：（1）闭水试验收合格后，立即进行沟槽回填作业。回填材料严格按照设计图纸进行回填，保证雨水砂基宽度以及厚度。（2）沟槽回填时应清除槽内杂物并排出积水，石渣的最大粒径不得超过回填厚度的2/3，超过的石块应进行清除。（3）沟槽回填按照先深后浅的原则进行分层回填。（4）管道两侧和管顶以上50cm范围内应采用轻夯压实，管道两侧回填的高差不应超过30cm。沟槽管区内的回填应从沟槽两侧同时开始，逐渐向管道靠近，严禁单侧夯实。（5）管道两侧和管顶以上50cm范围内的回填材料，应由沟槽两侧对称运入槽内，不得直接扔在管道上；回填其他部位时，应均匀运入槽内，不得集中堆入。（6）在回填中，运土、倒土、夯土时均不得损伤管节及其接口，不得出现管道位移转动等现象。根据一层虚铺厚度的用量分段将回填材料运至槽内，且不得在影响压实的范围内堆料	

续表

类别	质量问题			质量问题防治	
	问题描述	问题照片	问题分析	防治关键工序及标准	图示图例
园路铺地出现裂缝、凹陷、翻浆现象	室外道路出现地面凹陷现象	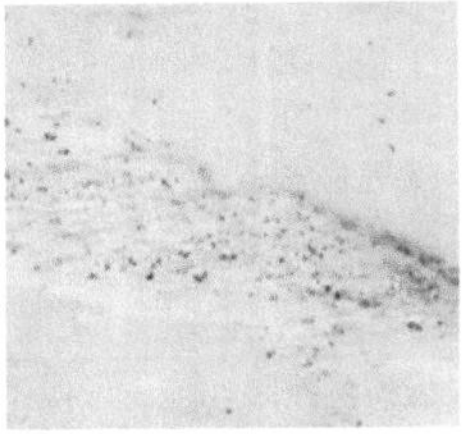	1. 基层填筑前未对基底表面的杂草、有机土、种植土及垃圾等进行清理或基础不平整。 2. 基底土层松软的区域未进行地基固处理。 3. 基层填料选择不当。 4. 基层层次结构的做法不正确。 5. 面积较大区域施工时未设置伸缩缝	1. 基层填筑前应按设计要求对基底进行清理，如对基底表面的杂草、有机土、种植土及垃圾等清理。 2. 基底土层松软的区域要进行地基加固处理。 3. 基层选用材料要得当，一般采用碎石、煤渣石灰土、石灰土作基层，并应采用不小于12t的压路机碾压，每层碾压厚度<20cm。 4. 结构层施工采用M5水泥、砂的混合砂浆，砂浆摊铺宽度每边应大于铺装面5～10cm，石材铺地结合层采用M10水泥砂浆。 5. 面层施工时采用整体浇筑，过火区域可划分若干地块，地块之间需做伸缩缝	
路基填土压实密度达不到要求	道路路基含水量较多的土方回填压实导致压实度不合格	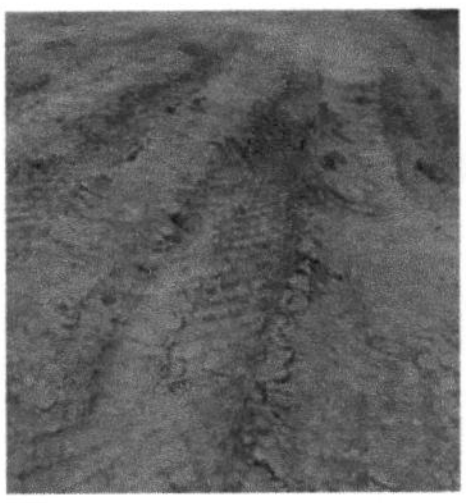	1. 填土含水量偏大或偏小，没达到最佳含水量时就进行压（夯）实。 2. 填料不符合要求，填土颗粒过大（>10cm），颗粒之间空隙过大，不易压实。 3. 压实机器选择不当或者压实方法不正确或填土厚度过大或压实遍数不够	1. 应使填土的含水量在最佳含水量附近（±2%）时，进行压实。 2. 宜选择级配较好的粗粒土作为路基填料，填料的最小强度和最大粒径应符合相关规范的要求。 3. 填土应水平分层填筑，分层压实，通常压实厚度不超过20cm。 4. 应通过试验来确定压实机械的功率和压实遍数。 5. 如填料不符合要求时应挖出进行换土。 6. 对含水量过大的填土，可采用翻松晾晒或均匀掺入石灰粉来降低含水量；对含水量过小的土，则洒水湿润后再进行压实。 7. 如压实厚度过大或压实机械压实力度不够，则应翻挖较厚层重新减薄厚度后再进行分层压实，或增大压实机械的功率来压实	

续表

类别	质量问题			质量问题防治	
	问题描述	问题照片	问题分析	防治关键工序及标准	图示图例
室外埋地水管未按防腐标准做	室外埋地水管未做防腐	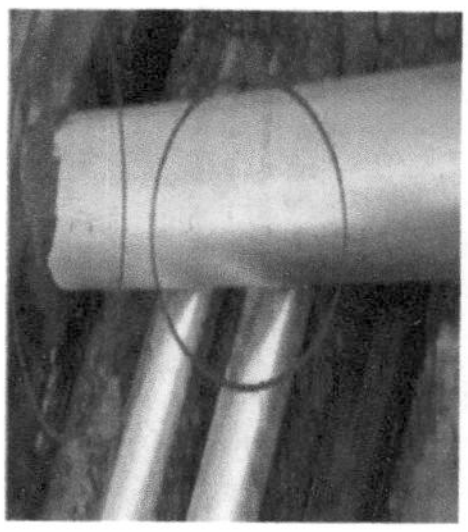	1. 现场未进行防腐交底。 2. 工人意识不足	对管道外部需依次进行三油两布处理，即：沥青涂刷—无纺布缠绕—沥青涂刷—无纺布缠绕—沥青涂刷	
检查井变形、下沉	检查井变形、下沉，构配件质量差		井盖质量和安装质量差，铁爬梯安装随意性太大，影响外观及其使用质量	1. 认真做好检查，对井的基层和垫层采用破管做流槽的做法，防止井体下沉。 2. 检查井砌筑质量，控制好井室和井口中心位置及其高度，防止井体变形。 3. 检查井井盖与井座配套；安装时坐浆饱满；轻重型号和面底不错用，安装铁爬时控制好上、下第一步的位置，偏差不要太大，平面位置准确	
管道井塌陷	夯实不到位，管道井体塌陷		1. 井体四周夯实不到位。 2. 砖砌井体内外侧未用水泥砂浆抹面造成雨水将泥土通过砖之间的缝隙冲刷至井体内部从而造成塌陷	在井体砌筑时要重点控制井底垫层厚度，雨水支管联通收水口与排水干管的坡度以及距雨水井底的高度雨水管与井体的封堵，井体内外径尺寸。对于井体标高，雨水收水口安装完收水箅子后应低于室外地坪 20mm，检查井应高于室外自然或绿化地形一个井圈高度，井圈与砖砌井体应用水泥砂浆勾缝。井体四周回填土应在自然地坪 50cm 以下	 
管网	管道渗漏水，闭水试验不合格		1. 管线基础不均匀下沉。 2. 管材及其接口施工质量差、闭水段端头封堵不严密。	1. 认真按设计要求施工，确保管道基础的强度和稳定性。当管基地质条件不良时，进行换土改良处置，以提高基槽底部的承载力。 2. 如果槽底土壤被扰动或受水浸泡，先挖除松软土层后和超挖部分用砂或碎石等稳定性好的材料回填密实。	

续表

类别	质量问题			质量问题防治	
	问题描述	问题照片	问题分析	防治关键工序及标准	图示图例
管网	管道渗漏水，闭水试验不合格		3. 井体施工质量差等	3. 地下水位以下开挖土方时，采取有效措施做好管槽底部排水降水工作，确保管槽开挖，必要时可在槽坑底预留 20cm 厚土层，待后续工序施工时随挖随封闭。 4. 所用管材要由质量部门提供合格证和力学试验报告等资料。 5. 管材外观质量要求表面平整无松散露骨和蜂窝麻面现象，用硬物轻敲管壁其响声清脆悦耳。 6. 安装前再次逐节检查，对已发现或有质量疑问的弃之不用或经有效处理后方可使用。 7. 选用质量良好的接口填料并按试验配合比和合理的施工工艺组织施工。 8. 接口内要洁净，对水泥类填料接口预先湿润，而对油性的则预先干燥后刷冷底子油，再按照施工操作规程认真施工。 9. 检查井砌筑砂浆要饱满，勾缝全面不遗漏。 10. 抹面前清洁和湿润表面，抹面时及时压光收浆并养护。 11. 遇有地下水时，抹面和勾缝随砌筑及时完成，不可在回填以后再进行内抹面或内勾缝。 12. 与检查井连接的管外表面先湿润且均匀刷一层水泥原浆，并坐浆就位后再做好内外抹面，以防渗漏	
路面塌陷	夯实不到位造成路面塌陷，路缘石倾倒		回填土、路基夯实不到位，雨污水管道接头漏水、绿化给水管道接头漏水都有可能引起路面塌陷	1. 首先回填避免压密实，路基灰土应采取环刀取土做土工试验，绿化土壤应在种植前采取滴管方式，让土体充分浸湿并沉淀密实，避免后期各种苗木种植完成后浇水导致塌陷影响植物生长并破坏微地形。 2. 监控、路灯管线必须避开小区环路 1m 以外，且其埋深不能低于 80cm，因为一般路缘 80cm 为绿篱。绿化给水管线、路灯线、监控线穿过道路下边必须采用钢制套管，禁止采用普通 pvc 管、波纹管	

3

新型住宅工程质量控制重点及质量问题防治

3.1 装配混凝土结构住宅质量控制重点及质量问题防治

3.1.1 装配混凝土结构住宅质量控制重点

（1）构件验收

1）预制构件进场时应全数检查外观质量，不得有严重缺陷，且不应有一般缺陷（表 3.1-1）。

结构外观质量缺陷 **表 3.1-1**

名称	现象	严重缺陷	一般缺陷
结合面	未按设计要求将结合面设置成粗糙面或键槽以及配置抗剪（抗拉）钢筋	未设置粗糙面；键槽或抗剪（抗拉）钢筋缺失或不符合设计要求	设置的粗糙面不符合设计要求
露筋	构件内钢筋未被混凝土包裹而外露	纵向受力钢筋有露筋	其他钢筋有少量露筋
蜂窝	混凝土表面缺少水泥砂浆而形成石子外露	构件主要受力部位有蜂窝	其他部位有少量蜂窝
孔洞	混凝土中孔穴深度和长度均超过保护层厚度	构件主要受力部位有孔洞	其他部位有少量孔洞
夹渣	混凝土中夹有杂物且深度超过保护层厚度	构件主要受力部位有夹渣	其他部位有少量夹渣
疏松	混凝土中局部不密实	构件主要受力部位有疏松	其他部位有少量疏松
裂缝	缝隙从混凝土表面延伸至混凝土内部	构件主要受力部位有影响结构性能或使用功能的裂缝	其他部位有少量不影响结构性能或使用功能的裂缝
连接部位缺陷	构件连接处混凝土缺陷及连接钢筋、连接件松动	连接部位有影响结构传力性能的缺陷	连接部位有少量不影响结构传力性能的缺陷
外形缺陷	缺棱角、棱角不直、翘曲不平、飞边凸肋等	清水混凝土构件有影响使用功能或装饰效果的外形缺陷	其他混凝土构件有不影使用功能的外形缺陷
外表缺陷	构件表面麻面、掉皮、起砂、沾污等	具有重要装饰效果的清水混凝土构件有外表缺陷	其他混凝土构件有不影响使用功能的外表缺陷

2）预制构件的尺寸允许偏差及检验方法应符合表3.1-2要求，应全数检查，预制构件有粗糙面时，粗糙面相关的尺寸允许偏差可适当放松。

预制构件尺寸允许偏差及检验方法 **表3.1-2**

项目			允许偏差(mm)	检验方法
长度	板、梁、柱、格架	<12m	±5	尺量检查
		≥12m且<18m	±10	
		≥18m	±20	
	墙板		±4	
宽度、高（厚）度	楼板、梁、柱、桁架截面尺寸		±5	钢尺量一端及中部，取其中偏差绝对值较大处
	墙板的高度、厚度		±3	
表面平整度	楼板、梁、柱、墙板内表面		5	2m靠尺和塞尺检查
	墙板外表面		3	
侧向弯曲	楼板、梁、柱		L/750且≤20	拉线、钢尺量最大侧向弯曲处
	墙板、桁架		L/1000且≤20	
翘曲	楼板		L/750	调平尺在两端量测
	墙板		L/1000	
对角线差	楼板		10	钢尺量两个对角线
	墙板、门窗口		5	
挠度变形	梁、板、桁架设计起拱		±10	拉线、钢尺量最大弯曲处
	梁、板、格架、下垂		15	
预留孔	中心线位置		5	尺量检查
	孔尺寸		±5	
预留洞	中心位置		10	尺量检查
	洞口尺寸、深度		±10	
门窗口	中心线位置		15	尺量检查
	宽度、高度		±3	
预埋件	预埋件锚板中心线位置		5	尺量检查
	预埋件锚板与混凝土面平面高差		−5，0	
	预埋螺栓中心线位置		2	
	预埋螺栓外露长度		−5，+10	
	预埋套筒、螺母中心线位置		2	
	预埋套筒、螺母与混凝土面平面高差		±5	
	线管、电盒、木砖、吊环在构件平面的中心线位置偏差		20	
	线管、电盒、木砖、吊环与构件混凝土面平面高差		−10，0	
预留插筋	中心线位置		3	尺量检查
	外露长度		−5，+5	
键槽	中心线位置		5	尺量检查
	长度、宽度、深度		±5	

注：L—跨度。

（2）构件安装

1）构件安装的质量控制重点在于施工测量的精度控制。为达到构件整体拼装的严密性，避免因累计误差超过允许偏差而使后续构件无法正常安装就位等问题的出现，吊装前须对构件安装的控制线进行认真的复核。

2）吊装前对外墙分割线进行统筹分割，尽量将现浇结构的施工误差进行平差，防止构件因误差积累而无法进行安装。

3）构件安装应依次进行，不宜间隔安装。

4）构件安装前检查竖向连接钢筋，针对偏位钢筋用钢套管进行矫正。

5）外墙构件存在生产误差，安装时应保证外立面平整无误差，将误差预留在室内一侧，便于后期处理。

6）构件安装就位后用靠尺核准墙体垂直度，相邻构件的平整度（跨现浇段），合格后固定斜支撑，最后才可脱钩。

7）预制楼梯、阳台、飘窗等构件安装时要校核标高。

8）叠合板安装时底部支撑不得大于 2m，每根支撑之间高差不得大于 2mm，标高差不得大于 3mm，悬挑板外端比内端支撑尽量调高 2mm。

9）构件安装后须对构件安装精度进行验收，合格后方可进行下道工序施工。

（3）钢筋工程

1）钢筋配料时要充分考虑钢筋的接头形式、搭接长度、锚固、弯头、弯折等设计要求。

2）螺纹套筒连接钢筋，在加工套丝时，钢筋原材使用切割机下料，保证丝头平整无马蹄槎。钢筋绑扎前复核钢筋位置。

3）竖向现浇段钢筋绑扎时，与预制构件连接部位绑扎牢靠，预留钢筋严禁随意切割。

4）直螺纹连接满足相关规范要求，拧紧的接头外露丝扣不超过 $2p$。

5）钢筋绑扎时要保证钢筋保护层满足要求，现浇段柱筋偏移过大时，钢筋须纠偏处理。梁筋绑扎时，梁底纵向钢筋与箍筋绑扎到位，确保梁筋分布满足设计要求。

6）有下挂要求的部位，下挂钢筋绑扎到位。

7）梁底、板底钢筋要按照要求设置垫块，保证钢筋保护层满足要求。

8）叠合板钢筋深入梁、墙长度满足要求，板带钢筋绑扎复核设计要求。

9）混凝土施工前，钢筋丝头做好保护。

10）楼梯、灌浆套筒、围护结构等部位为节点构造钢筋必须满足设计要求。

（4）模板工程

1）合模前模板表面清理干净、隔离剂涂刷均匀。

2）现浇段模板安装前，应在预制构件边缘粘贴泡沫面，防止拼缝不严漏浆。

3）混凝土浇筑前，检查模板加固、支撑情况，防止漏浆、爆模。

4）叠合板作为板底模板，应控制板底支撑符合设计标高及水平度。

5）叠合板板带位置模板安装前应在相应现浇位置设置密封措施，防止板带漏浆（粘贴泡沫面、打密封胶）。宜采用吊模形式，确保模板紧贴叠合板。

6）叠合板与竖向墙体阴角位置模板加固到位（既要紧贴叠合板也要紧贴竖向墙体），防止漏浆、流坠。

7）竖向现浇段模板加固螺栓孔宜设置在相邻的预制墙体上，现浇段过大可在现浇部位增加螺栓孔，确保现浇段与预制墙体整体平整度符合要求。

8）端部暗柱紧加固螺栓孔至少设置两列，一列设置在预制墙体上，防止现浇段轴向位移。

9）L形、T形现浇段，每轴线方向至少两列加固螺栓孔，一列设置在预制墙体上。

10）预制 PCF 板充当外墙模板时，整体背楞应加固到位，避免受力不均爆模。

11）预制外保温墙板在合模前，拼缝部位保温层应用同材质填缝，保温连续，起到堵缝作用。

12）核心筒、楼梯间等特殊部位现浇段模板应做特殊设置，既要保证加固不漏浆也要确保后期易拆除。

（5）混凝土工程

1）套筒灌浆施工采用电动灌浆泵灌浆时，一般单仓长度不超过 1m。在经过实体灌浆试验确定可行后可延长，但不宜超过 3m。采用手动灌浆枪灌浆时，单仓长度不宜超过 0.3m。

2）根据构件特性选择专用封缝料封堵、密封条（必要时在密封条外部设角钢或木板支撑保护）或两者结合封堵。一定保证封堵严密、牢固可靠，否则压力灌浆时一旦漏浆很难处理。封堵完毕确认干硬强度达到要求（常温 24h，约 30MPa）后再灌浆。

3）灌浆前须做灌浆料检验（流动度、强度），留置试块及套筒灌浆试拉件。

4）采用灌浆泵时应有停电应急措施，并备有手动灌浆器。

5）正常灌浆浆料要在加水搅拌开始 30min 内灌完，以尽量保留一定的操作应急时间。

6）在灌浆完成、浆料凝固前，应巡视检查已灌浆的接头，如有漏浆及时处理。

7）灌浆后灌浆料同条件试块强度达到 35MPa 后方可进入下一道工序施工（扰动）。通常：环境温度在 15℃以上，24h 内构件不得受扰动；5～15℃，48h 内构件不得受扰动；5℃以下，须对构件接头部位加热保持在 5℃以上至少 48h，期间构件不得受扰动。

8）现浇段、现浇层浇筑前，浇筑面洒水湿润，施工缝须做凿毛清理。

9）混凝土进场后须做坍落度试验，严禁私自加水。施工过程留置混凝土试块。

10）养护初期，面层禁止堆载。

11）冬期、雨期施工，摊铺时应全幅纵向进行，混凝土保温时应注意混凝土板边的覆盖养护；雨期施工应就近备好防雨罩，做好排水工作。

（6）其他

1）外立面预制构件安装时，重点控制整体大角线垂直度，确保阴阳角在一条垂线上。

2）带门窗洞口、有线条造型的外墙安装时，重点控制洞口、线条标高。

3）特殊构件连接部位应按设计要求连接，如 PCF 板哈芬连接件、外围护墙预留盲孔等。

3.1.2 装配混凝土结构住宅质量问题及防治（表 3.1-3）

装配混凝土结构住宅质量问题及防治　　表 3.1-3

质量问题			质量问题防治	
问题描述	问题照片	问题分析	防治关键工序及标准	图示图例
预制构件几何尺寸偏差		1. 组模后未按照图纸符合模具尺寸及对角线。 2. 检验不到位	1. 生产技术交底要交底到产线的个人，并且交底清楚图纸设计技术要求。 2. 组模后按照图纸符合模具，并用有效方式将模具定位。 3. 组模后应按照图纸检验模具尺寸及对角线	定型模具

续表

质量问题			质量问题防治	
问题描述	问题照片	问题分析	防治关键工序及标准	图示图例
剪力墙构件水电预埋线盒定位不居中、线盒下沉	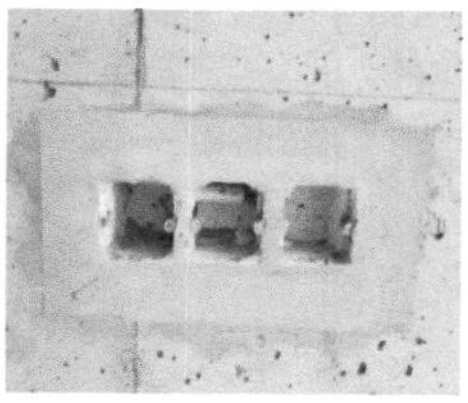	1. 线盒固定措施不牢靠，混凝土浇筑或振捣时线盒发生移位。 2. 混凝土浇捣时碰触线盒。 3. 工人操作不规范	1. 预制构件上表面预埋线盒底部必须增加支撑工装。 2. 对产线浇捣人员进行交底。 3. 在混凝土浇捣时，要求严禁碰触预埋线盒、线管。 4. 收面时对预埋线盒采取纠正措施	 线盒增加支撑
预制构件表面气孔数量多、孔径大	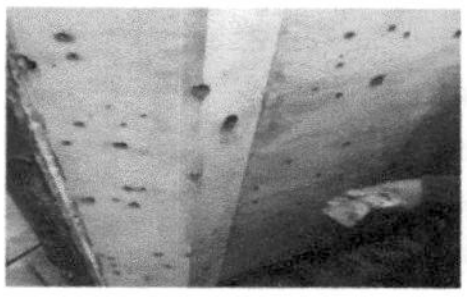	1. 油脂类隔离剂，导致混凝土浇筑振捣时，多油脂部位易形成气孔。 2. 模台清理不干净，涂刷隔离剂后，模台表面易形成凸起部位，混凝土浇筑、硬化后，易形成气孔。 3. 混凝土振捣不密实	1. 采用水性隔离剂或油性隔离剂代替油脂。 2. 隔离剂涂刷前，必须将模台清理干净，钢筋绑扎及预埋工序使用跳板，不允许在涂过隔离剂的模台上行走。 3. 对工人进行混凝土振捣技术交底，并持续一周对振捣工序进行旁站	 油性隔离剂
外墙板接缝渗漏		预制墙板上下层之间无企口结构设计，为平面对拼接，仅依靠胶体填缝进行防水，雨水可能通过填缝不严密或密封胶粘贴不牢固的地方渗漏到室内墙面	1. 预制外墙板的接缝和门窗洞口等防水薄弱部位，宜采用构造防水和材料防水相结合的防排水做法，并应满足热工、防水、防火、环保、隔声及建筑装饰等要求，做到材料耐久、便于制作和安装。 2. 预制外墙板接缝采用构造防水时，水平缝宜采用企口缝或高低缝，少雨地区可采用平缝。竖缝宜采用双直槽缝，少雨地区可采用单斜槽缝。	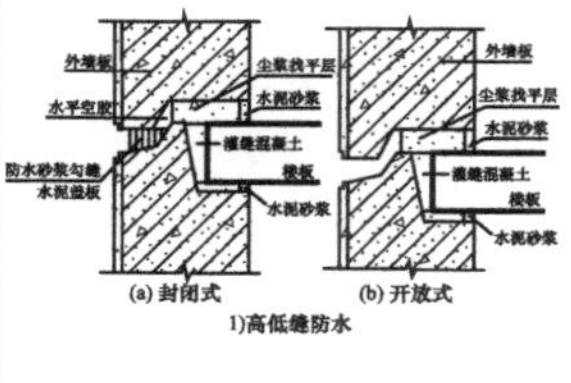 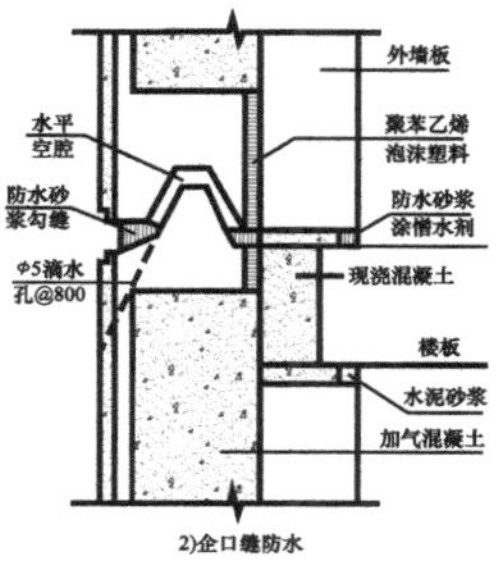 (a) 封闭式 (b) 开放式 1)高低缝防水 2)企口缝防水

续表

质量问题			质量问题防治	
问题描述	问题照片	问题分析	防治关键工序及标准	图示图例
外墙板接缝渗漏			3. 预制外墙板接缝采用材料防水时，应采用防水性能、相容性、耐候性能和耐老化性能优良的硅酮防水密封胶作嵌缝材料。板缝宽不宜大于 20mm，嵌缝深度不应小于 20mm。 4. 对外墙接缝应进行防水性能抽查，并做淋水试验。对渗漏部位应进行修补	 设置企口缝及高低缝
运输过程中磕碰		1. 吊装构件时磕碰。 2. 运输时道路颠簸。 3. 工人操作不当	1. 在吊装构件时应熟悉场地环境情况，避免磕碰。 2. 装车时先在车厢底板上铺两根 100mm×100mm 的通长木方，木方上垫 15mm 以上的硬橡胶垫或其他柔性垫，根据外墙板尺寸用槽钢制作人字形支撑架，人字形架的支撑角度控制在 70°～75°。然后将外墙板带外墙瓷砖的一面朝外斜放在木方上。墙板在人字形架两侧对称放置，每摞可叠放 2～4 块，板与板之间需在 $L/5$（L 为板长）处加垫 100mm×100mm×100mm 的木方和橡胶垫，以防墙板在运输途中因振动而受损。 3. 预制构件根据其安装状态受力特点，制定有针对性的运输措施，保证运输过程构件不受损坏。 4. 预制构件运输过程中，运输车根据构件类型设专用运输架，且需有可靠的稳定构件措施，用钢丝带配合紧固器绑牢，以防构件在运输时受损	  专用运输架运输

续表

质量问题			质量问题防治	
问题描述	问题照片	问题分析	防治关键工序及标准	图示图例
内墙隔板安装不牢	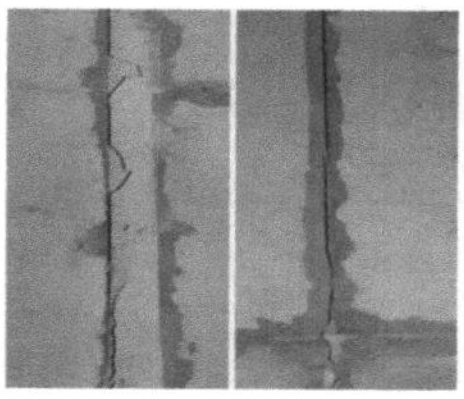	1. 有一些安装工人在安装过程中为了节省砂浆原料，少填塞砂浆或者砂浆填塞不饱满都会导致墙板接缝处不严实。 2. 在与墙柱、钢梁连接的地方需要使用U形卡固定，安装工人同样因为节省钢卡原料而省去这一步骤，使得板与板之间不牢固	1. 加强安装过程加强管控，确保顶部挤浆饱满，适当养护；墙板安装分包需安排专业质检人员跟踪；安装过程中项目质检员、施工员对安装过程中的墙板进行检查；每块墙板必须全数挤浆到位，并在墙板安装前浆料上墙板，不得后塞缝。过梁的板侧面也必须采用挤浆法，保证侧面的浆料饱满；过梁下口塞浆需饱满密实并二次回压；建议设计在门洞部位做面层钢丝网加强。 2. 在与墙柱、钢梁连接的地方需要使用U形卡固定，安装工人同样不能因为节省钢卡原料而省去这一步骤，应使每块板都有钢卡固定，保证墙体的牢固。同样地在钢钉的使用上，板与板的接缝处打入钢钉连接保证墙体牢固。 3. 在门洞口使用轻质隔墙板，需要保证门口两侧的隔墙板宽度不能低于200mm，门头的宽度也不能低于200mm，应符合轻质隔墙板的相关技术规范施工标准，避免门口位置的隔墙板宽度过窄而出现墙体不牢固的现象	  墙板接缝处使用U形卡固定
构件安装垂直度偏差	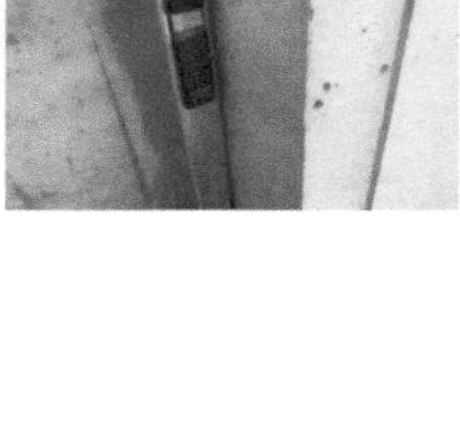	1. 墙体安装时未严格按照控制线进行控制，导致墙体落位后偏位。	1. 编制针对性安装方案，做好技术交底和人员教育培训。 2. 装配式结构施工前，宜选择有代表性的单元或构件进行试安装，根据试安装结果及时调整完善施工方案，确定施工工艺及工序。 3. 安装施工前应按工序要求检查核对已施工完成结构部分的质量，测量放线后，做好安装定位标志。	

续表

质量问题			质量问题防治	
问题描述	问题照片	问题分析	防治关键工序及标准	图示图例
构件安装垂直度偏差		2. 构件本身存在一定质量问题，厚度不一致	4. 强化预制构件吊装校核与调整：预制墙板、预制柱等竖向构件安装后应对安装位置、安装标高、垂直度、累计垂直度进行校核与调整；预制叠合类构件、预制梁等横向构件安装后应对安装位置、安装标高进行校核与调整；相邻预制板类构件，应对相邻预制构件平整度、高差、拼缝尺寸进行校核与调整；预制装饰类构件应对装饰面的完整性进行校核与调整。 5. 强化安装过程质量控制与验收，提高安装精度	缆风绳 镜子 定位措施
楼板密拼抹灰后开裂		1. 未按要求进行基层处理，基面未润湿。 2. 未按相关规范要求涂抹抗裂砂浆	1. 对基层进行处理，通过钢丝刷去除不利于粘结的物质，如：油脂、灰尘、油漆、水泥浮浆和其他不利于粘结的微粒；对基面适当喷水湿润。 2. 抹第一遍抗裂砂浆，第一遍抗裂砂浆厚度应为3～4mm，应抹密实、平整；表面宜比两侧板低2mm。 3. 压入耐碱玻纤网格布，网格布应展平，保证网格布不变形起拱；拼缝两侧墙体搭接长度不宜小于100mm。 4. 抹第二遍抗裂砂浆，挂网必须置于抹灰层内，网材与基体的间距宜大于3mm；第二遍抗裂砂浆厚度应为1～2mm，保证耐碱玻纤网不外露为宜	挂网补缝 拼缝两侧增加玻纤网
叠合楼板上层浇筑时漏浆		1. 叠合板进场时验收不到位，部分叠合板存在翘曲变形现象。 2. 施工方案选择不当	1. 加强进场验收，严格按照误差表执行，不合格退场，不得使用。	模板加固

续表

质量问题			质量问题防治	
问题描述	问题照片	问题分析	防治关键工序及标准	图示图例
叠合楼板上层浇筑时漏浆			2. 使用预埋内丝吊模的施工方案，利用现浇板带下方的钢管、模板、方木体系，利用叠合板内预埋套丝，通过可拆卸对拉螺栓进行加固。要求工厂在叠合板预制生产过程中，按照图纸要求预埋内丝，与叠合板一起预制生产；根据现浇板带的尺寸进行配模，在预埋内丝的位置安装对拉螺杆，拧紧紧贴叠合板底部加固成型	
套筒灌浆不饱满		1. 灌浆料配置不合理。 2. 波纹管干燥。 3. 灌浆管道不畅通、嵌缝不密实造成漏浆。 4. 操作人员粗心大意未灌满	1. 灌浆前应制订灌浆操作的专项质量保证措施，灌浆操作全过程应有专职检验人员负责现场监督并保留影像资料。 2. 灌浆料应按配比要求计量灌浆材料和水的用量，经搅拌均匀后测定其流动度满足相关规范要求后方可灌注。 3. 灌浆作业应采取压浆法从下口灌注，当浆料从上口流出时应及时封堵，持压 30s 后再封堵下口。 4. 灌浆作业应及时做好施工质量检查记录，每工作班应制作一组且每层不应少于 3 组 40mm×40mm×160mm 的长方体试件。 5. 灌浆作业时应保证浆料在 48h 凝结硬化过程中连接部位温度不低于 10℃	堵塞灌浆孔 套筒灌浆

3.2 钢结构住宅质量问题及防治

3.2.1 钢结构住宅质量控制重点

（1）防裂控制重点

根据实际工程墙面开裂情况监测，墙体含水率及界面处温度收缩是影响开裂的主要因素。防裂控制重点（图 3.2-1）如下：

1）进场材料检验：充分静置时间＞28d 以上。

2）成品保护要求：离地高度＞100mm 架空堆放，避免雨水浸泡。

3）施工过程控制：现场检测墙板施工前含水率宜＜12％。

4）选用柔性节点：对于钢框架与板材交接处，宜采用柔性连接，避免刚性拼缝节点在较大结构变形、振动过程中出现开裂。

5）拼缝专项处理：墙板拼缝是一个易开裂点，一是优选板缝节点，二是调整工作界面，粘贴抗裂胶带后毛坯交付给装饰单位，避免因非专业施工队伍对关键节点处理不合理导致墙面出现大量开裂。

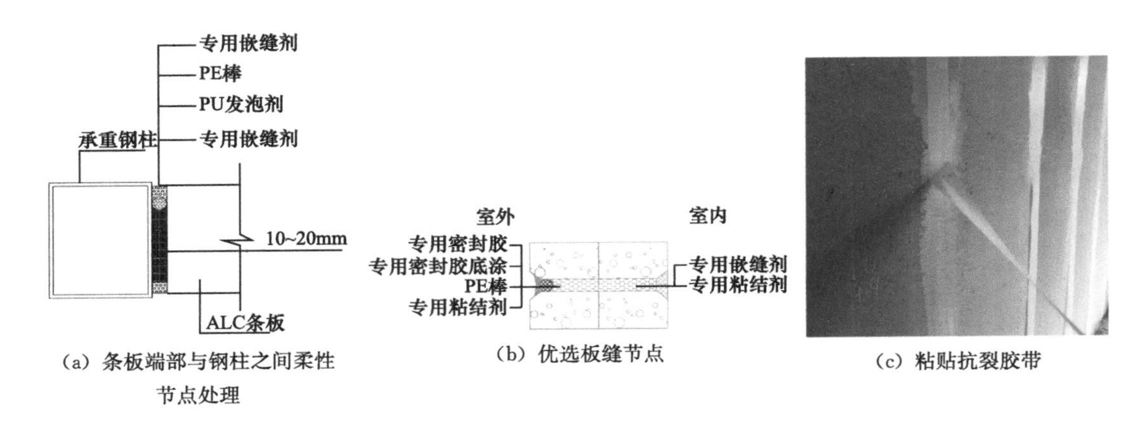

(a) 条板端部与钢柱之间柔性节点处理　(b) 优选板缝节点　(c) 粘贴抗裂胶带

图 3.2-1　防裂控制重点

(2) 防渗漏控制重点

1）涉水房间布置远离施工缝。如常用的混凝土核心筒-钢框架结构体系，常因核心筒和钢框架施工不同步形成施工缝，容易造成渗漏，卫生间等用水房间应避免布置在核心筒外侧墙体附近。

2）涉水房间避免墙根处施工缝渗水。对于卫生间及阳台，宜将反坎与楼板同时浇筑。

3）优化难振捣部位，避免混凝土不密实导致渗水。如卫生间沉箱侧壁与工字钢梁交接处，开口狭窄，振动棒不易伸入，混凝土容易振捣不密实而产生蜂窝和渗水，优先考虑加宽沉箱侧壁的设计宽度，不得已时也应采用小型振动棒加强振捣，确保混凝土结构自防水底线。

4）钢楼板、钢结构与混凝土交接处存在施工缝，易漏水，应采取止水钢板或止水条措施。

(3) 涂装控制重点

1）施工控制：施工前控制防腐涂料的相容性及涂料配比，做好涂料样板，施工中控制基面除锈清理、施工环境、涂装遍数、间隔、涂层厚度，施工后控制检测验收。对于厚型防火涂料，还要注意打底和挂网等工序及每层涂料施工厚度，防止空鼓脱落和开裂问题。

2）成品保护：钢柱部位的涂料，施工时容易磕碰受损，可采用防撞条保护。合理规划施工工序，防止后道工序破坏涂料，若有受损涂料及时安排修补。

(4) 隔声控制重点（图 3.2-2）

1）优化平面布置。钢结构住宅隔声要重点关注电梯井、钢梁、墙体孔洞等位置，设计时卧室布置要远离电梯设备等声源。

2）隔声薄弱部位处理。钢梁梁窝位置可填充不小于 50mm 厚的吸声材料，然后采用阻燃板和盖板封闭。开关盒可采用复合隔声板，避免隔墙两侧电器盒对装。管道穿墙处采用发泡胶等密封措施。

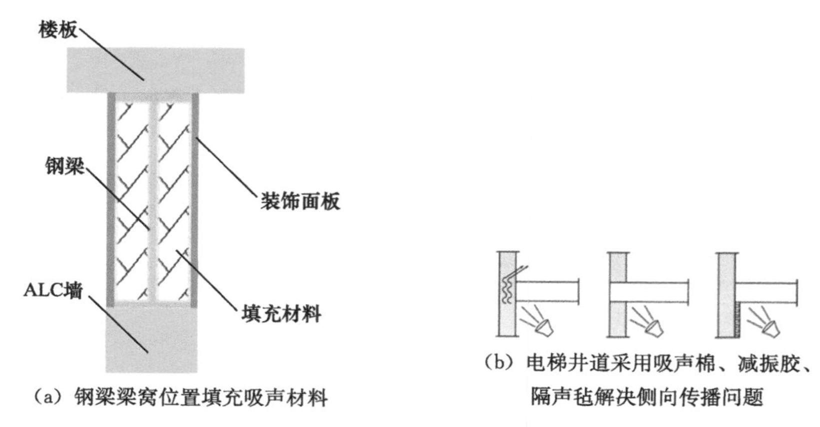

（a）钢梁梁窝位置填充吸声材料　　（b）电梯井道采用吸声棉、减振胶、隔声毡解决侧向传播问题

图 3.2-2　隔声控制重点

（5）装配式钢结构体系下专业接口处理

1）机电管线布置与钢结构的接口处理：采用 BIM 模型检查交叉部位，提前预留洞口并考虑补强措施。

2）围护系统与钢结构的接口处理。如外墙遇钢结构的冷桥问题，可采用保温一体板包封处理（图 3.2-3）。

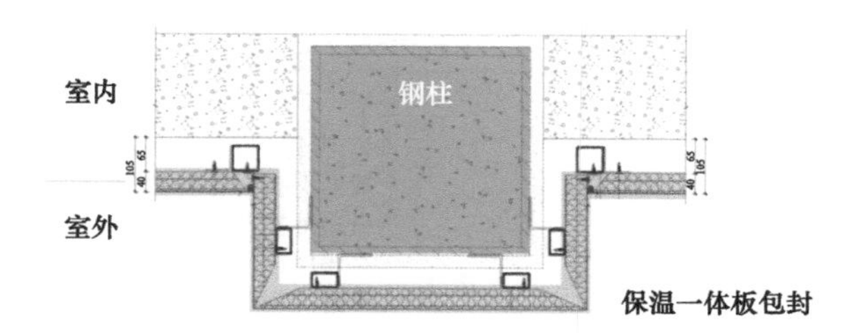

图 3.2-3　保温一体板包封解决冷桥问题

3.2.2　钢结构住宅质量问题及防治（表 3.2-1）

钢结构住宅质量问题及防治　　表 3.2-1

类别	质量问题			质量问题防治	
	问题描述	问题照片	问题分析	防治关键工序及标准	图示图例
钢结构安装	标高超差		1. 钢柱牛腿制作阶段组装定位误差大。 2. 钢柱安装累计误差导致柱顶标高不在同一平面	1. 加强构件进场验收，牛腿上翼板面至柱端端铣面误差应控制在±2mm。 2. 严格控制每节柱柱顶标高，安装精度控制在±3mm	

续表

类别	质量问题			质量问题防治	
	问题描述	问题照片	问题分析	防治关键工序及标准	图示图例
钢结构安装	垂直度超差	 垂直度超差	1. 构件制造平直度超差。 2. 安装顺序不当造成累计误差过大。 3. 焊接顺序不合理，导致柱子变形	1. 加强构件进场验收。 2. 构件安装从角柱向中间顺序进行。 3. 焊接时应采用对称施焊，适当采取防变形措施限制焊接变形。 4. 保证单节钢柱垂直度偏差 $h/1000$（h 为钢柱高度），且不应大于10mm	
	对接错口超差		1. 构件截面尺寸制造超差。 2. 现场安装校正操作有误	1. 加强构件进场验收，构件截面对角线尺寸误差±2mm。 2. 上下柱连接处的错口偏差≤3mm	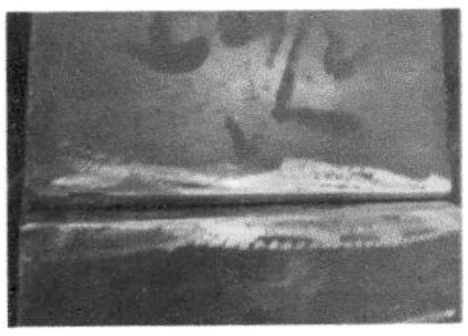
高强度螺栓施工	安装方向不一致	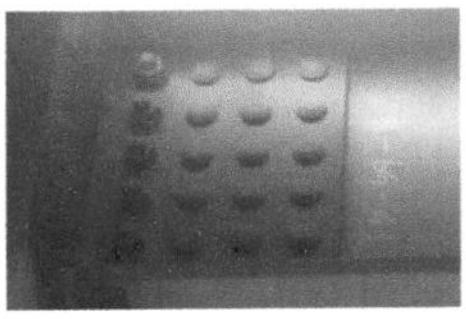	未按高强度螺栓专项方案安装方向一致的要求进行安装	1. 高强度螺栓安装方向应保证一致。 2. 加强交底培训，强化过程监督	
	摩擦面未清理		1. 构件出厂时未进行摩擦面保护。 2. 吊装前未清理浮锈、污垢、胶纸等杂物	1. 构件出厂前应做好摩擦面保护，保护边线为夹板边外扩50mm。 2. 构件出厂前应清理、打磨高强度螺栓连接摩擦面上的飞边、毛刺、焊接飞溅物、焊疤、氧化铁皮、污垢等。 3. 施工前对存在浮锈、污垢、胶纸等杂物的摩擦面进行彻底清理	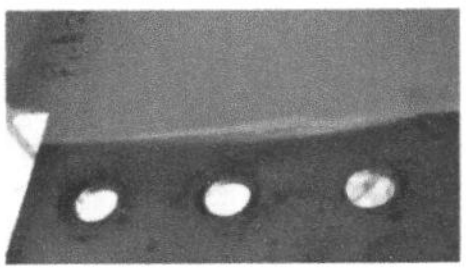
	气割扩孔	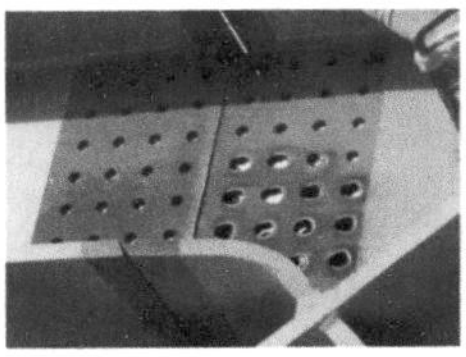	1. 构件制造尺寸超差。 2. 钢柱轴线、垂直度偏差过大	1. 加强构件进场验收。 2. 保证钢柱轴线、垂直度满足相关规范要求。 3. 螺栓不能自由穿入时，不得采用气割扩孔。 4. 修整后的最大孔径不超过螺栓直径的1.2倍。 5. 需设计方确认	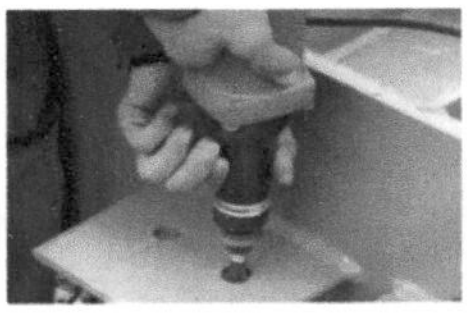

续表

类别	质量问题			质量问题防治	
	问题描述	问题照片	问题分析	防治关键工序及标准	图示图例
高强度螺栓施工	终拧扭矩不达标		1. 未使用扭矩扳手进行施拧。 2. 扭矩扳手未检定	1. 操作人员应使用扭矩扳手施拧。 2. 确保扭矩扳手在检定有效期内。 3. 扭矩扳手的校正相对误差不得大于±5%，满足扭矩值要求	
	外露丝扣过长或过短		1. 接触面存在杂物、毛边、飞刺。 2. 螺栓长度、连接板厚不匹配	1. 加强连接板平整度验收，安装前清除接触面间杂物。 2. 正确选用螺栓及连接板，确保螺栓终拧。 3. 高强度螺栓终拧后外露丝扣为2～3扣	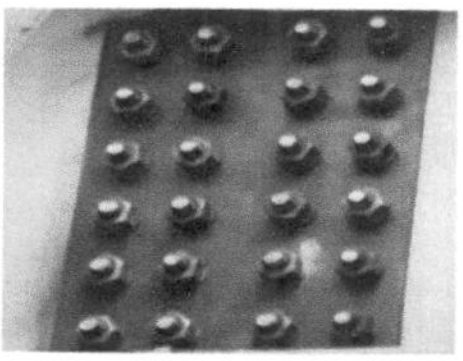
现场焊接	母材清理		1. 焊接施工管理不到位。 2. 焊接技术交底不详细	1. 对技术人员加强焊接规范培训。 2. 加强焊接施工管理，焊接施工前进行焊接技术交底。 3. 提高焊工质量意识	
	坡口切割		1. 焊接技术交底不详细，质量管理制度不严格。 2. 焊工水平欠佳，质检工作不到位	1. 焊前技术交底，实施时严格监督执行。 2. 加强焊接质检及监督，增强质量意识	
	气孔	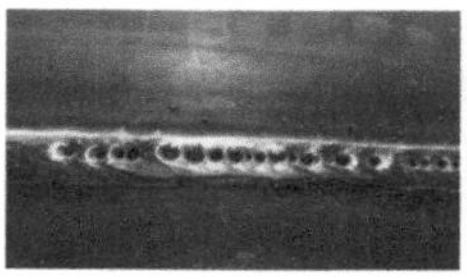	1. 坡口及其周边一定范围内有油迹、锈斑、水渍、污物等。 2. 焊材烘焙温度不够，升温太快，保温时间不够	1. 焊接前，确保焊接气体的纯度>99.5%，清除焊接区域及周围30mm范围内氧化物、油污、灰尘等，按标准预热。 2. 焊接时，焊嘴距工件宜为15～20mm。 3. 缺陷处用气刨刨开并打磨待焊区域，进行补焊	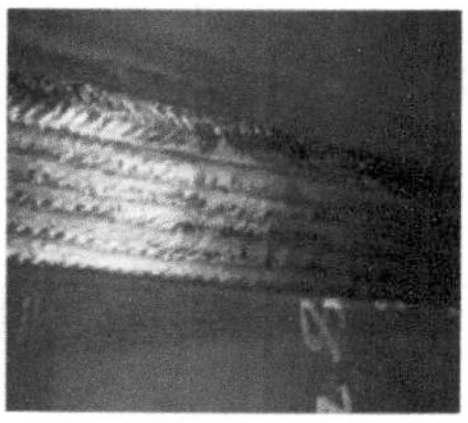
	夹渣、咬边		1. 焊接电流太大，速度太慢。 2. 焊条或焊丝偏离焊缝中心	1. 气保焊采用短弧焊接，电流宜为220～260A，焊接速度控制在25～45cm/min，确定合理的焊接位置，熟练掌握焊枪的摆动方式。	

续表

类别	质量问题			质量问题防治	
	问题描述	问题照片	问题分析	防治关键工序及标准	图示图例
现场焊接	夹渣、咬边			2. 出现咬边，浅的可用角向砂轮磨平，直到此部位同原焊缝平顺过渡，并能向母材圆滑过渡为止；深的咬边按照未焊满修补工艺要求进行焊接修补。 3. 修补焊接前，将待焊区域清理干净	
现场焊接	焊缝不饱满	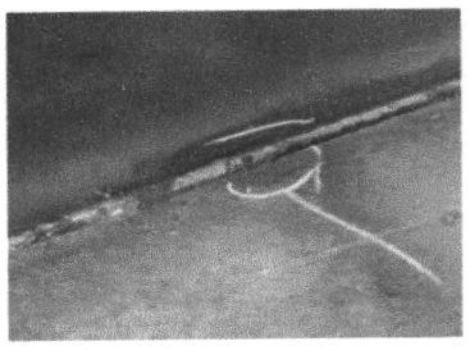	1. 焊接施工管理不到位，技术交底不详细。 2. 焊机未设置熄弧程序或设置不合理；未焊满即熄弧	1. 加强焊接施工管理，焊接施工前详细进行焊接技术交底。 2. 采用带有熄弧程序的焊接设备，并设置合理的熄弧程序。 3. 对焊工进行技能培训，指导焊工熄弧前要填满熔池	
油漆	粗糙度超标		1. 相关规范要求30～70μm，实测粗糙度过大。 2. 选择钢丸直径过大，构件在抛丸机中行进速度过慢	1. 除锈前进行构件表面的预清理。 2. 选用合适的传送速度。 3. 选择适宜磨料	
油漆	流坠	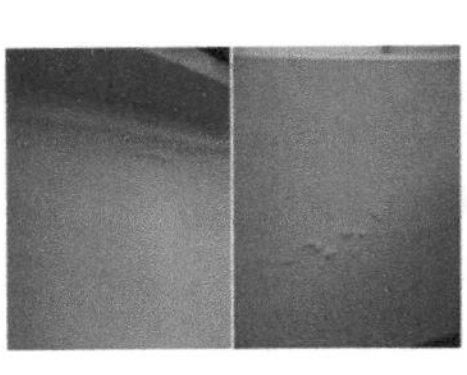	1. 涂料过厚，喷涂压力过大或涂料流量过大。 2. 溶剂添加过量，改变涂料的特性，涂料存在质量问题	1. 涂装环境温度宜在5～38℃之间，相对湿度不大于85%，构件表面有结露时不得涂装。 2. 涂装前需清理构件表面上的杂质，如打砂后的砂粒、胎架上的油漆等。 3. 按照要求的配合比调配油漆，涂料不得过稀。 4. 喷涂时应控制漆膜厚度，漆膜每道厚度宜为30～50μm，不宜涂刷过厚，降低干燥速度	

续表

类别	质量问题			质量问题防治	
	问题描述	问题照片	问题分析	防治关键工序及标准	图示图例
油漆	漆膜厚度问题	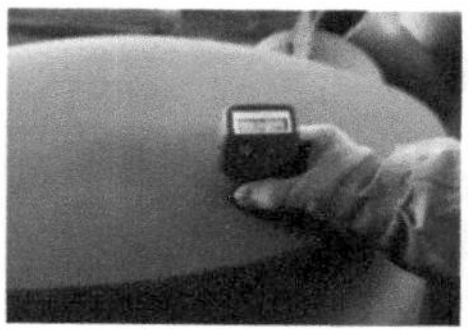	1. 未按照构件涂装设计要求。 2. 操作技能不足，涂装角度不当	1. 漆膜厚度符合设计要求，负偏差<25μm。 2. 正偏差满足油漆产品说明书要求。 3. 涂装前清理构件表面灰尘、杂质，涂料充分搅拌均匀。 4. 涂装过程中用湿膜测厚仪控制湿膜厚度。 5. 油漆全干后进行干膜厚度的测量	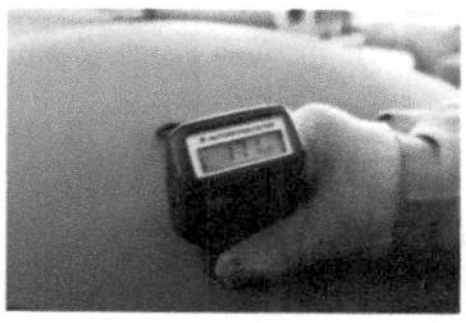
	漆层脱落		作业前构件除锈、清理不到位，材料质量有问题，喷涂环境不适合	1. 基底清理达到设计除锈级别 Sa2.5 或 St3.0 等级、表面粗糙度等级 Rz 为 40～70μm，不应有油污、铁锈等杂质。 2. 控制油漆质量，不得使用不合格或过期的油漆。 3. 喷涂时注意环境温/湿度和施工工艺，通常涂装环境温度宜保持在 5～38℃，相对湿度不宜大于 85%，空气应流通	
	节点部位漏涂		现场管理不到位，工序穿插不及时	1. 加强交底培训，强化过程监督。 2. 节点补涂区域人工除锈达 St3.0 等级。 3. 严格控制涂刷厚度和遍数，单遍涂膜厚度宜控制在 30～50μm	
防火涂料	厚度不足		1. 涂抹遍数过少，单道涂层厚度不足。 2. 未按防火涂料专项方案控制涂层厚度	1. 配置好的防火涂料必须在规定的时间内用完。 2. 厚涂型防火涂料每层厚度控制在 4～6mm，底层涂料表干后方可进行下一层施工。 3. 喷涂时喷枪要垂直构件表面，距离 40～60cm 为宜，喷枪口径 12～14mm	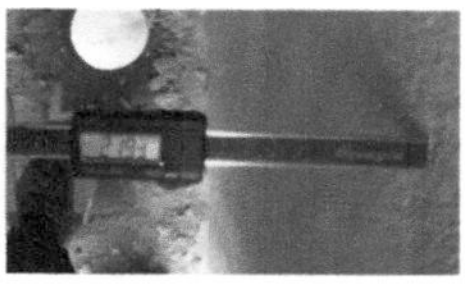

续表

类别	质量问题			质量问题防治	
	问题描述	问题照片	问题分析	防治关键工序及标准	图示图例
防火涂料	表面开裂	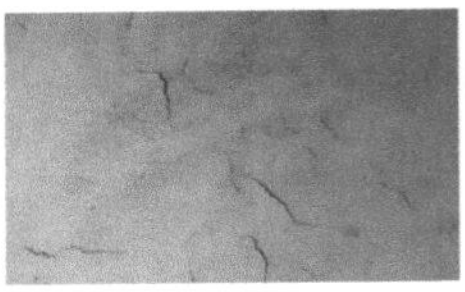	1. 基材处理不当，阳光暴晒，涂膜快速干燥，出现裂纹。 2. 防火涂料与油漆反应，涂层过厚，前道未干即涂下道	1. 加强防火涂料进场验收，操作人员应熟悉产品说明书。 2. 按专项方案进行涂装，应避免暴晒施工。 3. 薄涂型涂层表面裂纹宽度不应大于 0.5mm。厚涂型涂层表面裂纹宽度不应大于 1mm	
	空鼓脱落	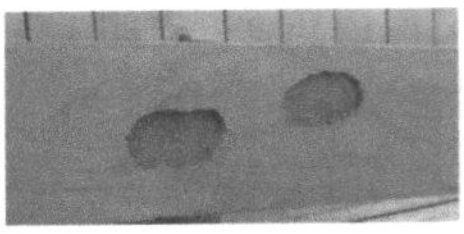	基层未进行打底处理，防火涂料未严格按照使用说明、施工方案进行配置、使用	1. 基层应打底处理。 2. 加强交底培训，强化过程监督厚涂型 80%以上面积应符合设计要求，且最薄处不低于设计值的 85%	
栓钉	排列间距过大，排布不平直	 间距过大	栓钉施工前的放线定位不准，作业人员未按标准施工	1. 加强交底培训，强化过程监督。 2. 根据设计要求，对设置栓钉的钢梁进行测量放线，放线位置要与钢梁中心线对应。 3. 沿粉线摆放磁环，间距满足设计要求，要摆在压型钢板的波谷位置或桁架板桁架空隙	
	烧穿压型钢板		1. 施工时压型金属板与钢梁间间隙过大。 2. 未按照栓钉焊接工艺实施焊接	1. 栓钉焊接前如发现压型金属板与钢梁间距过大，查明原因整改合格后再进行栓钉焊接。 2. 栓钉焊接时，栓钉与楼承板的接触点与钢梁要贴合紧密，不能有杂物、混凝土等。 3. 按照栓钉焊接工艺调节参数和实施焊接	
	焊缝不饱和		1. 未按照栓钉焊接工艺实施焊接。 2. 栓钉与焊件间存在油污、灰尘等杂物	1. 按照栓钉焊接工艺调节参数和实施焊接。 2. 施工前将焊接面清理干净。 3. 栓钉焊脚应饱满，焊脚立面的局部未融合或不足 360°的应进行补焊处理	

续表

<table>
<tr><th rowspan="2">类别</th><th colspan="3">质量问题</th><th colspan="2">质量问题防治</th></tr>
<tr><th>问题描述</th><th>问题照片</th><th>问题分析</th><th>防治关键工序及标准</th><th>图示图例</th></tr>
<tr><td rowspan="3">钢楼梯</td><td>钢楼梯饰面砖空鼓</td><td></td><td>1. 钢结构本身与面砖基层结合易松动。
2. 现场钢楼梯作为垂直通道，踩踏严重易造成瓷砖空鼓松动</td><td>1. 钢结构楼梯间装饰设计要求，由结构层至饰面层：①原钢结构楼梯；②ϕ8钢筋@100mm与钢结构焊接；③ϕ8钢筋与ϕ3@50mm镀锌钢网满铺焊接；④干硬性水泥砂浆找平层；⑤10mm厚瓷砖胶粘剂；⑥饰面层。
2. 加强楼梯间成品保护措施——保护垫铺设，同时加强人员监督管理</td><td>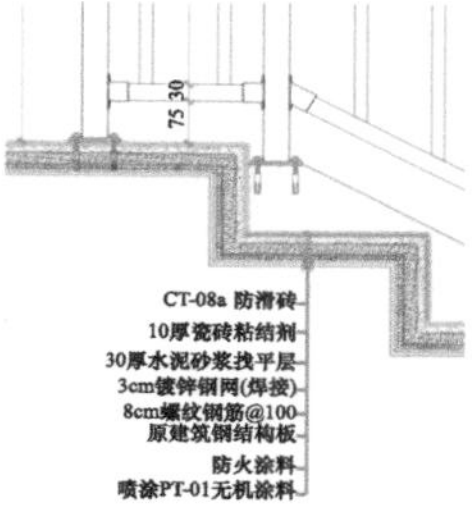</td></tr>
<tr><td>机电管线随楼梯间钢构件布置，影响美观</td><td></td><td>钢结构深化以及BIM管线查验未提前考虑机电管线线路排布问题</td><td>1. 应提前考虑机电管线布置，楼梯梁翼板上预留穿线孔，后期装修对梁腹板进行封板覆盖。
2. 与设计人员沟通将楼梯间吊顶处理</td><td></td></tr>
<tr><td>楼梯平台板下挠、起翘</td><td>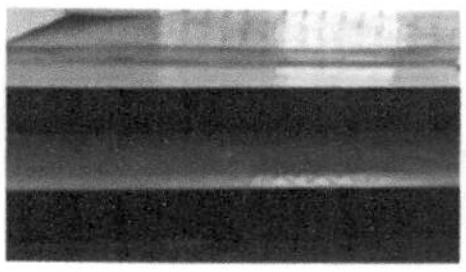</td><td>1. 休息平台小次梁设计未考虑现场施工荷载，可能引起小次梁下挠。
2. 钢楼梯现场安装质量控制不达标，导致下挠、起翘现象</td><td>1. 结构设计阶段考虑现场施工荷载，采取休息平台小次梁（右图所示GL1）加强处理等措施。
2. 现场钢楼梯休息平台严禁集中堆载。
3. 加强现场安装质量，控制平台高度、平台梁水平度、承重平台梁侧向弯曲满足相关设计规范要求</td><td>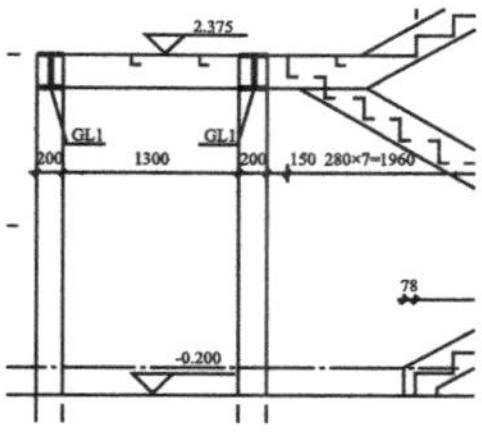</td></tr>
<tr><td>钢筋桁架楼承板</td><td>楼承板板边下料切割不顺直，与钢构件之间缝隙大，观感差</td><td></td><td>1. 下料切割前未弹设标识线。
2. 下料切割时，工人使用火焰切割</td><td>1. 切割前首先进行尺寸复核。
2. 切割前在板底弹设切割控制线。
3. 切割时采用等离子切割机或砂轮切割机沿标识线进行切割，切割后板的直线度误差为10mm，板边的错口误差要求<5mm</td><td>
</td></tr>
</table>

续表

类别	质量问题			质量问题防治	
	问题描述	问题照片	问题分析	防治关键工序及标准	图示图例
钢筋桁架楼承板	底模局部变形		1. 材料打包不规范。 2. 材料在转运过程中未使用专用吊具进行吊运。 3. 楼承板铺设后，局部荷载较大	1. 钢筋桁架模板在打包时必须有固定的支架并且有足够多的支点，防止在吊运、运输及堆放的过程中变形。 2. 严禁用钢丝绳捆绑在钢筋桁架模板上直接进行起吊，吊点应设置在固定支架上。 3. 放置在楼层内时，应放置在主梁与次梁的交接处。 4. 楼承板铺设后，不宜将重物直接放置在钢筋桁架模板上，避免集中荷载	 
	混凝土浇筑后，楼板出现下挠变形		1. 底部设计有支撑的楼板，支撑架搭设不规范。 2. 钢筋桁架支座竖筋未与钢梁进行焊接。 3. 混凝土浇筑时倾倒混凝土造成的冲击过大。 4. 混凝土强度未达到设计允许强度即拆除底部支撑	1. 严格按照设计要求，搭设支撑架体，确保支撑架立杆间距、步距、主次龙骨长度数量符合要求。 2. 楼承板每道支座竖筋必须与钢梁进行焊接，保证楼承板整体稳定性。 3. 浇筑混凝土时应从钢梁处开始浇灌，避免从钢筋桁架模板的搭接中段开始浇灌。 4. 混凝土浇筑后，待混凝土强度达到设计要求方可拆除楼板底部支撑。 5. 架体支撑搭设完成后及对板面标高、平整度进行复核（可拆式楼承板）	  
	楼承板边模在混凝土浇筑后，板边不顺直		1. 边模底部与钢梁焊接间距过大。 2. 边模立面与桁架钢筋之间未进行拉结或拉结点间距过大	1. 当边模板厚度不大于1.5mm时，边模板底部需与钢梁焊接，间距不大于300mm，焊缝长度不小于25mm。 2. 边模板立面应与桁架筋焊接拉结，拉结点设置间距不宜大于600mm	

续表

类别	质量问题			质量问题防治	
	问题描述	问题照片	问题分析	防治关键工序及标准	图示图例
钢筋桁架楼承板	楼承板底部返锈（不可拆卸式）	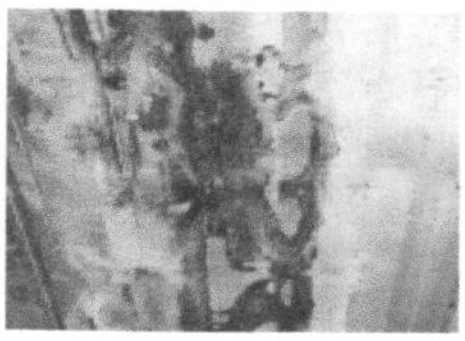	1. 底模表面镀锌层厚度不足。 2. 材料转运及施工过程中造成镀锌层损坏	1. 材料进场时，查验出场检测报告中底模厚度及表面镀锌量是否符合设计要求。 2. 材料在转运及施工过程中严禁装卸及在安装中损坏镀锌层，如存在损坏情况，需及时进行基层处理，补刷防锈漆	
	钢筋桁架板在钢板墙位置楼板下扰		钢筋桁架板现场切割，破坏支座立筋和横筋，混凝土浇筑时在支座位置产生下挠	1. 钢板墙位置两侧钢筋桁架板应分段加工。 2. 现场切割时，在切割分段位置，补焊支座立筋和横筋	 钢筋桁架板分段安装
ALC墙板安装	板缝砂浆不饱满	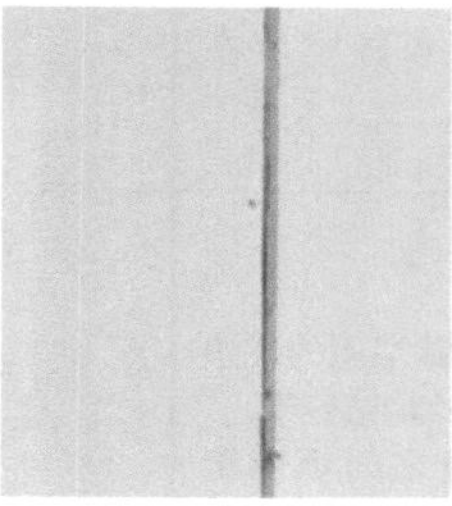	1. 相邻两块板材拼装前，未充分涂抹粘结砂浆。 2. 粘结砂浆涂抹后挤浆不充分	1. 施工时先定位并安装固定一侧的 ALC 条板，然后在竖缝处均匀涂抹专用粘结砂浆，立起竖缝相邻一侧 ALC 条板，初步定位后对竖缝进行挤压，保证挤压后竖缝宽度5mm 左右，且上下竖缝宽度一致。 2. 板材间涂抹粘结砂浆前应将基层清理干净，砂浆涂抹均匀，饱满度应大于 80%	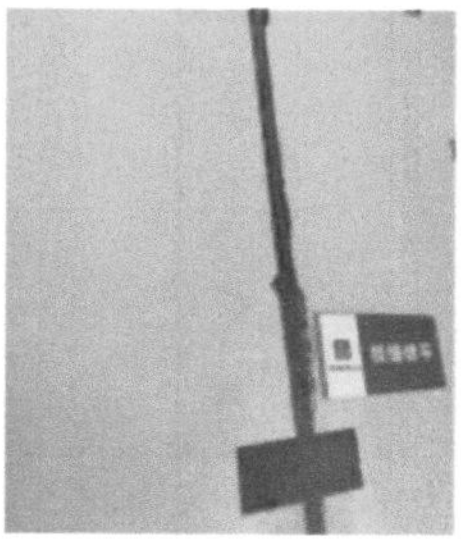
	机电线管位置处存在贯穿性孔洞	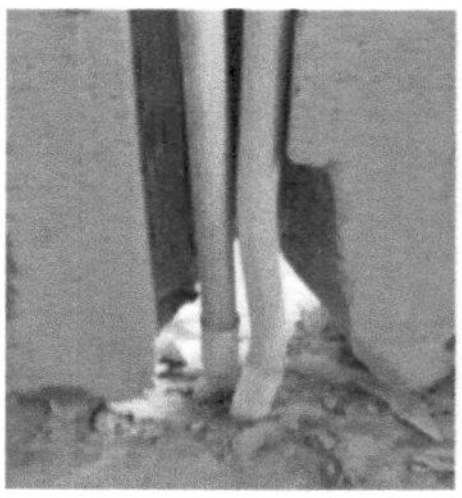	1. 工人施工随意，直接将线管位置凿穿。 2. 线管在主体预埋阶段，定位误差较大	1. 在主体楼板施工阶段，检查线管点位位置，若误差超出规范要求，须及时调整，确保线管定位准确。 2. 使用切割机，将线管位置处条板，切割成凹槽，开槽深度不超过板厚的 1/3，保证墙板不出现贯穿性孔洞	
	加固金属件焊接部位返锈	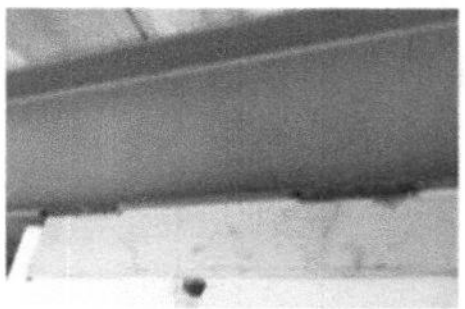	焊接后未涂刷防锈漆	1. 焊接后及时清理焊渣。 2. 焊缝检查合格后及时涂刷防锈漆	

续表

类别	质量问题			质量问题防治	
	问题描述	问题照片	问题分析	防治关键工序及标准	图示图例
ALC墙板安装	外窗洞口周围加固扁钢固定不牢固		1. 加固扁铁端部未与钢梁及下部角铁进行焊接。 2. 自攻螺钉端头未与扁钢进行点焊。 3. 自攻螺钉长度不足	1. 洞口两侧竖向ALC条板安装后，将镀锌加固扁铁紧贴墙板间距300mm，钻入自攻螺钉，并将螺钉与镀锌扁铁点焊。镀锌扁铁顶部与钢梁进行焊接，底部与镀锌角铁进行焊接，钢梁与角钢间角焊缝应满焊，焊脚高度为连接件厚度的70%。 2. 自攻螺钉长度应符合设计要求	 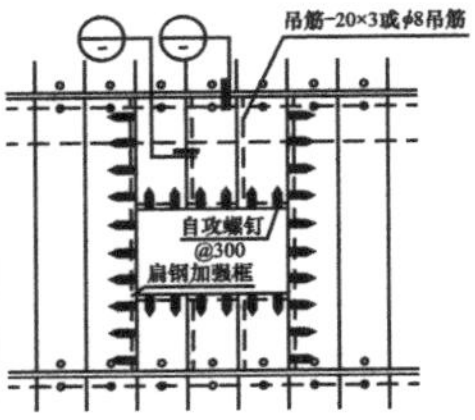
保温装饰一体板安装	一体板板缝间隙不均匀	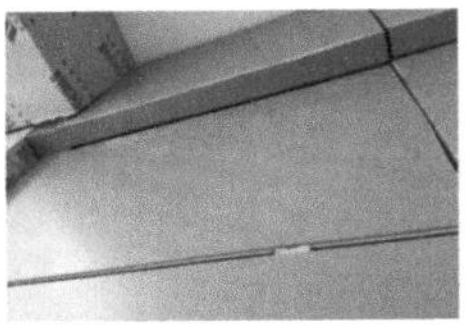	1. 材料进场尺寸偏差过大。 2. 一体板安装过程未放置板件垫块	1. 材料进场后及时组织验收，板材长度尺寸偏差不超过±1.0mm，对角线误差不超过±1.0mm。 2. 现场安装过程中应严格按照方案要求放置成品垫块，保证板缝宽度在12～15mm	
	胶缝宽窄不一、不饱满，存在渗漏隐患	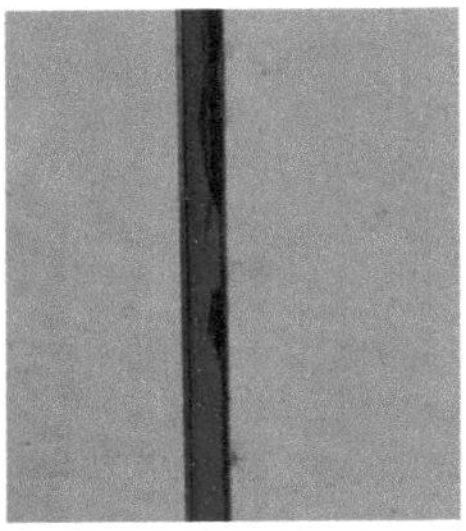	1. 打胶前板缝未清理干净，板缝填塞不到位。 2. 美纹纸未粘贴均匀	1. 清除分格缝端面的飞边毛刺及残留的粘结砂浆。 2. 在分格缝之间填塞聚苯乙烯泡沫条，填塞高度距板面为3～5mm。 3. 按照分格缝设计的宽度弹线（8～10mm），后用美纹纸沿线贴实。 4. 对外窗等易渗漏的部位进行淋水试验，确保无渗漏	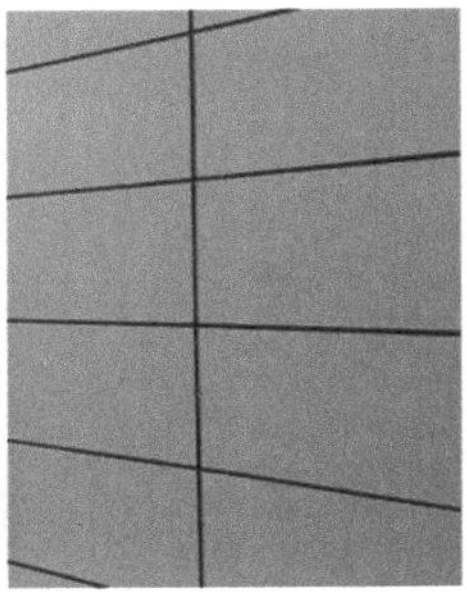
	保温装饰一体板夹板存在松动		1. 安装装饰一体板时，挂件及螺栓未固定到位。 2. 粘结砂浆粘结面积不足	1. 固定件数量不得少于每平方米6～8个，且每块板不少于4个。 2. 粘结砂浆面积应达到设计要求，每块板的粘结砂浆面积与板面积之比应≥60%	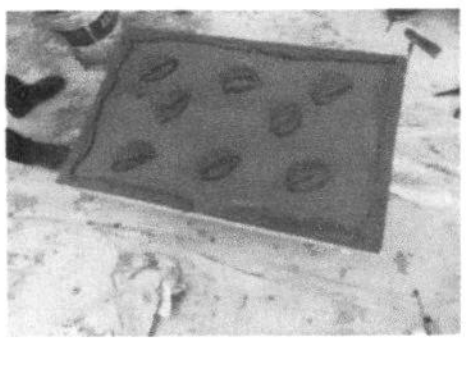

续表

类别	质量问题			质量问题防治	
	问题描述	问题照片	问题分析	防治关键工序及标准	图示图例
保温装饰一体板安装	装饰一体板板面、垂直度、平整度不足		1. 材料粘结时，粘结砂浆涂抹不均匀。 2. 出厂材料尺寸偏差大	1. 材料进场时，检查材料出厂检测报告，检查板材尺寸是否符合设计要求。 2. 安装前做好技术交底，粘结时保证用料均匀。 3. 使用垂直检测尺检查，表面平整度不应大于2mm	
装配式外墙与钢结构连接	钢柱、梁与外墙接缝未封闭处理，造成渗漏		外墙板与钢梁、钢柱接缝处未封堵密实	1. 基层处理，墙板与钢构件间隙采用聚氨酯发泡剂填充密实。 2. 将多余发泡剂压入并保证凹入10～20mm，采用防水砂浆填实。 3. 外墙板与钢梁通长角钢拼接处，采用MS密封胶封闭	 MS密封胶嵌缝
楼板与钢结构连接	出屋面或有水房间钢柱与楼板交接处渗漏		钢柱与混凝土热胀冷缩系数不同，交接处易发生开裂	1. 钢柱在楼板中部位置满焊一圈止水钢板，止水钢板厚度4mm，宽度60mm为宜。 2. 楼板混凝土浇筑时，采用插入式振动棒将钢柱与楼板交接部位振捣密实。 3. 钢柱泛水高度以下及结构面向外300mm范围内满刷一层2mm厚防水涂料。 4. 屋面：基层处理及高分子防水卷材施工，R角施工—附加层—第一道防水卷材铺贴上翻250mm—大面积施工—卷材闭水试验—钢柱外围浇筑100mm厚450mm高的C20细石混凝土，振捣密实，与钢柱接壤位置采用密封胶进行封堵。 5. 有水房间：基层处理完成后，有水房间整体涂刷一层1.5mm厚聚合物水泥防水涂料到梁底	 钢柱设置止水钢板

续表

类别	质量问题			质量问题防治	
	问题描述	问题照片	问题分析	防治关键工序及标准	图示图例
楼板与钢结构连接	屋面钢梁与楼板交接处渗漏		钢梁与混凝土热胀冷缩系数不同，交接处易发生开裂	1. 在距钢梁翼缘10cm处设置一道C20混凝土反坎，与结构一次浇筑并振捣密实。 2. 反坎宽度及高度根据钢梁翼缘确定，一般以超出最外侧点10cm为宜	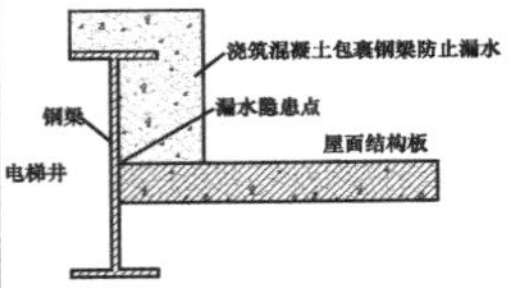 电梯钢梁节点图
PC构件与钢结构连接	PC楼梯与钢结构贴合不紧密		预制楼梯和梯梁之间砂浆垫层未填充密实；或强度不足即安装预制楼梯，导致垫层被破坏	1. M15水泥砂浆垫层厚度应根据预制楼梯完成面设计标高进行计算，使垫层厚度起到调节预制楼梯标高的作用。 2. 待垫层砂浆达到强度后安装预制楼梯	
	PC飘窗与结构偏差大、不美观		锚杆预埋定位不准确，预留套筒偏差过大	1. 楼板混凝土浇筑前后复核锚杆相对位置，钢梁上预埋钢锚杆筋的间距偏差控制在±3mm。 2. 预飘窗进场验收，套筒位置偏差控制在±3mm以内。 3. 间隙采用聚氨酯发泡胶柔性填充再采用砂浆嵌缝补平	 锚杆间距复核 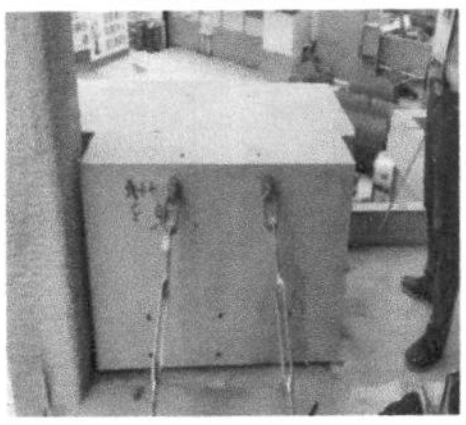 预制飘窗安装
机电管线与钢梁交叉处理	钢梁处机电管线排布影响美观和净空高度	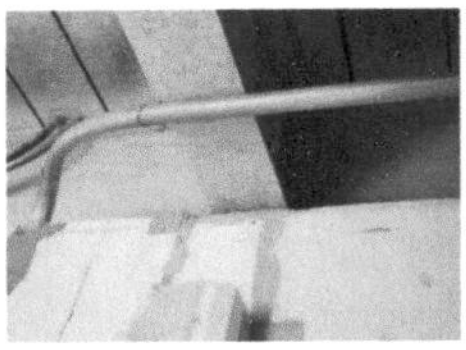	钢梁未预留机电管线孔洞	1. 采用BIM模型检查出与钢结构交叉部位。 2. 钢梁腹板根据管线位置提前预留洞口。 3. 孔洞周边钢梁腹板做补强处理	 机电管线钢梁处布置

3.3 被动式住宅质量问题及防治

3.3.1 被动式住宅质量控制重点

（1）无热桥的设计与施工，减少或避免热桥效应

热桥对于建筑物有着破坏作用，它会造成房间的热量损耗，浪费能源；会在高温侧的内墙及楼板产生凝结水；影响隔热材料的隔热性能；造成墙体和楼板表面发霉，影响装饰效果。

建筑工程中热桥主要发生在外墙造型变化处、阳台板、地下室、雨篷、女儿墙根部、门窗洞口周边、金属构件及支架、穿墙管道等部位。

热桥分为结构性热桥和系统性热桥。结构性热桥是由于外围护结构，如梁、柱、板等构件穿入保温层而造成保温层减薄或不连续所形成的热桥。这种热桥能量损失较大，可能会造成结露、发霉现象，应尽量避免。比如传热面积突变的位置，如外墙与梁、楼板交接处、外窗与外墙交接处等；贯穿保温层的悬挑构件，如阳台、门斗、雨篷等；建筑材料的交接处，如外墙钢筋混凝土结构与加气混凝土砌块交接处；建筑构件厚度不一致等。

系统性热桥是在外墙保温系统及屋面系统中，由连接保温材料与结构墙的锚栓或是插入保温层的金属连接件等所形成的热桥，一般是不能完全避免的。

（2）建筑物的整体气密性控制

提高建筑气密性可以提高建筑能效，减少建筑通过围护结构缝隙散失的冷热量；避免因潮气入侵，凝结在建筑构件上产生发霉结露，损坏建筑构件；提高居住舒适度和质量，提高保温隔热的效果，减少“穿堂风”，显著提高建筑隔声等。

（3）结构施工质量控制

在被动式超低能耗建筑施工中，主体结构的质量也是至关重要的因素，墙体、门窗洞口的平整度、二次结构的砌筑质量等都会直接影响后续工序的顺利进行。

3.3.2 被动式住宅质量问题及防治（表3.3-1）

被动式住宅质量问题及防治　　表3.3-1

类别	质量问题			质量问题防治	
	问题描述	问题照片	问题分析	防治关键工序及标准	图示图例
无热桥的设计与施工	1. 构件贯穿保温层形成系统性热桥，如外墙雨水管支架、空调支架、门窗固定件、幕墙预埋件等。 2. 安装时破坏保温层		1. 构件贯穿保温层时，未考虑会产生热桥，未采取隔热措施。 2. 施工粗糙野蛮，精细化施工重视程度不够	1. 对于贯穿保温层的外墙雨水管支架、空调支架、门窗固定件、幕墙预埋件等增设隔热垫块，减少热桥效应，隔热垫块需经过设计计算确定厚度。 2. 加强技术培训，制作样板房，对工人进行现场交底	

续表

类别	质量问题			质量问题防治	
	问题描述	问题照片	问题分析	防治关键工序及标准	图示图例
无热桥的设计与施工	穿墙、出屋面管道四周未做保温，产生热桥效应，降低保温效果	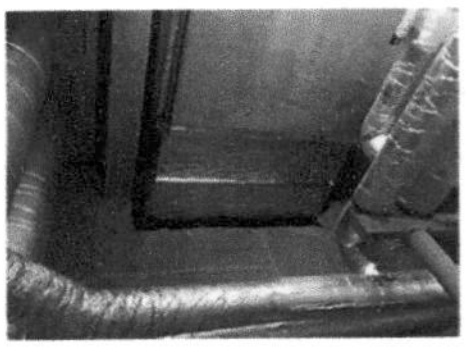 	穿墙、出屋面管道直接与结构接触，产生系统性热桥，造成热量损失	穿墙、出屋面管道预留洞口加大，四周增加保温层，厚度由设计确定	 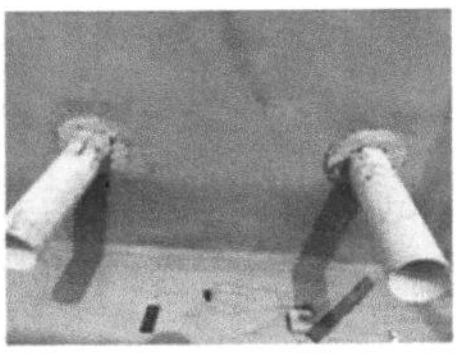
	阳台、屋面设备基础未与主体结构断开	 	阳台、屋面设备基础未与主体结构断开，形成结构性热桥	阳台在设计阶段要求与主体结构断开，空隙填塞保温材料。屋面独立设备基础改为条形或板式基础，做在防水保温层上	 
	保温层不连续性以及空腔、空洞	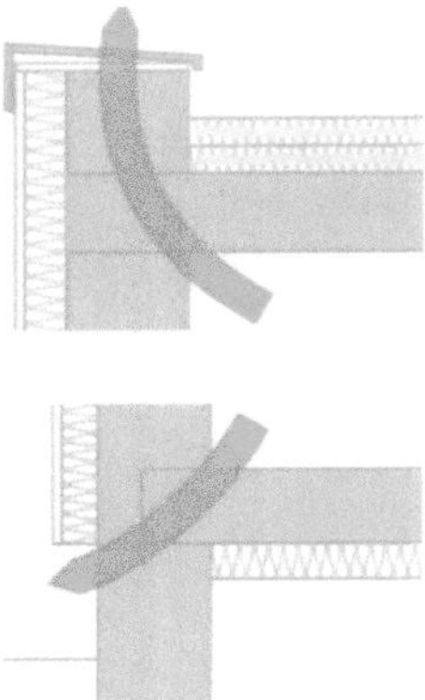	保温层不连续性，如屋面女儿墙未完全包裹、地下室外墙保温深入地面以下深度不够	要确保外保温层的连续性，粘贴要密实。屋面女儿墙要完全包裹，防水卷材要翻过女儿墙顶；室外保温层深入地面不小于1m	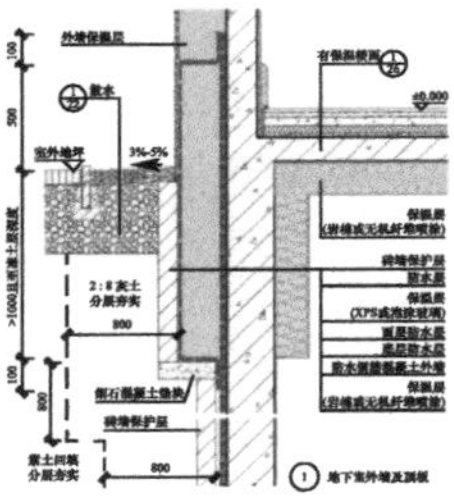 外墙保温层 散水 室外地坪 3%~5% 有保温楼面 ±0.000 保温层（岩棉或无机纤维喷涂） 砖墙保护层 防水层 保温层（XPS或泡沫玻璃） 面层防水层 底层防水层 防水钢筋混凝土外墙 保温层（岩棉或无机纤维喷涂） 2:8灰土分层夯实 800 砖墙保护层 素土回填分层夯实 800 100 500 >1000且至冻土层深度 100 800 ①地下室外墙及顶板

续表

类别	质量问题			质量问题防治	
	问题描述	问题照片	问题分析	防治关键工序及标准	图示图例
无热桥的设计与施工	窗边保温层安装不标准，保温层覆盖门窗框宽度不足，板缝较大	  	洞口保温板安装碎拼较多，通缝较多；保温板覆盖门窗框宽度不够，热桥效应明显；板缝较大，易形成通透性孔隙，热量易散失	1. 门窗洞口四角处或局部不规则处保温板不得拼接，应采用整块保温板切割成型，保温板接缝应离开角部至少 200mm，必须注意切割面与板面垂直。 2. 安装保温层前，将窗框上的槽缝等用保温材料（岩棉、EPS）填充满，保温层覆盖窗框至少 2/3，抹灰完成后，窗框最多露出 1～2cm。 3. 为避免出现通缝，保温层应分两层错层粘贴，且板缝宽度不得大于 2mm，如有较宽板缝，应裁切保温材料进行堵塞或用聚氨酯发泡胶填充密实。若外保温材料采用岩棉，需设置两层耐碱网格布，断热桥锚栓应压住第一层网格布。 4. 保温板之间、保温板与连墙件之间的缝隙用聚氨酯发泡胶填充，填充时注意让泡沫应尽量深地打入缝隙，并稍凸出于墙面。待其干燥，干燥前不得用手去抹。较宽的缝隙也可塞保温条后再打发泡胶；保温板缝隙必须用带枪头的发泡枪将发泡胶注入式填充，确保保温板之间不会产生热桥；钢针头必须插入板缝进行填充	  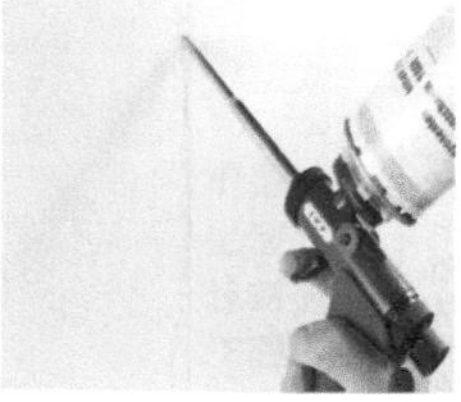 
被动住宅整体气密性	门窗边气密层安装不标准，外窗气密性差，影响节能效果		要严格按照设计图纸和操作工艺安装门窗，做好气密性处理	1. 门窗框与外墙连接处必须采用防水隔汽膜和防水透气膜组成的密封系统。室内防水隔汽膜粘贴门窗套宽 30mm，连续交圈粘贴，门窗套固定后将室内防水隔汽膜剩余部分采用专用胶粘贴至室内门窗洞口混凝土结构上，角部要进行折角处理，使得侧边覆盖下口，上侧覆盖侧边，要求粘贴牢靠、无空鼓。	

续表

类别	质量问题			质量问题防治	
	问题描述	问题照片	问题分析	防治关键工序及标准	图示图例
被动住宅整体气密性	门窗边气密层安装不标准，外窗气密性差，影响节能效果			2. 防水透气膜与窗框及门框搭接，密封处与窗框及门框粘结宽度不小于2cm，转角处粘结宽度不小于10cm。防水隔汽膜是可抹灰型的，在防水隔汽膜粘贴好之后进行窗口抹灰保护	 
	抹灰层作为气密层容易被忽视，施工质量差，不交圈	 	抹灰层要加强质量控制，确保密实，交圈到位	抹灰层要按照技术交底严格执行，加强质量控制，室内房间和楼梯间抹灰层要上到顶、下到底，确保交圈到位	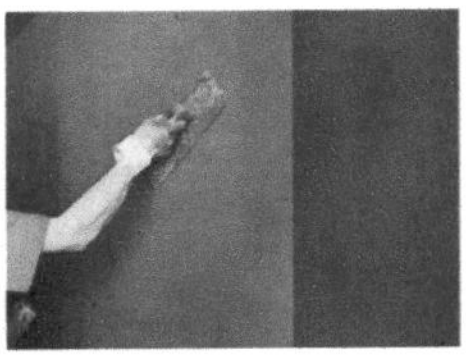 
	不同建筑材料的交接处气密性处理不到位	 	不同建筑材料的交接处由于处理不到位，气体渗漏严重；如砌体或板材顶部填塞不密实，容易发生渗漏	砌块墙、板材与结构相交处要坐浆严密、填塞密实。可在不同材料交接处粘贴隔汽膜，增加房间的气密性	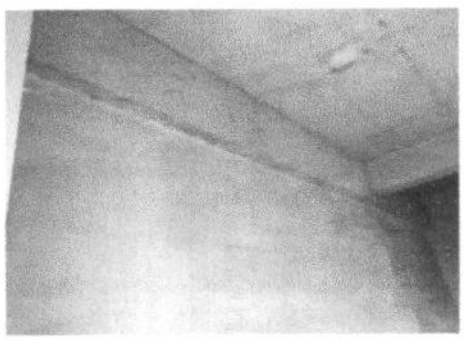 

续表

类别	质量问题			质量问题	
	问题描述	问题照片	问题分析	防治关键工序及标准	图示图例
被动住宅整体气密性	室内管线穿外墙气密性处理不到位	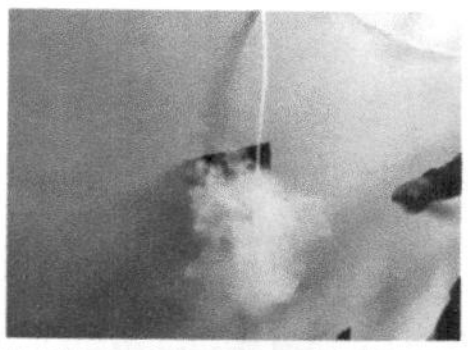 	室内管线穿过外墙时未进行气密性处理，造成气体渗漏	1. 室内管线穿外墙气密性采用封堵或增加气密性套环进行处理。 2. 后开线盒、管槽处理应先用石膏或砂浆填充凹槽，再将线盒、线管等嵌入石膏或砂浆中，否则线盒、线管的背面很难被石膏或砂浆填满，槽内会有空腔，破坏墙体的气密性。 3. 线与线管之间填塞发泡胶或水泥砂浆进行封堵	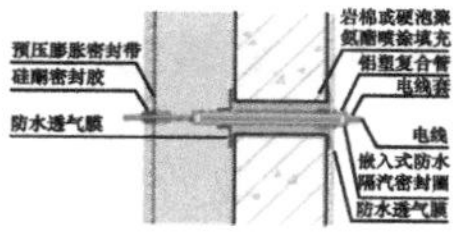 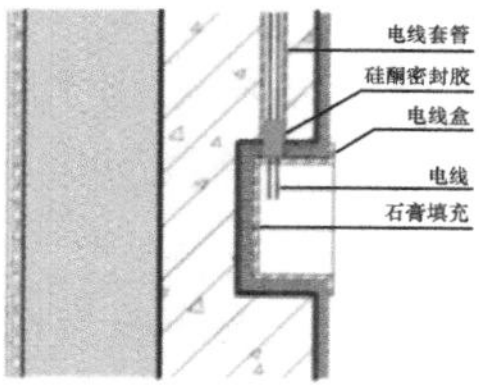
	穿楼板和穿墙管道未进行气密性处理	 	穿楼板和穿墙管道四周未进行气密性处理，造成气体泄漏，影响气密性	穿楼板和穿墙管道在室内洞口四周采用粘贴防水隔汽膜的方式进行气密性处理	 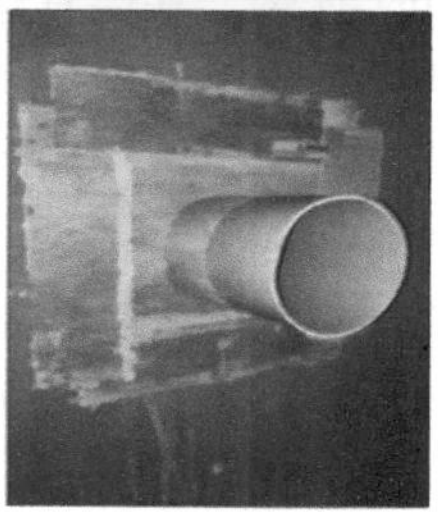
结构施工质量控制	剪力墙、柱、梁、板以及砌筑材料垂直度平整度不满足要求		剪力墙、柱、梁、板以及砌筑材料垂直度平整度较差，影响保温板铺贴；门窗洞口及周边未压光抹平，隔汽膜粘贴质量差，影响气密性	1. 墙体是粘贴保温板的基础，为减小热桥效应，被动式超低能耗建筑粘贴外墙外保温层时一般要求板缝宽度不大于2mm，因此墙体平整是保证保温板平整、粘贴紧实的基础。平整的主体结构也能为防水透气膜的粘贴提供有利基础。 2. 门窗洞口及周圈至少200mm范围内必须压光抹平，安装被动窗时需均匀粘贴气密性材料，若窗洞及洞口周圈凹凸不平，在主体结构上粘贴气密性材料时容易出现空鼓，留有影响气密性的隐患	 

3.4 全装修住宅质量问题及防治

3.4.1 全装修住宅质量控制重点

（1）地砖铺贴后出现空鼓、脱落现象。施工温度应控制在5～35℃；在铺设结合层时，基层上的素水泥浆应刷均匀；做到不漏刷，不积水，不干燥；随刷浆随铺灰；结合层砂浆必须采用干硬性砂浆；干撒水泥时应均匀，浇水要匀；铺贴后砖要压紧；砖面层完工养护过程应进行遮盖和拦挡，保持湿润，避免交叉工序损害。当铺贴完24h，方可上人。

（2）木地板表面不平整、局部翘起。所有木地板运至安装现场后，应拆包在室内存放2～7d，使木地板与空间温度、湿度相适应。毛地板、拼花木地板、长条地板含水率分别不大于18%、10%、12%，地板需水平放置，不宜竖立或斜放；面层铺设应牢固，粘结无空鼓、松动。

（3）面砖排板不合理，存在小条现象。铺设前应根据房间空间尺寸结合面砖规格进行排板，排板应美观大气，不得出现小于1/3的板块。

（4）软硬包表面不平整、接缝不平直。衬板与基层应连接牢固，无翘曲、变形。拼缝应平直，相邻板面缝隙应符合设计要求，横向无错位拼接的分格应保持通缝；应注意材料的收缩率，基层宜选用带吸附力的玻纤板新型热熔胶基层，不选用双层布料；扪面过程中尽量绷紧面料，但不能使其失去收缩弹性。

（5）栏杆扶手安装不牢固。应选用壁厚≥1.2mm的管材作扶手。立管管径不能太小，当扶手直线段长度较长时，立柱设计应有侧向加强措施，施工前，认真核对埋件数量、间距、埋入深度是否符合设计要求或国家现行标准规定。

（6）门窗套套线与墙面贴合不紧密、安装不牢固。对门洞口尺寸进行检验，除检查单个门洞口尺寸外，还应对能够通视的成排或成列门洞口拉通线检查；门套（框）宜采用主副门套设计，副门套应在墙体上先安装18mm多层板或细木工板制作；门扇与门套连接牢固、稳定，五金均采用木螺钉固定，钉尾表面平齐、槽口方向统一。木螺钉应先打入1/3深度，然后拧紧至丝口充分咬合，严禁全部打入；合页安装“套三扇二”，承重轴应固定在门套侧。

（7）湿贴石材泛碱。石材必须进行六面防护处理，特别是底面，浅色系石材采用白水泥或浅色系胶粘剂铺贴；易病变石材禁止浸水。安装时应预留水气通道，待石底水泥砂浆强化和干燥后再嵌缝或结晶。

（8）壁纸霉变：基层腻子充分自然风干，含水率应小于8%。涂刷墙纸基膜，风干24h后滚涂第二遍，厚度宜控制在0.3mm以内，贴墙纸（布）前要通风48h以上，确保空气中没有味道。基膜风干后，须细磨以达到平整光滑。

（9）吊顶转角处开裂。转角部位第一层采用9mm厚柳桉芯多层板，转角处裁成L形加固（L角大于300mm拼接）。第二层石膏板应采用整张铺设，裁成L形，不得在转角部位有直通接缝，两端长于第一层基层板各300mm，并用自攻螺丝固定。

（10）轻钢龙骨石膏板吊顶板面开裂。相邻吊挂件均应正反布置，相邻主次龙骨接头均应错开，当吊顶跨度大于 10m 时，跨中龙骨应适当起拱，起拱高度应为空间短向跨度的 1/300～1/200，龙骨调整到位后，吊挂件用铁钳夹紧，防止松紧不一；板缝采用抗裂系统材料和工法。吊顶内设备及人行走道须独立架设。严禁人员于非上人吊顶内站立、行走；吊顶面积大于 $100m^2$ 时，纵横双向每隔 12～18m 应设伸缩缝且要求主次龙骨及罩面板全部断开。

（11）地毯与石材、地砖交接不美观。墙面踢脚板下口均应离开地面略低于面层完成面 2mm 左右，以便于地毯边掩入踢脚板下；地毯同其他面层交接处、收口处和墙边、柱子周围应顺直、压紧。

（12）各种装饰收口不美观。各装饰面、不同材质交接处应符合设计要求，拼接牢固、严密、平整；交接面进出关系一致；无闪缝、露底现象。

（13）水泥自流平起砂、开裂、起泡、剥离、不固化或固化过慢。施工温度应控制在 10～25℃，环境湿度小于 80％；整体面层施工后，养护时间不应少于 7d，抗压强度应达到 5MPa 后方允许上人行走；抗压强度应达到设计要求后，方可正常使用；搅拌工序标准化，现场不要随意加溶剂，操作人员必须经过专门培训。

（14）淋浴隔断不牢固、不美观。淋浴房玻璃须与顶面、地面、墙面有效地连接，且不少于两边入槽；与顶面采用成品 U 形铝型材收口，与地面、墙面采取开槽方式入槽。

（15）壁纸翘边、起鼓、空鼓、脱落。壁纸背面与墙面基层应同时刷胶并厚薄均匀，从刷胶到上墙宜控制在 5～7min。壁纸背面不应有明胶，刷胶后背面对叠备用。墙基层刷胶的宽度要比纸幅宽约 30mm，刷胶要全面、均匀、不裹边、不起堆，以防溢出，弄脏壁纸；墙纸大面接缝采用拼缝，阴角采用搭接，阳角采用包角；壁纸裱贴 40～60min 后，在其微干状态时用小滚轮均匀用力滚压一遍。如出现个别翘角、翘边现象，可用乳胶涂抹滚压粘牢，个别鼓泡可用针管排气后注入胶液，再滚压实。

（16）木饰面板面不平整、板缝不平直。木饰面板安装工程中的龙骨、连接件的材质、数量、规格、位置连接方式和防腐处理应符合设计要求，安装应牢固；在安装饰面板时，先检查墙面的垂直偏差和平整度；木饰面板在存放及施工过程中要控制温度，板材尽量竖直侧放，平放时底部垫材间距应合理设置，施工过程中要将变形、翘曲的板材剔除。

（17）墙面砖空鼓、脱落。施工前，对墙体抹灰空鼓、脱落等缺陷先返修处理，并须确保墙体基层平整度、垂直度达到规范要求；应选用粘结强度高、耐久性优良的粘结材料；采用瓷质砖时，砖背面应涂刷背覆胶，以增强砖背面的粘结力，粘接层厚度应控制在 6～10mm，贴砖过程操作应保持恒温，尽量不在冬期施工。

（18）卫生间防水渗漏。防水施工前应对基层清理干净，凹陷处采用砂浆补齐；对所有穿过楼板的立管、套管须检验合格；墙角、墙根、门槛等处应采用防水砂浆抹成内圆弧，管根用防水砂浆抹成圆台，以便防水施涂；防水涂料涂刷顺序应先墙后地，先细部后大面；后一道涂刷方向与前一道相互垂直。

3.4.2 全装修住宅质量问题及防治（表 3.4-1）

全装修住宅质量问题及防治 表 3.4-1

类别	质量问题			质量问题防治	
	问题描述	问题照片	问题分析	防治关键工序及标准	图示图例
地面工程	地砖铺贴后出现空鼓、脱落现象	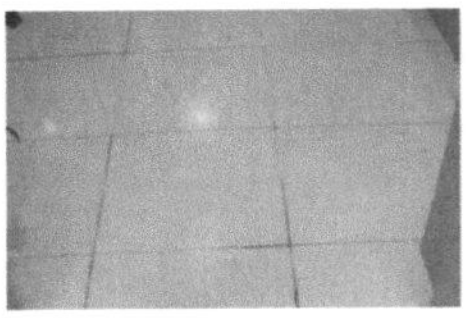	1. 地砖铺贴前，未进行基层清理或基层清理不干净，导致粘合不牢出现脱落。 2. 地砖铺贴前未用水浸泡，在铺贴过程中未进行留缝处理。 3. 结合层砂浆含水率过高，且水泥砖粘合层砂浆中的占比过低	1. 地砖铺贴前应对基层进行处理，确保地面基层无浮沉、起砂等情况。 2. 由于基层干燥，在铺砂浆前先浇水湿润地面基层，并将基层地面凿毛，随即铺设结合层。 3. 铺贴地砖前，应去除砖背面的晶粉，并将地砖浸泡后自然晾干。 4. 使用专用的铺贴工具铺贴，用专业的检测工具检测石材空鼓。 5. 铺贴地砖时应留缝处理，缝隙宽度为 1～2mm。大面积进行铺贴时，预留伸缩缝，伸缩缝位置在楼面结构伸缩缝位置。 6. 地砖铺贴完成后，应进行洒水养护工作	
	面砖排板不合理，存在小条现象		1. 施工人员没有按照要求进行图纸测量放线、未排板深化，项目技术负责人未对排板下单图进行认真确认。 2. 施工人员的放线不到位，未对现场进行认真复核	1. 根据房间空间尺寸结合面砖规格进行排板，排板应美观大气，不得出现小于 1/3 的板块。 2. 检查墙面平整度，偏差不得超过 3mm，安装瓷砖踢脚线后，需采取墙面同材质材料进行批嵌，使踢脚线与墙面严密不露缝。 3. 施工前，项目部要组织设计对图纸进行深化，规避小块，现场管理人员对深化的图纸进行认真审核。 4. 现场施工人员要对放线返尺图进行放线复核，避免给到设计的放线返尺图出现尺寸错误	

续表

类别	质量问题			质量问题防治	
	问题描述	问题照片	问题分析	防治关键工序及标准	图示图例
地面工程	木地板表面不平整；局部翘起		1. 基层不平整。 2. 基层、面层含水率过高，受潮变形。 3. 施工前未弹控制线或控制线有偏差。 4. 地板间、地板与墙面交接处未留伸缩缝或留缝不满足要求。 5. 使用地板钉的，地板钉没有固定到位，地板凸冒。 6. 漏水、进水浸湿地板。 7. 地龙骨垂直于门槛石方向，端头距门槛石间距过大，造成地板与龙骨接触面小，受力不均，收口处不平整	1. 保证基层平整，平整度误差应不大于2mm。 2. 南北方地区基层和面层含水率宜分别控制在13%、11%和11%、9%以内；木龙骨每档应做通风小槽，保温隔声层填料须干燥；免漆地板不应开包装后马上铺设。 3. 基层施工前应沿墙弹精确的控制线。 4. 地板间应设0.1mm伸缩缝，地板与墙面间隙为10～12mm，收边条收口，踢脚线下留8～10mm伸缩缝。 5. 地板钉应陷入地板侧面木材表面3mm左右。 6. 注意日常养护，避免阳光暴晒或潮湿遇水等现象。 7. 门槛石与地龙骨间应垫平垫实，地板铺设方向一般应垂直进户门，门口增加木龙骨加强基层	
墙面工程	软硬包表面不平整；接缝不平直		1. 基层不平整，不垂直。 2. 软硬包几何尺寸误差较大。 3. 单体软包面料没有与撑托层绷紧，张拉力度不够，没有固定牢固；硬包面料包装时，粘结胶涂刷不均。 4. 软硬包面料受温度影响较大，变形明显。 5. 单体软硬包安装就位时，没有弹水平控制线，安装过程中没有拉通线	1. 基层施工前应弹出水平控制线。 2. 软硬包单体加工时，应严格控制其几何尺寸偏差，一般情况下，应控制在3mm以内。 3. 单体软包面料宜与撑托层绷紧，力度应适宜，以面料不起皱为宜，硬包面料与基层之间宜采用喷雾形态胶，且胶与面料应匹配成套。 4. 软硬包安装就位时应弹出控制线，并带线施工	

续表

类别	质量问题			质量问题防治	
	问题描述	问题照片	问题分析	防治关键工序及标准	图示图例
安装工程	栏杆扶手安装不牢固		1. 埋件部位结构体松动。 2. 固定骨架的埋件间距过大。 3. 骨架结构不合理，或几何尺寸太小。 4. 骨架与埋件没有焊接牢固，或焊接工艺不合理。 5. 螺母没有紧固	1. 安装栏杆立杆埋件部位的结构体不得有松动现象。 2. 固定骨架的埋件间距不宜过大，一般应控制在900mm以内。 3. 骨架的结构和几何尺寸必须满足设计要求。 4. 骨架与埋件之间的焊接必须饱满牢固，宜采用相同的材质作为焊接材料，宜选用二氧化碳保护焊接。 5. 采用螺栓连接的，其套孔应满足设计要求，且螺母应紧固，整个骨架立杆、横杆应可靠连接成整体	
门窗工程	门窗套套线与墙面贴合不紧密、安装不牢固		1. 门套内未填充完整，存在空隙情况。 2. 门套边缘基层材料收缩造成裂缝、空鼓。 3. 清油或墙纸胶涂刷不到位；基层的粉刷层脱落影响面层的墙纸空鼓或开裂	1. 门套基层墙面石膏填充平整后安装门套。 2. 门框与墙留空部位，采用水泥砂浆粉刷或用木料加石膏板封平，不得使用发泡剂。 3. 边框收头部位，腻子干透后再刷清油两遍，再刷墙纸胶，确保不空鼓	
墙地面工程	湿贴石材泛碱	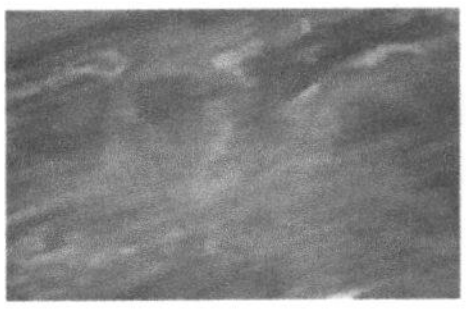	1. 石材未做六面防护或防护不合格，或铲除背网、切割石材时防护被破坏，或石材防护完没有充分放置、通风晾干即铺装。 2. 天然石材结晶相对较粗，存在许多肉眼看不到的毛细管，外界材料渗入。	1. 减少水的侵入，严格采取六面防护措施，铺贴过程中不得人为破坏；防护完毕充分放置、通风晾干。 2. 石材保存、运输过程中应采取有效防污染措施，以减少有害物质侵入石材。 3. 涂刷与粘结层相容的石材背胶等产品，有效阻断盐类、碱类及水的渗入，规避泛碱现象。 4. 减少粘结材料中氢氧化钙、盐类等生成物。 5. 有较高温度气体产生楼层，应在结构层做阻隔处理。	

续表

类别	质量问题			质量问题防治	
	问题描述	问题照片	问题分析	防治关键工序及标准	图示图例
墙地面工程	湿贴石材泛碱		3. 石材本身存在暗纹断裂，粘结材料产生含碱、盐成分物质，渗入石材。 4. 铺贴石材的楼层长期产生较高温度气体，从楼板结构向上侵蚀造成石材泛碱。 5. 铺装完成后，水分未及时挥发即结晶或覆盖	6. 石材铺贴后不能立即严密覆盖表面，先保持石材缝空畅，须待水汽挥发后进行保护，一周后再进行嵌缝及镜面打磨处理	
墙面工程	壁纸霉变	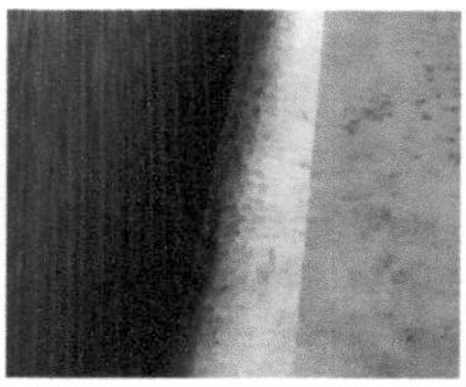	1. 壁纸透气性能差。 2. 基层含水率过大。 3. 墙体防水处理不到位。 4. 施工时环境温湿度控制不到位。 5. 未使用基膜对基层进行封闭处理。 6. 配置壁纸胶时加水过量，延长了胶液的固化时间，增加了发霉的概率。 7. 壁纸胶涂刷过量，导致霉菌滋生	1. 尽量选用透气性能好的壁纸，如无纺布、纯纸类。 2. 控制基层含水率，基层含水率不得大于8%。 3. 做好墙体防水处理，特别是容易出现渗漏的部位，如墙角周围、一楼、地下室、卫生间的外墙面、窗台下部墙体等。 4. 施工时应注意环境温湿度检测，不宜在高温高湿的环境下铺贴壁纸，如梅雨季节、连续阴雨天，不得在墙体表面出现结露的情况下铺贴壁纸。 5. 使用与壁纸胶配套的渗透型基膜进行基层封闭处理，基膜涂刷2遍，第1遍刷完24h后，再刷第2遍，确保涂刷均匀没有漏点。 6. 使用防霉型壁纸胶并控制胶液用量，配制胶液时应尽量少加水，缩短胶液的固化时间，减少发霉的概率。 7. 壁纸胶涂刷时必须均匀、适量，多余的胶液应刮除，防止霉菌滋生	

续表

类别	质量问题			质量问题防治	
	问题描述	问题照片	问题分析	防治关键工序及标准	图示图例
吊顶工程	吊顶转角处开裂		1. 副龙骨作基层，封石膏板，造型拼装，长度过长，侧面板容易变形。 2. 整体造型只靠顶面主龙骨吊挂，侧面板无支撑点。 3. 轻钢龙骨之间的连接不牢固，转角部位刚度不够未进行加固，造成骨架变形，导致顶板不平、开裂。 4. 吊顶上管路、设备未独立固定而是固定在吊顶龙骨吊筋上，引起骨架晃动。 5. 吊顶内吊筋高长度大于1.5m，未设置反支撑，造成吊顶整体不稳定	1. 用主龙骨对顶板基层进行加固。 2. 造型侧板上加主龙骨，增加强度以免造成骨架变形，导致顶板不平、开裂。 3. 轻钢龙骨之间的连接必须牢固可靠，在转角龙骨下口增加边龙自制条转角；转角上口增加50副龙骨斜撑；第一层板转角使用L形9厘板或镀锌白铁皮，拐角不小于300mm；在直边或转角处增加废龙骨使墙及吊顶龙骨连接成整体，在转角两侧300mm内，各加一根吊筋，增加结构稳定性；造型在吊起时应注意使其四角受力均匀，并控制在同一水平面上；转角处龙骨加固要到位或转角龙骨可以不断开。 4. 吊顶内管路、设备要独立固定在建筑承重结构上和吊顶的吊筋保持一定的距离。 5. 吊筋长度大于1.5m时，应设反支撑	
	轻钢龙骨石膏板吊顶板面开裂	 	1. 吊杆安装不牢固，主龙大吊、副挂未正反安装。 2. 主龙骨搭接处脱落，龙骨排布不符合要求。 3. 设备开孔处理不当，上人检修口四周未加固处理。 4. 大面积不平整，波浪起伏，罩面板安装不牢固。 5. 缝隙处理不当或超大超长吊顶未设置伸缩缝	1. 按规定在楼板底面弹吊杆的定位点，吊点分布均匀，间距按照设计要求，且不得大于900mm，据墙柱端部不得大于300mm，上人吊顶不大于100mm。 2. 轻钢龙骨吊顶相邻两排主龙骨、同排主龙大吊及副龙挂钩都必须正反扣安装同时注意大吊穿心螺丝必须拧紧，主副龙骨的卡件必须卡紧。	 

续表

类别	质量问题			质量问题防治	
	问题描述	问题照片	问题分析	防治关键工序及标准	图示图例
吊顶工程	轻钢龙骨石膏板吊顶板面开裂			3. 主龙骨接头必须要进行锚固处理，用专用搭接件连接（或主龙骨交错搭接 150mm，或采用零星龙骨边角料进行连接），注意主龙连接件两边各需两个铆钉固定，防止锚固不牢引起吊顶质量问题。在主龙端头 300mm 处增加吊筋。 4. 吊顶施工前，必须明确检修口是否上人，项目要对上人石膏板吊顶检修口四周增加吊杆向班组进行详细的施工交底。 5. 根据设计图纸放样，主副龙骨避开灯口位置；龙骨排布宜与风口、灯具等设备的位置错开，不应切断主龙骨。当必须切断时，一定要求加强和补救措施。 6. 自攻螺丝应从板中间向四边固定，不得多点同时作业，钉头应沉入板面 0.5～1.0mm，以不损坏纸面为宜。 7. 安装一侧的纸面石膏板，从门口处开始，无门洞口的墙体由墙的一端开始，石膏板一般用自攻螺钉固定，板边钉距为 200mm，板中间距为 300mm，螺钉距石膏板边缘的距离不得小于 10mm，也不得大于 16mm，自攻螺钉固定时，纸面石膏板必须与龙骨紧靠。 8. 罩面板安装接缝应错开，封双层板时，面层板与基层板的接缝应错开，不能在同一根龙骨和转角处上接缝，接缝位置必须落在次龙骨或横撑龙骨上。 9. 板面切割应划穿板面，板边呈粉碎状时禁止使用。 10. 上人吊顶在检修时，应随带长板铺设于主龙骨上爬行。	 

续表

类别	质量问题			质量问题防治	
	问题描述	问题照片	问题分析	防治关键工序及标准	图示图例
吊顶工程	轻钢龙骨石膏板吊顶板面开裂			11. 板与板之间留 3～5mm 宽的缝隙且保证缝隙宽窄一致，板面错缝，在对接处两板边均应为整边或裁割边。 12. 罩面板与墙柱周边、不同材质交接处留 5mm 缝隙。 13. 标高一致、跨度超过 12m 的或超过 $100m^2$ 的大面积吊顶转角处都应预留伸缩缝，伸缩缝左右两边应各加两根独立的主副龙骨，伸缩缝处的主龙骨必须断开，伸缩缝至吊杆间距不大于 300mm，伸缩缝一般留 20mm，用加工好的不锈钢粘贴中性玻璃胶嵌缝，或者直接用木工板做基层，明留伸缩缝，留缝尺寸为 10～20mm 之间。 14. 墙面石材与吊顶交接处，可定制石膏线或铝合金线条留凹槽，或最上层石材的上口抽 8mm × 6mm 的槽	
细部收口	地毯与石材、地砖交接不美观		1. 地面找平时没有控制好石材与地毯的高度关系，造成地毯面低于石材面。 2. 地毯与石材间采用 L 形不锈钢条收口，直接拼接。 3. 使用过程中因人走路产生松动，朝天缝明显。 4. 地毯与地砖交接放线不到位，交接处外露在门外或门内	1. 施工前拿到地毯及垫层的小样，根据小样的厚度尺寸浇筑地面，地毯毛高要高于石材完成面 3～4mm。 2. 地毯与石材地面拼接时做好绒高找坡，拼接处可以用 Z 形不锈钢条，底部用膨胀螺丝固定，Z 形头盖住石材，避免朝天缝的产生；或者石材倒边 3mm；或采用铝合金 U 形毛刺条进行安装；或可考虑用 T 形不锈钢收口。 3. 地毯与地砖交接处，用石材或整块地砖作门槛石；或者将交接缝处理在门下部靠里面位置	

续表

类别	质量问题			质量问题防治	
	问题描述	问题照片	问题分析	防治关键工序及标准	图示图例
细部工程	各种装饰收口不美观	 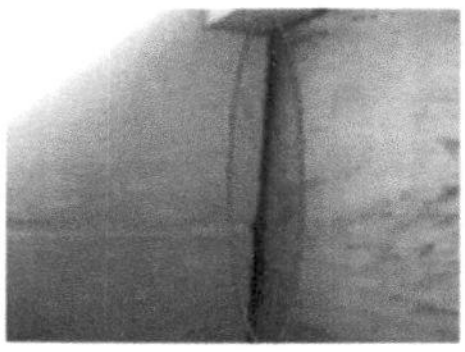 	1. 吊顶和石材墙面硬接，阴角易开裂，不顺直。 2. 拼接角度策划不到位，或石材切割暴边，导致石材阴角拼接出现孔洞、毛刺。 3. 开槽板突起两侧未抛光。 4. 因石材尺寸偏差，或安装顺序颠倒，导致开槽板或凹凸造型墙面与其他材料交接处有缝隙。 5. 消防箱石材检修门下部存在黑缝，侧边留缝不均匀，石材暴边等。 6. 消防箱门扇反面未做封面处理	1. 高度6m以上、面积较大的石材墙面，石材顶端与吊顶间留20mm左右间隙，石材顶端正面设2mm×2mm的45°内倒角；对高度较低的石材墙面正面顶端8mm×8mm开槽，或者吊顶周边设置迭级或凹槽，墙面石材直接置顶，顶端石材正面设2mm×2mm的45°倒角。 2. 充分考虑拼接角度，阴角采用搭接式或内切45°；尽量减少现场切割，切割后需进行细磨边。 3. 要求石材厂对开槽板突起两侧进行打磨抛光。 4. 先做地面后做墙面，避免朝天缝隙；两种不同表面肌理的材料收头时，应光面收毛面，同时可考虑毛面材料留工艺槽做收口。 5. 必须对转轴、拉手、定位器、钢架做法，石材门扇斜口、打开角度、反面做法等进行策划，门扇安装要牢固，开启方便，打开后内部不能见钢架基层；如门扇落地，地面石材需铺进门内，可将消火栓门底抬高。 6. 门扇反面可用白铁皮、铝塑板等罩面板处理，以不见基层为基本要求	 
地面工程	水泥自流平起砂、开裂、起泡、剥离、不固化或固化过慢		1. 使用的材料质量不合格；施工环境温度过高或过低。 2. 基层情况较差，有起砂、开裂、浮灰、明水等情况；材料的颜基比偏差较大，基层面产生裂缝。	1. 水泥自流平材料、界面剂、水等材料需符合要求后使用；施工环境温度应控制在10～25℃。 2. 确认基层符合要求：起砂地面采用界面剂或混凝土硬化剂处理；2mm以上裂缝采用聚合物砂浆进行灌注；表面不能有浮灰及明水。	

续表

类别	质量问题			质量问题防治	
	问题描述	问题照片	问题分析	防治关键工序及标准	图示图例
地面工程	水泥自流平起砂、开裂、起泡、剥离、不固化或固化过慢		3. 基层不够干燥，气体聚集在涂膜下，涂膜面吸收其水分而使基层面凸起；或由于固化之前未清理杂质，基层与底涂层剥离，涂膜的抗张强度超过基层，底涂脱离基层。 4. 基层界面剂处理时搅拌不均匀、涂刷厚薄不一，裂缝处未用低碱网格布加强。 5. 水泥自流平搅拌不均匀	3. 施工前应用打磨机对基层进行打磨，磨掉地面的杂质、浮尘和砂砾。打磨后地面彻底清理干净。水泥面必须平整，要求 2m 范围内高低差小于 4mm。 4. 面积过大时，可在 10m×10m 长度范围内留伸缩缝防止开裂，缝宽 5～8mm；地面施工 24h 后，在基层混凝土伸缩缝处切割伸缩缝，伸缩缝清理干净后用弹性密封胶密封。 5. 基层应平整、粗糙、干净、密实、无积水，混凝土强度等级≥C20，水泥砂浆强度≥15MPa，如地面有裂缝，必须修复，基层含水率<8%。 6. 基层界面剂使用电动搅拌枪搅拌 3～5min，静置 1min 后使用，操作时间控制在 15min 内，裂缝处用低碱网格布加强。 7. 自流平水泥加水混合，根据各厂家要求加水，使用量桶称量用水量，搅拌 3～5min；流平厚度应控制在 2mm 以上，每平方米用量不低于 1.5kg	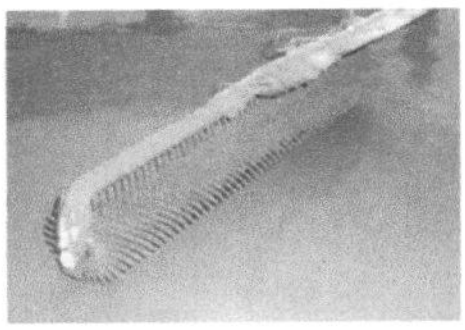
门窗工程	淋浴隔断不牢固、不美观	 	1. 玻璃隔断与顶面石膏板、地面止水带相接处未开槽，用玻璃胶固定。 2. 淋浴隔断与相接的材质部位处理不到位，导致可透过玻璃看到相接的石材等材质侧面，或者相接部位打胶，仅为遮丑之举，效果不好	1. 玻璃隔断与顶面石膏板、地面止水带相接处必须开槽，安装玻璃时，玻璃下方左右各用一块橡胶垫作软连接，再打玻璃胶收口；靠淋浴房内侧的石材槛倒 2～3mm 斜坡，散水效果较好。 2. 玻璃上口用 U 形成品铝型材收口。 3. 要求玻璃厂家在玻璃四周均匀张贴 30mm 宽黑色粘纸，施工完毕后，多余部分用刀片切掉，注意切边平直。 4. 可以根据玻璃的厚度，定制 L 形铝条或不锈钢嵌条，嵌入其中。 5. 可考虑用橡胶嵌条，颜色可定制	 

续表

类别	质量问题			质量问题防治	
	问题描述	问题照片	问题分析	防治关键工序及标准	图示图例
墙面工程	壁纸翘边、起鼓、空鼓、脱落	 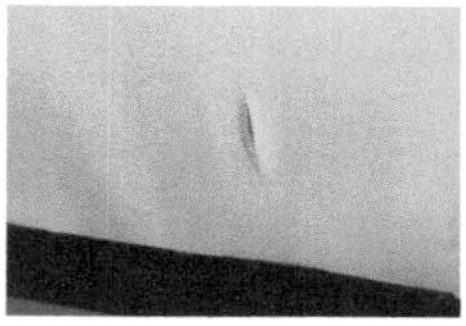	1. 基层清理不干净，或不平整。 2. 基层含水率过大。 3. 基层未涂刷基膜，导致墙体碱性或其他能引起墙纸胶变质的化学物质泛出，引起胶粘剂失效。 4. 未涂刷底胶或底胶涂刷不均匀。 5. 壁纸背胶刷胶厚薄不均匀，墙纸上墙时间控制不合理。 6. 施工过程中，赶压走向不当，往返挤压胶液次数过多，力度控制不当。 7. 表面干燥太快。 8. 基层受油漆等材料污染，粘贴力不够。 9. 裁剪不到位、不顺直	1. 涂刷基膜前应将基层清理干净，不平处宜用腻子找平。 2. 涂刷基膜前应确保腻子充分自然风干，腻子层含水率应小于8%。 3. 采用与胶水配套的基膜进行基层封闭处理，基膜涂刷应均匀，完全干透再贴壁纸；基膜能防止腻子粉化，并防止基层吸水。 4. 首先排板试贴，要知道起始点，背胶应均匀涂刷，不得漏刷，一般一次宜涂刷2～3幅壁纸，这样能使其充分湿润、软化，壁纸刷胶后上墙时间宜控制在5～7min。 5. 胶液赶压由里向外，赶压次数以推平并严密合缝为宜，力度以不伤及壁纸表面光泽为宜，且力度应均匀。 6. 接缝不能在阳角处，壁纸施工完成后，不宜直接通风干燥，宜在自然条件下阴干，避免其表面干燥过快	 
	木饰面板面不平整、板缝不平直		1. 深化下单时，未考虑木饰面板幅间的拼接方式。 2. 基层不平，未清理干净，未修补平整。 3. 基层龙骨控制线未弹或间距过大。 4. 温湿度、材质本身的含水率等的变化导致的材料变形。 5. 木材含水率过大，未进行防潮处理。	1. 考虑木饰面板幅间的拼接方式为企口拼接方式、留工艺槽或留缝处理。 2. 基层龙骨施工前应先检查结构墙面的平整度并修正。 3. 在结构墙面弹出龙骨分格控制线，龙骨间距宜为300～400mm。 4. 利用木材含水率检测仪对待施工材料进行检测，控制施工材料的含水率保持在8%至产品所在地区年均木材平衡含水率+1%。	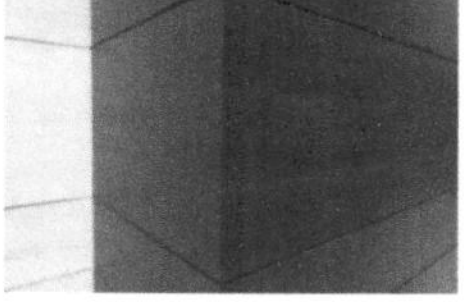

续表

类别	质量问题			质量问题防治	
	问题描述	问题照片	问题分析	防治关键工序及标准	图示图例
	木饰面板面不平整、板缝不平直		6. 后场跟踪力度不够，木饰面加工时几何尺寸误差过大。 7. 安装木饰面板时，没有弹控制线，没有拉通线	5. 加大后场跟踪力度，木饰面加工应严格控制几何尺寸偏差，阴阳角方正。 6. 安装木饰面面板时，应在木基层上弹分格定位控制线，并拉通线检查、校正	
墙面工程	墙面砖空鼓、脱落		1. 玻化砖清洗不到位：玻化砖背面没有清洗，存在明显的脱模蜡，影响粘结效果。 2. 未进行背胶处理，或背胶随意涂刷，胶层不均匀，且四周没有涂刷到，或背胶涂刷后养护不当，背胶强度无法保证。 3. 粘结剂使用不当：使用的瓷砖粘结剂质量不过关，配比不准确，粘结剂中掺入水泥、沙子等，严重降低粘结剂性能。 4. 粘结层过厚（超过 2cm）；未使用“双面刮浆法”；瓷砖与基层未充分压实。 5. 玻化砖密缝铺贴，没有留缝	1. 施工前采用钢丝刷清除瓷砖背面的灰尘、污渍及隔离剂。 2. 瓷砖背面采用与粘结剂配套的背胶进行加强处理，且背胶涂刷均匀、养护得当。 3. 采用合格的粘结剂进行粘贴，按照使用说明书精确配比，不得在粘结剂中掺加水泥、沙子等。 4. 使用锯齿镘刀进行薄层施工，厚度控制在 5～8mm；采用“双面粘贴法”施工，铺贴时采用橡皮锤或振动器揉压玻化砖，使其与基层充分粘贴，确保满浆率。 5. 根据玻化砖规格大小、基层类型合理留缝，对于轻质隔墙基层，玻化砖长度≤60cm，应设置不小于 1.0mm 的接缝；长度＞60cm，应设置不小于 1.5mm 的接缝	

续表

类别	质量问题			质量问题防治	
	问题描述	问题照片	问题分析	防治关键工序及标准	图示图例
防水工程	卫生间防水渗漏	 	1. 卫生间墙体为砌体结构，隔墙下部未按相关规范要求设置混凝土导墙，淋浴间、门槛石处未按要求设置止水坎。 2. 防水层阴阳角、管根部位未按要求进行加强处理，防水层开裂失效。 3. 地面未按相关规范要求找坡，防水层破坏后，积水蔓延。 4. 防水层漏涂、涂刷高度不到位，或防水层厚度不够。 5. 地漏处排水管道未切至与楼板齐平，防水层破坏后，找平层中积水。 6. 防水施工完成后未进行保护或破坏	1. 卫生间为轻质隔墙时，隔墙下部做混凝土导墙，淋浴间、门槛石处按要求设置止水坎。 2. 管根、阴阳角部位防水层进行加强处理。 3. 地面按相关规范要求找坡，地漏处为最低点。 4. 防水层厚度和涂刷高度满足设计要求。 5. 地漏管切至与结构平齐。 6. 防水施工完成后，采用封闭、警告等方式做好成品保护，防止防水层破坏	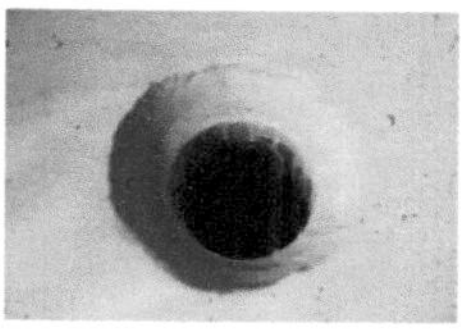  

4 验收及交付

4.1 过程验收及交付质量管控

4.1.1 结构实体实测实量检查

（1）截面尺寸偏差（混凝土结构）见表4.1-1。

截面尺寸偏差（混凝土结构）　表4.1-1

1	指标说明	反映层高范围内剪力墙、混凝土柱施工尺寸与设计图尺寸的偏差
2	合格标准	截面尺寸偏差[−5，8]mm
3	测量工具	5m钢卷尺
4	测量方法和数据记录	1. 以钢卷尺测量同一面墙/柱截面尺寸，精确至毫米。 2. 同一墙/柱面作为1个实测区。 3. 每个实测区从地面向上300mm和1500mm各测量截面尺寸1次，选取其中与设计尺寸偏差最大的数，作为判断该实测指标合格率的1个计算点
5	示例	墙或柱 第二尺 120 第一尺 300 地面 墙柱截面尺寸测量示意

（2）表面平整度（混凝土结构）见表4.1-2。

表面平整度（混凝土结构）　表4.1-2

1	指标说明	反映层高范围内剪力墙、混凝土柱表面平整的程度
2	合格标准	[0，8]mm

续表

3	测量工具	2m 靠尺、楔形塞尺
4	测量方法和数据记录	1. 剪力墙/暗柱：选取长边墙，任选长边墙两面中的一面作为 1 个实测区。 2. 当所选墙长度小于 3m 时，同一面墙 4 个角（顶部及根部）中取左上及右下 2 个角。按 45°斜放靠尺，累计测 2 次表面平整度。跨洞口部位必测。这 2 个实测值分别作为该指标合格率的 2 个计算点。 3. 当所选墙长度大于 3m 时，除按 45°斜放靠尺测量两次表面平整度外，还需在墙长度中间水平放靠尺测量 1 次表面平整度。跨洞口部位必测。这 3 个实测值分别作为判断该指标合格率的 3 个计算点。 4. 当取消抹灰层时，取样、测量和记录参照抹灰墙面平整度相关要求
5	示例	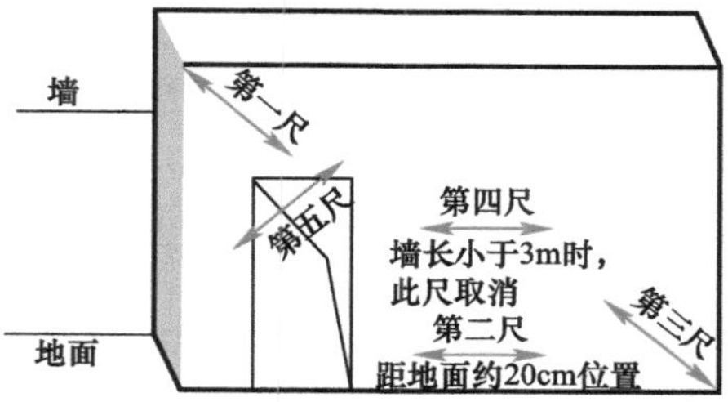 墙 地面 第一尺 第五尺 第四尺 墙长小于3m时，此尺取消 第二尺 距地面约20cm位置 第三尺 平整度测量示意 （注：第五尺仅用于有门洞墙体）

（3）垂直度（混凝土结构）见表 4.1-3。

垂直度（混凝土结构） **表 4.1-3**

1	指标说明	反映层高范围内剪力墙、混凝土柱表面垂直的程度
2	合格标准	[0，8] mm
3	测量工具	2m 靠尺
4	测量方法和数据记录	1. 剪力墙：任取长边墙的一面作为 1 个实测区。 2. 当墙长度小于 3m 时，同一面墙距两端头竖向阴阳角约 30cm 位置，分别按以下原则实测 2 次：一是靠尺顶端接触到上部混凝土顶板位置时测 1 次垂直度，二是靠尺底端接触到下部地面位置时测 1 次垂直度。混凝土墙体洞口一侧为垂直度必测部位。 3. 当墙长度大于 3m 时，同一面墙距两端头竖向阴阳角约 30cm 和墙中间位置，分别按以下原则实测 3 次：一是靠尺顶端接触到上部混凝土顶板位置时测 1 次垂直度，二是靠尺底端接触到下部地面位置时测 1 次垂直度，三是在墙长度中间位置靠尺基本在高度方向居中时测 1 次垂直度。混凝土墙体洞口一侧为垂直度必测部位。 4. 混凝土柱：任选混凝土柱四面中的两面，分别将靠尺顶端接触到上部混凝土顶板和下部地面位时各测 1 次垂直度。这 2 个实测值分别作为判断该实测指标合格率的 2 个计算点。 5. 当取消抹灰层时，取样、测量和记录参照抹灰墙面垂直度相关要求

续表

5	示例	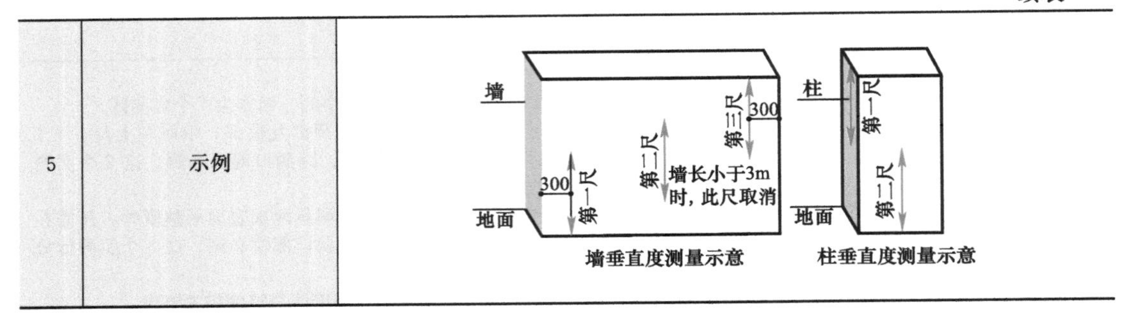 墙垂直度测量示意　柱垂直度测量示意

（4）顶板水平度极差（混凝土结构）见表 4.1-4。

顶板水平度极差（混凝土结构）　　**表 4.1-4**

1	指标说明	考虑实际测量的可操作性，选取同一功能房间混凝土顶板内四个角点和一个中点距离同一水平基准线之间 5 个实测值的极差值，综合反映同一房间混凝土顶板的平整程度
2	合格标准	[0，15] mm
3	测量工具	激光扫平仪、具有足够刚度的 5m 钢卷尺（或 2m 靠尺、激光测距仪）
4	测量方法和数据记录	1. 同一功能房间混凝土顶板作为 1 个实测区。 2. 使用激光扫平仪，在实测板跨内打出一条水平基准线。同一实测区距顶板天花线约 30cm 处位置选取 4 个角点，以及板跨几何中心位（若板单侧跨度较大可在中心部位增加 1 个测点），分别测量混凝土顶板与水平基准线之间的 5 个垂直距离。以最低点为基准点，计算另外四点与最低点之间的偏差。偏差值≤15mm 时实测点合格；最大偏差值≤20mm 时，5 个偏差值（基准点偏差值以 0 计）的实际值作为判断该实测指标合格率的 5 个计算点。最大偏差值>20mm 时，5 个偏差值均按最大偏差值计，作为判断该实测指标合格率的 5 个计算点
5	示例	第一点　第二点　第五点　房间　第四点　第三点　300 顶板水平度测量示意

（5）楼板厚度偏差（混凝土结构）见表 4.1-5。

楼板厚度偏差（混凝土结构）　　**表 4.1-5**

1	指标说明	反映同跨板的厚度施工尺寸与设计图尺寸的偏差
2	合格标准	[−5，10] mm
3	测量工具	5m 钢卷尺

续表

4	测量方法和数据记录	1. 同一跨板作为1个实测区。每个实测区取1个样本点，取点位置为该板跨中区域。 2. 测量所抽查跨的楼板厚度，当采用非破损法测量时将测厚仪发射探头与接收探头分别置于被测楼板的上下两侧，仪器上显示的值即为两探头之间的距离，移动接收探头，当仪器显示为最小值时，即为楼板的厚度；当采用破损法测量时，可用电钻在板中钻孔（需特别注意避开预埋电线管等），以卷尺测量孔眼厚度。1个实测值作为判断该实测指标合格率的1个计算点
5	示例	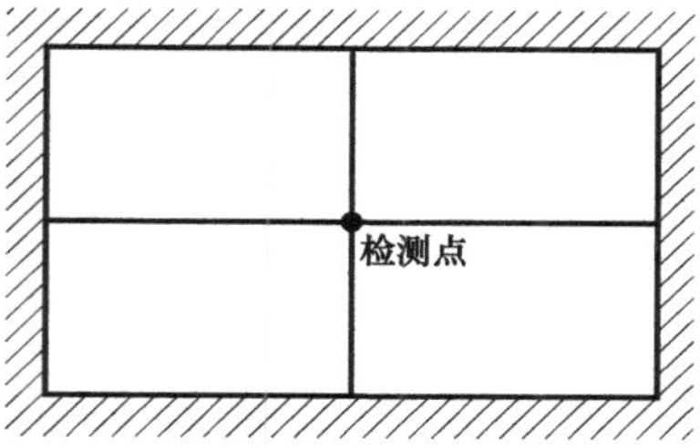 检测点 楼板厚度测量示意

（6）施工控制线设置（混凝土结构）见表4.1-6。

施工控制线设置（混凝土结构）　　表4.1-6

1	指标说明	反映砌筑、抹灰、装修尺寸前期控制的偏差，以便控制砌筑、抹灰和装修的尺寸精度，为砌筑、装修房集中加工等提供控制条件
2	合格标准	[−5，8] mm
3	测量工具	5m钢卷尺
4	测量方法和数据记录	1. 每一面墙作为一个实测区，每1个实测区只取1个实测点，其实测值作为该指标合格率的1个计算点。 2. 测量方法：采用目测、尺量方法，检查同一个实测区是否设置二线，其尺寸是否符合设计要求（与结构面距离大小头不大于10mm且功能房间对角线偏差不大于5mm为合格）。 3. 数据记录：每一实测区未设置二线，则该实测点不合格；反之，有设置且实测合格则该实测点合格。不合格点均按“1”记录，合格点均按“0”记录
5	示例	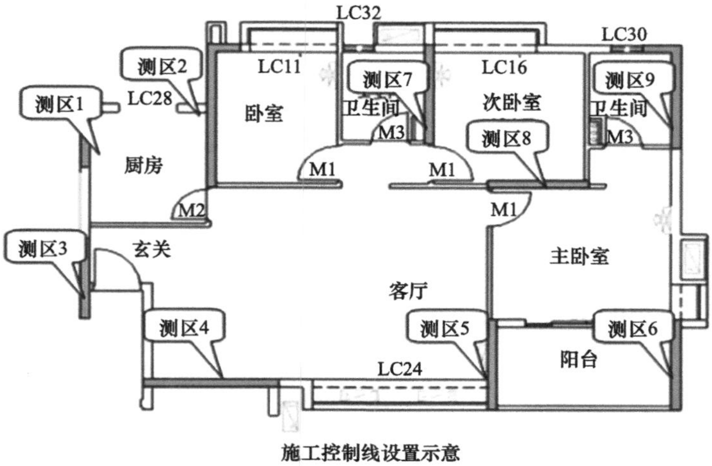 LC32 LC30 LC11 LC16 LC28 测区1 测区2 测区3 测区4 测区5 测区6 测区7 测区8 测区9 卧室 卫生间 次卧室 卫生间 M3 M3 厨房 M1 M1 M1 M2 玄关 主卧室 客厅 阳台 LC24 施工控制线设置示意

(7) 地面水平度(混凝土结构)见表 4.1-7。

地面水平度(混凝土结构) **表 4.1-7**

1	指标说明	考虑实际测量的可操作性,选取同一功能房间混凝土地面四个角点和一个中点距离同一水平基准线之间 5 个实测值的极差值,综合反映同一房间混凝土地面的平整程度
2	合格标准	[0, 15] mm
3	测量工具	激光扫平仪、具有足够刚度的 5m 钢卷尺(或 2m 靠尺、激光测距仪)
4	测量方法和数据记录	1. 同一功能房间混凝土顶板作为 1 个实测区。 2. 使用激光扫平仪,在实测板跨内打出一条水平基准线。分别测量 4 个角点/板跨几何中心位混凝土地面与水平基准线之间的 5 个垂直距离。以最低点为基准点,计算另外四点与最低点之间的偏差,最大偏差值≤20mm 时,5 个偏差值(基准点偏差值以 0 计)的实际值作为该实测指标合格率的 5 个计算点。最大偏差值>20mm 时,5 个偏差值均按最大偏差值计,作为该实测指标合格率的 5 个计算点
5	示例	300 300 第一点 300 300 第二点 300 300 第三点 300 300 第四点 地面水平度测量示意

(8) 表面平整度(砌筑工程)见表 4.1-8。

表面平整度(砌筑工程) **表 4.1-8**

1	指标说明	反映层高范围内砌体墙体表面平整的程度
2	合格标准	[0, 8] mm
3	测量工具	2m 靠尺、楔形塞尺
4	测量方法和数据记录	1. 每一面墙都可以作为 1 个实测区,优先选用有门窗、过道洞口的墙面。测量部位选择正手墙面。户内累计 10 个测区,30 个计算点;公共门厅累计 4 个测区,12 个计算点。 2. 当墙面长度小于 3m,各墙面顶部和根部 4 个角中,取左上及右下 2 个角。按 45°斜放靠尺分别测量 2 次,其实测值作为判断该实测指标合格率的 2 个计算点。 3. 当墙面长度大于 3m 时,还需在墙长度中间位置增加 1 次水平测量,3 次测量值均作为判断该实测指标合格率的 3 个计算点。 4. 墙面有门窗、过道洞口的,在各洞口 45°斜交测一次,作为新增实测指标合格率的 1 个计算点

续表

5	示例	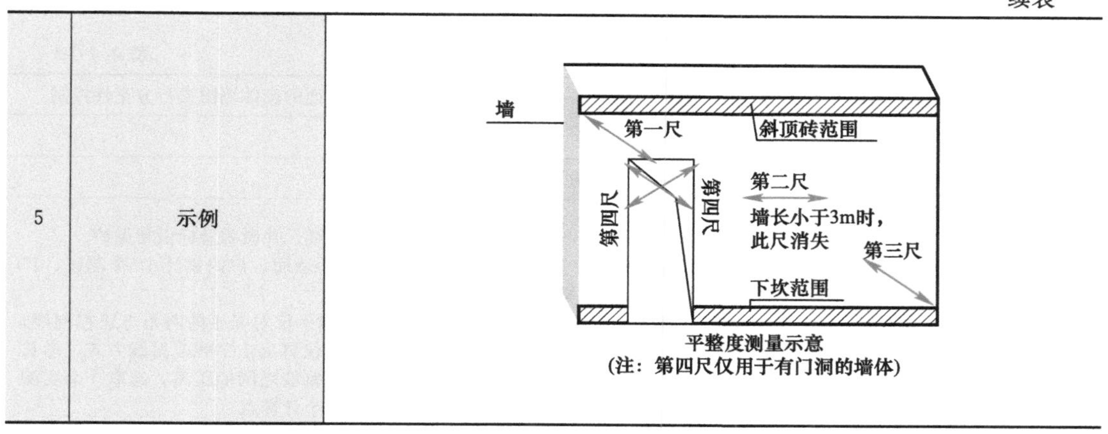 平整度测量示意 （注：第四尺仅用于有门洞的墙体）

（9）垂直度（砌筑工程）见表4.1-9。

垂直度（砌筑工程）　　表4.1-9

1	指标说明	反映层高范围砌体墙体垂直的程度
2	合格标准	［0，5］mm
3	测量工具	2m靠尺
4	测量方法和数据记录	1. 每一面墙都可以作为1个实测区，优先选用有门窗、过道洞口的墙面。测量部位选择正手墙面。户内累计10个测区，30个计算点；公共门厅累计4个测区，12个计算点。 2. 实测值主要反映砌体墙体垂直度，应避开墙顶梁、墙底灰砂砖或混凝土反坎、墙体斜顶砖，消除其测量值的影响，如2m靠尺过高不易定位，可采用1m靠尺。 3. 当墙长度小于3m时，同一面墙距两侧阴阳角约30cm位置，分别按以下原则实测2次：一是靠尺顶端接触到上部砌体位置时测1次垂直度，二是靠尺底端距离下部地面位置约30cm时测1次垂直度。墙体洞口一侧为垂直度必测部位。这2个实测值分别作为判断该实测指标合格率的2个计算点。 4. 当墙长度大于3m时，同一面墙距两端头竖向阴阳角约30cm和墙体中间位置，分别按以下原则实测3次：一是靠尺顶端接触到上部砌体位置时测1次垂直度，二是靠尺底端距离下部地面位置约30cm时测1次垂直度，三是在墙长度中间位置靠尺基本在高度方向居中时测1次垂直度。这3个测量值分别作为判断该实测指标合格率的3个计算点
5	示例	墙 斜顶砖范围 第二尺 第三尺 300 第一尺 300 墙长小于3m时， 此尺消失 下坎范围 地面 墙垂直度测量示意

（10）方正性（砌筑工程）见表 4.1-10。

方正性（砌筑工程） 表 4.1-10

1	指标说明	考虑实测的可操作性，选用同一测区内同一垂直面的砌体墙面进行方正性控制
2	合格标准	[0，10] mm
3	测量工具	5m 钢卷尺、吊线或激光扫平仪
4	测量方法和数据记录	1. 砌筑前距墙体 30～60cm 范围内弹出方正控制线，并做明显标识和保护。 2. 同一面墙作为 1 个实测区，测量部位选择正手墙面。户内累计 15 个测区，15 个计算点；公共门厅累计 5 个测区，5 个计算点。 3. 在同一测区内，实测前需用 5m 卷尺或激光扫平仪对弹出的两条方正控制线，以短边墙为基准进行校核，无误后采用激光扫平仪打出十字线或吊线方式，沿长边墙方向分别测量 3 个位置（两端和中间）与控制线之间的距离。选取 3 个实测值之间的极差，作为判断该实测指标合格率的 1 个计算点
5	示例	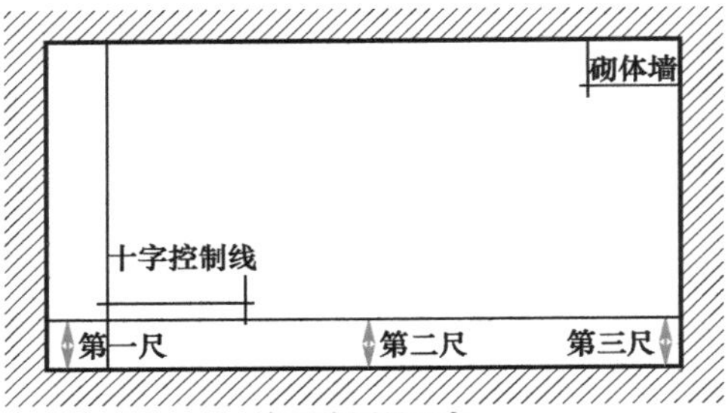 砌体墙 十字控制线 第一尺 第二尺 第三尺 方正度测量示意

（11）混凝土窗台板坡度（砌筑工程）见表 4.1-11。

混凝土窗台板坡度（砌筑工程） 表 4.1-11

1	指标说明	反映外窗混凝土窗台排水坡度是否满足排水要求
2	合格标准	当挑出长度≤300mm 时，坡度不小于 6%；当挑出长度>300mm 时，坡度高差按 20mm 计
3	测量工具	激光扫平仪、卷尺
4	测量方法和数据记录	1. 每个外窗为一个实测区。每个实测区取 2 个实测值，内高差减外高差除以窗台板宽度的值与要求进行比较，如大于等于要求时，该测区合格，小于要求时，该测区不合格。 2. 使用激光扫平仪打出一条水平线，测量主框安装位置与窗台板外侧边标高差，该差值除以主框安装位置距窗台板外窗边长度记为坡度。 3. 数据记录：当坡度或标高差不合格时记为 1，合格记为 0。 4. 若发现结构窗台板出现打磨、修补现象，则按不合格计
5	示例	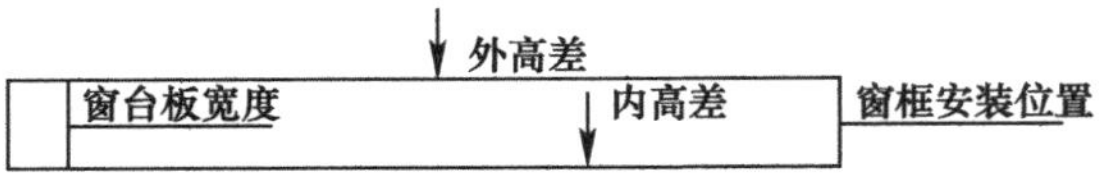 外高差 窗台板宽度 内高差 窗框安装位置 混凝土窗台板坡度测量示意

（12）房间开间/进深偏差（抹灰工程）见表 4.1-12。

房间开间/进深偏差（抹灰工程）　　表 4.1-12

1	指标说明	选用同一房间内开间、进深实际尺寸与设计尺寸之间的偏差
2	合格标准	［0，10］mm
3	测量工具	5m 钢卷尺、激光测距仪
4	测量方法和数据记录	1. 每一个功能房间的开间和进深分别各作为 1 个实测区，累计实测实量 6 个功能房间的 12 个实测区。 2. 同一实测区内按开间（进深）方向测量墙体两端的距离，各得到两个实测值，比较两个实测值与图纸设计尺寸，找出偏差的最大值，其小于等于 10mm 时合格；大于 10mm 时不合格。 3. 所选 2 套房所有房间的开间/进深的实测区分别不满足 6 个时，需增加实测套房数
5	示例	进深第一尺 开间第一尺 开间第二尺 进深第二尺 房间开间、进深测量示意

（13）户内门洞尺寸偏差（抹灰工程）见表 4.1-13。

户内门洞尺寸偏差（抹灰工程）　　表 4.1-13

1	指标说明	反映户内门洞尺寸实测值与设计值的偏差程度，避免出现“大小头”现象
2	合格标准	高度偏差［－10，10］mm；宽度偏差［－10，10］mm；墙厚偏差［－3，3］mm
3	测量工具	5m 卷尺
4	测量方法和数据记录	1. 每一个户内门洞都作为 1 个实测区，累计 20 个实测区。入户门门洞必选。 2. 实测前需了解所选套房各户内门洞口尺寸。实测前户内门洞口侧面需完成抹灰收口和地面找平层施工，以确保实测值的准确性。 3. 实测最好在施工完地面找平层后，同一个户内门洞口尺寸沿宽度、高度各测 2 次。若地面找平层未做，则从现场 1m 标高线测量并计算实测户内门洞口高度 2 次。高度 2 个测量值与设计值之间偏差的最大值，作为高度偏差的 1 个实测值；宽度的 2 个测量值与设计值之间偏差的最大值，作为宽度偏差的 1 个实测值；墙厚则左、右、顶边各测量一次，3 个测量值与设计值之间偏差的最大值，作为墙厚偏差的 1 个实测值。每一个实测值作判断该实测指标合格率的 1 个计算点，一个测区有三个实测值，一个实测点作为一个合格率计算点。 4. 如现场已经施工完门套底板，则测量底板靠墙面与砌体墙或混凝土墙基层之间缝隙的疑似最大尺寸，如该值不大于门套贴脸宽度的 1/2，且宽度和高度尺寸偏差符合要求，则对应的相关实测值合格；如一项不合格，则对应的相关实测值为不合格。 5. 所选 2 套房中户内门洞尺寸偏差的实测区不满足 20 个时，需增加实测套房数

续表

5	示例	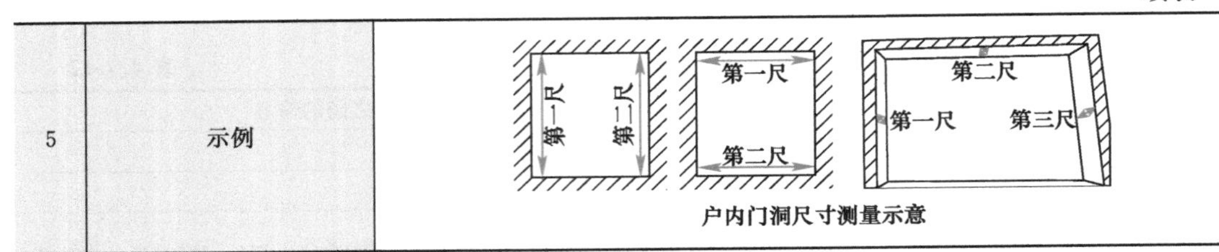 户内门洞尺寸测量示意

（14）柜体嵌入位尺寸偏差（抹灰工程）见表 4.1-14。

柜体嵌入位尺寸偏差（抹灰工程） **表 4.1-14**

1	指标说明	反映嵌入收纳系统（衣柜、玄关柜、橱柜等）的预留洞口精度，提高集中加工效率。毛坯房不测此指标
2	合格标准	高度与宽度：[0，10] mm；平整度：[0，4] mm；垂直度：[0，4] mm
3	测量工具	5m 钢卷尺、靠尺、塞尺
4	测量方法和数据记录	1. 累计选择 5 个户型，如不足 5 个户型，按户型套数自多向少排序进行增加；每一户型选择 2 套房，两套房中同一位置柜体嵌入位作为一个实测区；每户型所有柜体嵌入位全选。 2. 实测前洞口需完成抹灰收口和地面找平层施工，以确保实测值的准确性。实测最好在地面找平层完工后，同一个柜体嵌入位尺寸沿宽度、高度、垂直度、平整度各测 2 次。若未完工，则只检测柜体嵌入位宽度、平整度、垂直度各 2 次。平整度的 2 个测量值的最大值，作为平整度偏差的 1 个实测值；垂直度的 2 个测量值的最大值，作为垂直偏差的 1 个实测值。 3. 确定同一户型同一位置的柜体嵌入位的高度和宽度设计值，记为 A、B。测量同一实测区柜体嵌入位的两个高度值（A1，A2）和两个宽度值（B1，B2）；计算 A 与（A1，A2）的实测偏差值（P1，P2），计算 B 与（B1，B2）的实测偏差值（Q1，Q2）；分别判断（P1，P2）、（Q1，Q2）是否符合合格标准。 4. 分别测量其他户型的偏差值（P1，P2）、（Q1，Q2），每一个平整度、垂直度、高度、宽度的实测偏差值作为一个合格率计算点
5	示例	第一尺 第二尺　第一尺 第二尺 柜体嵌入位洞口测量示意(垂直度、平整度) 墙体　墙体　第一尺　第二尺　第一尺　第二尺 柜体嵌入位洞口测量示意(高、宽)

（15）墙体表面平整度（抹灰工程）见表 4.1-15。

墙体表面平整度（抹灰工程） **表 4.1-15**

1	指标说明	反映层高范围内抹灰墙体表面平整的程度
2	合格标准	[0，4] mm
3	测量工具	2m 靠尺、楔形塞尺

续表

4	测量方法和数据记录	1. 实测区与合格率计算点：每一面墙为 1 个实测区。每一测尺实测值为一个合格计算点。户内累计 9 个测区，45 个计算点；公共门厅累计 3 个测区，15 个计算点。 2. 当墙面长度小于 4m，在同一墙面顶部和根部 4 个角中，选取左上、右下 2 个角按 45°斜放靠尺分别测量 1 次，在距离地面 20cm 左右的位置水平测 1 次。 3. 当墙面长度大于 4m，在同一墙面 4 个角任选两个方向各测量 1 次，在墙长度方向任意位置增加 2 次水平测量，在距离地面 20cm 左右的位置水平测 2 次。 4. 所选实测区墙面优先考虑有门窗、过道洞口的，在各洞口 45°斜测一次，洞口两边竖向各测一次
5	示例	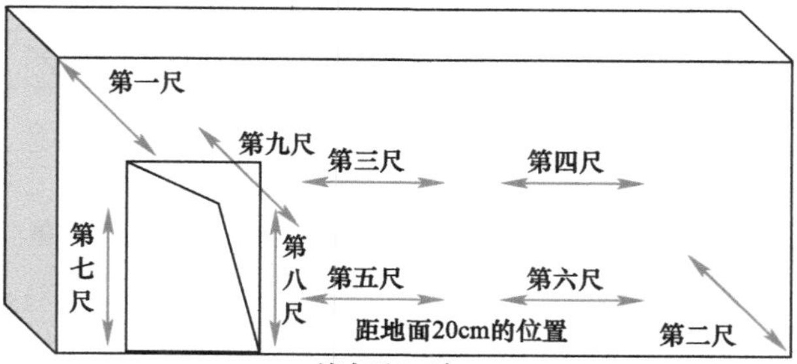 墙大于4m时

（16）墙体表面垂直度（抹灰工程）见表 4.1-16。

墙体表面垂直度（抹灰工程）　　表 4.1-16

1	指标说明	反映层高范围内抹灰墙体表面垂直的程度
2	合格标准	[0，4] mm
3	测量工具	2m 靠尺、楔形塞尺
4	测量方法和数据记录	1. 实测区与合格率计算点：每一面墙为 1 个实测区。每一测尺实测值为一个合格计算点。户内累计 9 个测区，45 个计算点；公共门厅累计 3 个测区，15 个计算点。 2. 当墙长度小于 3m 时，同一面墙距两端头竖向阴阳角约 30cm 位置，分别按以下原则实测 2 次：一是靠尺顶端接触到上部混凝土顶板位置时测 1 次垂直度，二是靠尺底端接触到下部地面位置时测 1 次垂直度。 3. 当墙长度大于 3m 时，同一面墙距两端头竖向阴阳角约 30cm 和墙体中间位置，分别按以下原则实测 3 次：一是靠尺顶端接触到上部混凝土顶板位置时测 1 次垂直度，二是靠尺底端接触到下部地面位置时测 1 次垂直度，三是在墙长度中间位置靠尺基本在高度方向居中时测 1 次垂直度。 4. 具备实测条件的门洞口墙体垂直度为必测项
5	示例	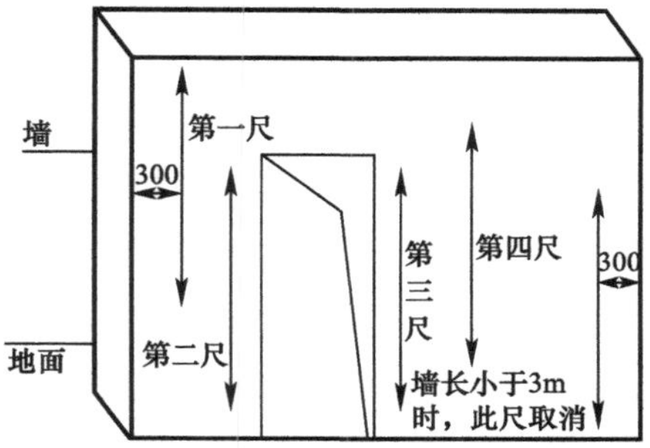 墙体表面垂直度测量示意

（17）墙体阴阳角方正（抹灰工程）见表 4.1-17。

墙体阴阳角方正（抹灰工程） **表 4.1-17**

1	指标说明	反映层高范围内抹灰墙体阴阳角方正的程度
2	合格标准	[0，4] mm
3	测量工具	阴阳角尺
4	测量方法和数据记录	1. 户内累计 8 个测区，16 个计算点；公共门厅累计 3 个测区，6 个计算点。 2. 每面墙的任意一个阴角或阳角均可以作为 1 个实测区。 3. 选取对观感影响较大的阴阳角，同一个部位，从地面向上 300mm 和 1500mm 位置分别测量 1 次。 4. 现场安装阴、阳脚线的同此规则测量
5	示例	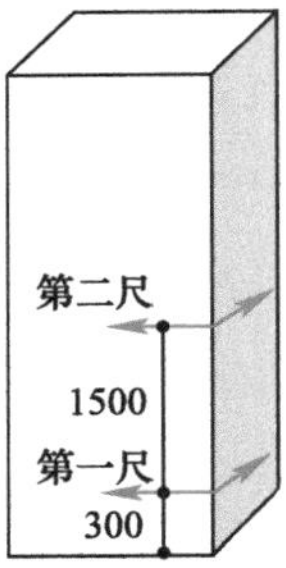第二尺 1500 第一尺 300 墙体阴阳角方正测量示意

（18）室内净高偏差（抹灰工程）见表 4.1-18。

室内净高偏差（抹灰工程） **表 4.1-18**

1	指标说明	综合反映同一房间室内净高实测值与理论值的偏差程度
2	合格标准	[−15，15] mm
3	测量工具	5m 钢卷尺、激光测距仪
4	测量方法和数据记录	1. 每一个功能房间作为 1 个实测区。 2. 实测前，所选套房必须完成地面找平层施工。同时还需了解所选套房的各房间结构楼板的设计厚度和建筑构造做法厚度等。 3. 各房间地面的 4 个角部区域，距地脚边线 30cm 附近各选取 1 点（避开吊顶位），在地面几何中心位选取 1 点，测量出找平层地面与天花顶板间的 5 个垂直距离，即当前施工阶段 5 个室内净高实测值。 4. 合格率计算点：用图纸设计层高值减去结构楼板和地面找平层施工设计厚度值，作为判断该房间当前施工阶段设计理论室内净高值。当实测值与设计值最大偏差值≤20mm 时，5 个偏差值的实际值作为判断该实测指标合格率的 5 个计算点。当实测值与设计值最大偏差值＞20mm 时，5 个偏差值均按最大偏差值计，作为判断该实测指标合格率的 5 个计算点
5	示例	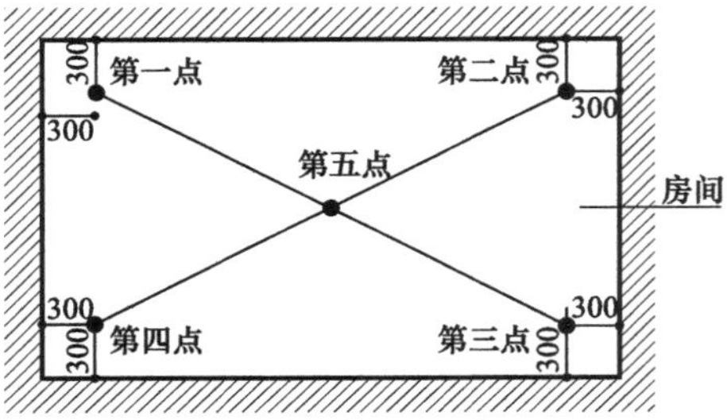300 第一点 第二点 300 300 300 第五点 房间 300 300 第四点 第三点 300 300 室内净高测量示意

4.1.2 门窗洞口尺寸检查

（1）洞口尺寸允许偏差

在门窗安装前，检查预留洞口质量，复核外窗洞口尺寸及标高是否符合设计要求（表 4.1-19）。

洞口尺寸允许偏差 **表 4.1-19**

项次	项目	允许偏差（mm）
1	洞口宽高尺寸	±10
2	对角线尺寸	≤10

（2）洞口位置尺寸允许偏差

对门窗洞口尺寸及相邻洞口的位置偏差应进行检验（表 4.1-20）。同一类型和规格外门窗洞口垂直、水平方向的位置应对齐。

洞口位置尺寸允许偏差 **表 4.1-20**

项次	项目			允许偏差（mm）
1	垂直方向	相邻洞口位置		±10
2		垂直方向洞口位置	全楼高度＜30m	±15
3			全楼高度≥30m	±20
4	水平方向	相邻洞口位置		±10
5		水平方向洞口位置	全楼长度＜30m	±15
6			全楼长度≥30m	±20

（3）有附框安装洞口

混凝土墙体洞口强度不应低于 C20，非混凝土墙体应在附框与墙体连接位置埋设预制混凝土砌块，预埋砌块位置应有记录和标记；同一类型的洞口其相邻的上、下、左、右应保持通线，洞口应横平竖直；附框安装应在洞口尺寸符合规定且验收合格并办好工种间交接手续后方可进行。

（4）预制混凝土砌块间距

具体要求见表 4.1-21。

预制混凝土砌块间距 **表 4.1-21**

项次	项目	间距（mm）
1	预制混凝土砌块距门窗洞口角部的距离	≤150
2	其余部位的预制混凝土砌块中心距	≤400

（5）预埋件

有预埋件的门窗洞口应检查预埋件数量、位置及埋设方法应符合图纸设计要求。

（6）防雷接地装置

建筑物金属外窗应按建筑物的防雷分类采取防侧击雷及等电位联结措施，30m 及以上第一类防雷建筑物、45m 及以上第二类防雷建筑物和 60m 及以上第三类防雷建筑物的金属外窗洞口应有与建筑物主体结构的防雷体系可靠连接的接地装置。其材料、结构、尺寸应符合现行《建筑物防雷设计规范》GB 50057 的规定。

4.1.3 预留洞口及封堵洞口检查

（1）检查重点及要求

主要关注点为三类，一类供安装使用不封堵的洞口，一类供安装后封堵的洞口，一类供施工完成后封堵的洞口。

① 供安装使用不封堵的洞口：空调洞、排气道、电梯机房留孔、风管洞、设计防烟通风设施墙上留洞。

② 供安装后封堵的洞口：烟道，消火栓竖管洞口，水电管穿墙、梁及楼板洞口，电梯召唤箱，桥架穿墙洞口，配电箱体预留洞口等。

③ 供施工完成后封堵的洞口：脚手架工程的悬挑工字钢洞口、连墙点，放线洞，传料洞，泵管洞，施工通道预留口等。

具体的质量控制步骤见表 4.1-22。

各类洞口质量控制步骤　　表 4.1-22

序号	项次	项目	质量控制步骤
1	排气（烟）道、空调洞、电梯机房留孔、风管洞等预留洞口留设	洞口位置、几何尺寸、标高、坡度	1. 采用定型化模具，当采用预埋盒子需确保盒子本身稳固，可加设对拉螺栓进行固定。 2. 与图纸对照，安装前核对无误后准确固定在设计位置上，必要时采用电焊或套框等方法固定牢固。浇筑过程严禁碰击和振动预埋件与模板。 3. 空调孔预留安装应向外有 5%～10%坡度，坡度要求内高外低，防止雨水倒灌。 4. 洞口位置安装采用水平仪测设好标高控制点，控制好洞口上下位置
2	悬挑外架工字钢、连墙点预留洞口	封堵	1. 取出杂物。 2. 在洞口上口打一斜口，确保混凝土浇筑时不留死角，也防止外墙往内渗水。 3. 将洞口清理干净，并浇水湿润。 4. 洞内刷混凝土界面剂一道。 5. 将洞口两侧模板用铁丝封堵严实，内侧模板加一斜口模板。 6. 往模板内浇筑比剪力墙高一强度等级的微膨胀混凝土，敲击模板捣实。 7. 拆模后将突出墙面的混凝土凿平，用水泥砂浆抹平，定期浇水养护。 8. 在封堵洞口的外侧涂刷一道防水涂料，每边超出洞口边沿 50mm
3	放线洞、泵管洞、传料洞、施工预留洞口	封堵	1. 预留洞口处的混凝土残渣及松散石子剔凿，凿毛观感应以全部凿除旧混凝土面为标准。 2. 植筋，植筋钢筋直径、间距依据设计要求。有预留钢筋的，绑扎（或焊接）须满足设计及相关规范要求。 3. 支设模板，根据洞口大小规范设置立杆和水平杆的间距、数量，进行支设模板，底模与楼板应贴合严密，严禁采用钢丝吊模。 4. 洞口处理，浇筑混凝土前冲水清理干净，涂刷加胶水泥浆作粘结层。 5. 洞口封堵，采用高一个强度等级的微膨胀混凝土，敲击模板捣实。分两次浇筑，具体做法：先浇筑至楼板厚度的 2/3 处，待混凝土凝固后进行 24h 蓄水试验，无渗漏后进行第二次混凝土浇筑。 6. 养护，混凝土浇筑完毕后，应在 12h 以内对混凝土加以覆盖和浇水，或用砂浆做封闭式的拦水、蓄水养护，养护期不少于 7d。 7. 拆模，混凝土强度须满足相关规范要求后方可拆除底模。对浇筑时产生的一般质量缺陷进行修理并做好缺陷记录表

续表

序号	项次	项目	质量控制步骤
4	厨房烟道、卫生间管道	封堵	1. 基层处理，对预留洞口有效凿毛，基层面凿毛增加新旧混凝土面咬合力、避免渗漏。 2. 管道预留洞封堵采用成品塑料堵洞卡，密封性能好，成形质量较好。烟囱预留洞封堵采用钢管支撑顶部位置，底模与楼板缝隙应贴合严密。严禁采用钢丝吊模。 3. 洞口处理，填塞前，应将洞口清洗干净，涂刷加胶水泥浆作粘结层。 4. 洞口填塞，与现浇板缝隙采用 C20 微膨胀细石混凝土分两次填塞密实。管道填塞应在管四周留出 8～10mm 深的凹槽，填塞柔性防水材料。 5. 养护，混凝土浇筑完毕后，及时进行洒水养护，以表面保持湿润为度。 6. 拆模，拆除条件满足相关规范要求。 7. 排气（烟）道预留洞口周边必须上翻 120mm 高、50mm 宽的现浇混凝土挡水带
5	强弱电井、通风管道洞口	封堵	1. 防火封堵常用的材料有防火泥、阻火包、阻火圈及防火隔板、防火岩棉等。 2. 孔洞封堵前要清理干净，按要求将防火堵料封堵严实，表面无明显的缺口、脱落现象。 3. 采用防火隔板封堵应安装牢固，无缺口、缝隙，外观平整美观。 4. 墙体排板时，结合水电、通风图纸，明确穿墙风管位置、尺寸，严格按照图纸及图纸节点进行防火封堵。 5. 采用水泥砂浆封堵洞口，修饰平整，填塞严密，不影响使用功能，收口美观。 6. 利用 BIM 技术，结合土建、安装工程图纸，出具最终版预留布置图，提高预留洞口位置准确性

（2）检查表格（表 4.1-23、表 4.1-24）

质量检查记录表　　**表 4.1-23**

质量检查记录表					
检查楼栋/层数/单元					
项次	项目	检查标准及要求	重点检查部位	检查记录	检验方法
预留洞口	中心线位置	15mm（预留洞） 10mm（预留孔）	1. 空调洞、排气道、电梯机房留孔、风管洞。 2. 烟道，消火栓竖管洞口，水电管穿墙、梁及楼板洞口，电梯召唤箱，桥架穿墙洞口，配电箱体预留洞口		尺量、拉线、水准仪
	尺寸	15mm（预留洞） 10mm（预留孔）			
	标高	结构：±10mm 装修：±5mm			
	坡度	0，5%			
	成品质量	不影响结构性能或安装、使用功能			观察、尺量

续表

质量检查记录表					
检查楼栋/层数/单元					
项次	项目	检查标准及要求	重点检查部位	检查记录	检验方法
封堵洞口	表面处理	凿毛观感：以全部凿除旧混凝土面为标准	1. 悬挑外架工字钢、连墙点预留洞口。 2. 放线洞、泵管洞、传料洞、施工预留洞口、厨房烟道、阳台管道、卫生间管道		观察、尺量
	模板安装质量	符合 GB 50204 第 4.2.1～4.2.4 条			
	钢筋安装质量	符合 GB 50204 第 5.5.1、5.5.2 条			
	现浇结构外观质量	符合 GB 50204 第 8.2.1、8.3.1 条			
	砌体质量	符合 GB 50203 第 9.2.2、9.2.3 条			
	成品质量	不影响结构性能或安装、使用功能，修饰平整，收口美观			

土建、装修过程预留洞口检查确认表 **表 4.1-24**

土建、装修过程预留洞口检查确认表							
检查楼栋/层数/单元							
实施阶段	验收类型	过程验收、交接验收、交付验收					
	项目/部位	检查内容	验收标准	评判结果			违反情况
				检查数量	合格点	不合格点	
土建/装修阶段	卧室	空调预留洞	按图施工（位置、尺寸、标高、坡度），符合设计及相关规范要求				
	餐客厅	1. 空调预留洞。 2. 强弱电箱砌体预留洞口	1. 按图施工（位置、尺寸、标高、坡度），符合设计及相关规范要求。 2. 满足下一道工序施工条件				
	厨房	排气（烟）道预留洞	1. 凿毛观感：以全部凿除旧混凝土面为标准。 2. 支模情况：无铁线吊模、支撑方式符合要求。 3. 混凝土成型观感：振捣密实、表面平整，无质量缺陷、开裂、渗漏				
		1. 透气预留孔。 2. 燃气预留孔	按图施工（位置、尺寸、标高、坡度），符合设计及相关规范要求				

续表

<table>
<tr><th colspan="8">土建、装修过程预留洞口检查确认表</th></tr>
<tr><td colspan="2">检查楼栋/层数/单元</td><td colspan="6"></td></tr>
<tr><td rowspan="3">实施阶段</td><td>验收类型</td><td colspan="6">过程验收、交接验收、交付验收</td></tr>
<tr><td rowspan="2">项目/部位</td><td rowspan="2">检查内容</td><td rowspan="2">验收标准</td><td colspan="3">评判结果</td><td rowspan="2">违反情况</td></tr>
<tr><td>检查数量</td><td>合格点</td><td>不合格点</td></tr>
<tr><td rowspan="5">土建/装修阶段</td><td>卫生间</td><td>1. 排气扇预留孔。
2. 水电管道（竖管、地漏）</td><td>1. 按图施工（位置、尺寸、标高、坡度），符合设计及相关规范要求。
2. 满足下一道工序施工条件</td><td></td><td></td><td></td><td></td></tr>
<tr><td>阳台</td><td>1. 空调预留洞。
2. 水电管道（竖管、地漏）</td><td>1. 按图施工（位置、尺寸、标高、坡度），符合设计及相关规范要求。
2. 满足下一道工序施工条件</td><td></td><td></td><td></td><td></td></tr>
<tr><td>公区</td><td rowspan="2">1. 风管预留洞。
2. 强、弱电井预留洞。
3. 水井预留洞。
4. 电梯召唤盒预留洞。
5. 消防竖管洞。
6. 桥架穿墙洞</td><td rowspan="2">1. 按图施工（位置、尺寸、标高、坡度），符合设计及相关规范要求。
2. 满足下一道工序施工条件</td><td rowspan="2"></td><td rowspan="2"></td><td rowspan="2"></td><td rowspan="2"></td></tr>
<tr><td>楼梯间</td></tr>
<tr><td>其他</td><td>1. 放线洞、传料洞、泵管洞。
2. 悬挑工字钢洞口、连墙点。
3. 施工洞口（塔式起重机、过道留洞等）</td><td>1. 凿毛观感：以全部凿除旧混凝土面为标准。
2. 植筋情况：植筋长度、钢筋直径、间距满足设计及相关规范要求。
3. 支模情况：无钢丝吊模、支撑方式符合要求。
4. 混凝土成型观感：振捣密实、表面平整，无质量缺陷、开裂、渗漏</td><td></td><td></td><td></td><td></td></tr>
</table>

4.1.4 预埋线管及水管质量检查

（1）预埋管线质量检查重点及要求

1）导道的弯曲半径

预埋于混凝土内的导管的弯曲半径不宜小于管外径的 6 倍，当直埋于地下时，其弯曲半径不宜小于管外径的 10 倍。

2）导管的预埋深度

除设计要求外，对于暗配的导管，导管表面埋设深度与建筑物、构筑物表面的距离不应小于 15mm。

3）钢导管防腐处理

除埋设于混凝土内的钢导管内壁应做防腐处理，外壁可不做防腐处理外，其余场所敷设的钢导管内、外均应做防腐处理。

4）钢导管连接方式

钢导管不得采用对口焊接连接；镀锌钢导管或壁厚小于或等于 2mm 的钢导管，不得采用套管焊接连接。

5）导管管径、壁厚、均匀度

应符合国家现行有关产品标准的规定，焊接钢管应符合现行《低压流体输送用焊接钢管》GB/T 3091 的规定，电工 PVC 导管应符合现行《建筑用绝缘电工套管及配件》JG/T 3050 的规定，JDG 导管应符合现行《套接紧定式钢导管电线管路施工及验收规程》T/CECS 120 的规定。

6）并排敷设导管之间的间距

并排敷设的导管之间的间距不小于 25mm。

7）导管在楼板内敷设的位置

导管布置在楼板上、下两层钢筋中的中和轴附近，并宜与钢筋成斜交布置。

8）线管的固定

导管固定点间距不宜大于 1m，与箱盒连接处的固定点距离不宜大于 500mm，且应固定牢固。

9）成品保护

为防止施工半成品或成品被破坏，应采取合理措施加以保护。

（2）预埋管道质量检查重点

1）套管材质

材料进场时包装应完好，表面无划痕及外力冲击破损，壁厚等满足相关规范要求。

2）套管尺寸

制作套管的管径，比穿越的管道大 1～2 号。

3）套管选型

地下室或地下室构筑物外墙有管道穿过的，应采取防水措施。对有严格防水要求的建筑物，必须采用柔性防水套管。

4）套管固定

根据深化后的图纸在现场找准位置，并将套管进行固定。

5）穿墙套管长度

安装在墙壁内的套管其两端与饰面相平。

6）穿楼板套管长度

安装在楼板内的套管，其顶部应高出装饰地面 20mm；安装在卫生间及厨房内的套管，其顶部应高出装饰地面 50mm，底部应与楼板地面相平。

7）管道防腐

室内直埋给水管道（塑料管道和复合管道除外）应做防腐处理。埋地管道防腐层材质和结构应符合设计要求。

8）预埋管道试验

预埋管道相关的水压试验、灌水试验等应满足相关规范要求，并形成相应的纸质验收记录。

4.1.5 窗户、卫生间、外墙等易渗漏部位的闭水（淋水）试验

（1）卫生间闭水注意事项见表 4.1-25。

卫生间闭水注意事项 **表 4.1-25**

注意事项			备注
蓄水次数	第一次	结构地面蓄水试验，由总包单位在工作面移交时负责蓄水试验	
	第二次	第二次防水班组防水层完成后，由防水班组进行蓄水试验	
	第三次	待面层施工完毕后对淋浴房区域单独进行蓄水试验（若有）	
蓄水时间	每次蓄水试验的蓄水时间不少于 24h		
验收管理	经甲方现场代表、施工单位（土建或精装）和监理三方验收，方可移交下道工序施工		
蓄水要求	防水层未干前严禁进行蓄水试验		
	土建交接验收，结构楼板无渗漏		
	砌体砌筑已完成，管线敷设及隐蔽工程完成		禁止管线直接穿过防水翻边、止水坎、铝合金门下轨及混凝土反槛
	淋浴间止水坎、门口处止水坎的构造已完成		
	基层表面应干燥、不空鼓、不起砂，表面的尘土、沙粒、浮浆、硬块等附着物清理干净，地面局部破损处进行找平修补，地面阴角部位应用水泥砂浆进行 R 角处理		

（2）屋面闭水注意事项见表 4.1-26。

屋面闭水注意事项 **表 4.1-26**

注意事项			备注
蓄水次数	第一次	结构地面蓄水试验，由总包单位在工作面移交时负责蓄水试验	
	第二次	第二次防水班组防水层完成后，由防水班组进行蓄水试验	
蓄水时间	每次蓄水试验的蓄水时间不少于 24h		
验收管理	经甲方现场代表、施工单位（土建或精装）和监理三方验收，方可移交下道工序施工		
蓄水要求	防水层未干前严禁进行蓄水试验		
	土建交接验收，结构楼板无渗漏		
	砌体砌筑已完成，管线敷设及隐蔽工程完成		
	出屋面止水坎、强弱电井等设备间反坎构造已完成		
	基层表面应干燥、不空鼓、不起砂，表面的尘土、沙粒、浮浆、硬块等附着物清理干净，地面局部破损处进行找平修补，地面阴角部位应用水泥砂浆进行 R 角处理		

（3）外墙、外窗淋水注意事项见表 4.1-27。

外墙、外窗淋水注意事项　　表 4.1-27

注意事项		备注
淋水实施时间	对于毛坯报建项目，外墙淋水试验应在“单体竣工验收”前完成	
	对于精装报建项目，外墙淋水试验应在精装工作面移交前完成	
	全面淋水持续时间不得少于 1h；淋水必须连续进行，不得因下雨或外部条件影响而免予进行	
淋水试验范围	建筑外墙、外墙铝合金门窗、幕墙；玻璃天窗、雨篷	
淋水试验实施单位	外墙全面淋水试验应由总包单位负责实施	淋水后发现的问题由责任单位负责整改，整改完成后由物业、监理单位负责复查，总包应配合各分包单位进行淋水复查
淋水试验复核单位	监理、甲方及物业负责核查	
淋水试验流程	方案报批：总包施工单位根据项目实际情况，编制并向监理、甲方报送淋水试验方案和进度计划，经监理、甲方项目部批准后严格执行	
	布管验收：不同产品（联排别墅、洋房、多层、高层）第一个淋水的楼栋布管完成后，总包施工单位应报监理、甲方进行样板验收，验收通过后方可进行淋水，以保证淋水试验的可靠性	
	试淋水：不同产品（联排别墅、洋房、多层、高层）第一个淋水的楼栋完成淋水后，甲方、监理、总包单位应对渗漏情况及时进行分析总结，对于系统性的问题，其他楼栋在淋水前应及时提前进行整改	各标段应合理组织淋水工作，避免大面积开花，应根据实际进度予以统筹安排，做到有次序、有组织进行，稳步开展
	淋水记录：施工单位、监理及物业分别负责记录各标段渗漏发生情况。在淋水 1h 后开始记录，并进行现场标识、拍照，总包、铝合金门窗安装单位配合进行，严禁施工单位对渗漏点隐瞒不报或故意遮掩，外墙淋水试验渗漏记录表由各标段监理及物业分别单独跟踪填写	
淋水要求	墙淋水支管采用 ϕ25 PVC 管或 PPR 管，主管采用 ϕ50 PVC 管或 PPR 管；管道连接牢固，有一定的承压能力	
	淋水支管选用 3mm 喷水孔径，加工时用 3mm 钻头在管上沿直线钻孔，孔距 100mm，“喷嘴”45°向上或向下斜对着墙体或窗体，在被检外墙表面形成连续水幕	
	单根主管所供应的淋水支管的总长度（即多段支管总长度）不超过 20m，水源供水压力不低于 0.25MPa。每根主管进水口需安装压力表和控制阀门，最不利点需安装压力表监控压力变化，淋水支管最不利点压力不得小于 0.1MPa	
	试验水源应选择流量大、压力达到要求、清洁、干净的水源（宜选用正式消防水），试验前需对管路进行冲洗，避免杂质堵塞出水孔影响被测表面试验效果，水压不够时，应采取加压措施	
	外墙淋水横管挂管间隔不超过 3 层，若立面中间有横向凸出线条断开，则应根据线条位置分段布管，淋水支管与被检表面水平净距离为 100mm	

续表

注意事项		备注
淋水复查	渗漏整改完成后淋水检查的主要目的是检查返修的效果，淋水持续时间不得小于1h	
	淋水检查由渗漏责任单位负责布管、淋水工作，由物业、监理负责整改后复查	
	淋水检查需物业、监理、甲方确定相应问题已经彻底解决为止	

4.2 整体验收及交付管理

本节参照北京市、上海市、江苏省、浙江省、山东省、福建省、湖北省、广东省、重庆市9个具有代表性的省市分户验收文件及现行《住宅设计规范》GB 50096、《建筑节能工程施工质量验收标准》GB 50411、《建筑装饰装修工程质量验收标准》GB 50210、《建筑给水排水及采暖工程施工质量验收规范》GB 50242、《建筑地面工程施工质量验收规范》GB 50209、《建筑玻璃应用技术规程》JGJ 113、《玻璃幕墙工程技术规范》JGJ 102等规范编写，需与现行《建筑工程施工质量验收统一标准》GB 50300配套使用。其中山东省验收标准变化较大，增加了主体结构阶段分户验收汇总表，现浇混凝土、装配式混凝土、砌体结构实体观感及尺寸偏差分户验收表，并要求逐间进行记录并存留影像资料。

4.2.1 分户验收重点

以下对住宅工程质量分户验收9部分验收项目的重点进行识别。

（1）楼地面、墙面和顶棚验收重点见表4.2-1。

楼地面、墙面和顶棚验收重点　　表4.2-1

序号	主要验收内容	检查标准	检查方法	检查数量	备注
1	整体面层	① 空鼓面积不应大于400cm^2，且每自然间或标准间不应多于2处。 ② 面层应洁净，不应有裂缝、脱皮、起砂等现象。 ③ 整体面层的表面平整度应符合设计要求	① 观察和用小锤轻击检查。 ② 用2m靠尺和楔形塞尺检查	① 对所有布点检查。 ② 每个检验批抽检不少于3间，不足3间时应全数检查	编制内容依据GB 50209
2	板块面层	① 单块板块无空鼓（单块砖边角允许有局部空鼓，但每自然间或标准间的空鼓板块不应超过总数的5%）。 ② 板块面层表面应洁净、无明显色差，接缝均匀、顺直，板块无裂缝、缺棱、掉角等缺陷	① 观察和用小锤轻击检查。 ② 用2m靠尺和楔形塞尺检查		编制内容依据GB 50209，浙江省地标DB33/T 1140允许有不大于板材面积20%的局部空鼓
3	木、竹面层	① 木、竹面层铺设应无空鼓、松动。 ② 木、竹面层表面应洁净、无明显色差，接缝严密、均匀，面层无损伤、划痕等缺陷。 ③ 平整度符合规范要求	① 观察、行走或用小锤轻击检查。 ② 用2m靠尺和楔形塞尺检查		编制内容依据GB 50209，浙江省地标DB33/T 1140增加地毯面层检查

续表

序号	主要验收内容	检查标准	检查方法	检查数量	备注
4	抹灰墙面	墙面抹灰层与基层之间及各抹灰层之间应无脱层、空鼓，面层应无爆灰和裂缝	观察和用小锤轻击检查	① 室内每个检验批应抽查10%，并不得少于3间，不足3间时应全数检查。 ② 室外每个检验批每100m²应至少抽查一处，每处不得小于10m²	编制内容依据GB 50210
5	涂饰墙面	① 墙面涂料饰面层应粘结牢固，不得有漏涂、透底、爆灰、裂缝、起皮、掉粉和反锈等缺陷。 ② 同一墙面应无明显色差，表面无划痕、损伤、污染。 ③ 涂层与其他装修材料和设置衔接处应吻合，界面应清晰	观察、手摸检查		编制内容依据GB 50210
6	饰面板（砖）墙面	① 墙面饰面板（砖）面层应结合牢固，满粘法施工时应无空鼓缺陷。 ② 墙面饰面板（砖）面层表面应洁净、平整，无明显色差，接缝均匀，板块无裂缝、掉角、缺棱等缺陷。 ③ 本条饰面板（砖）的安装和粘贴提出牢固要求	观察、手摸和用小锤轻击检查		编制内容依据GB 50210，浙江省地标DB33/T 1140检查要求更全面
7	室内顶棚	① 顶棚的抹灰层与基层之间及各抹（批）灰层之间必须粘结牢固，无空鼓。 ② 顶棚抹（批）灰应光滑、洁净，面层无爆灰和裂缝。 ③ 吊顶面板安装必须牢固，面板表面应清洁，不得有翘曲、裂缝和缺损，设备口等与饰面板吻合严密。 ④ 吊顶应按照设计要求和使用功能设置检修口、上人孔，饰面板设备安装位置应符合要求	观察，当发现顶棚抹（批）灰有裂缝、起鼓等现象时，采用空鼓锤轻击检查	室内每个检验批应抽查10%，并不得少于3间，不足3间时应全数检查	编制内容依据GB 50210
说明		1. 检查数量为规范要求，浙江、江苏等地要求全数检查，除了满足规范要求外，还应满足地方标准要求。 2. 山东省要求附影像资料			

（2）门窗验收重点见表4.2-2。

门窗验收重点 表 4.2-2

序号	主要验收内容	检查标准	检查方法	检查数量	备注
1	门窗	门窗应安装牢固，开关灵活，关闭严密，无倒翘、无阻滞感，表面无明显损伤和划痕；推拉门窗扇必须有防脱落措施；门窗导槽内应清洁不应有杂物	观察、手扳检查、开启和关闭检查	木门窗、金属门窗、塑料门窗和门窗玻璃每个检验批应至少抽查5%，并不得少于3樘，不足3樘时应全数检查；高层建筑的外窗每个检验批应至少抽查10%，并不得少于6，不足6樘时应全数检查。 2. 特种门每个检验批应至少抽查50%，并不得少于10樘，不足10樘时应全数检查	编制内容依据GB 50210
2	门窗配件	门窗配件的规格、数量应符合设计要求，安装应牢固，位置应正确，功能应满足使用要求	观察、手扳检查、开启和关闭检查		编制内容依据GB 50210
3	密封条	门窗扇的橡胶密封条或毛毡密封条应安装完好，不应脱槽；铝合金门窗的橡胶封条应在转角处断开，并用密封胶在转角处固定	观察、手扳检查		编制内容依据GB 50210
4	门窗框	门窗框与墙体间缝隙表面应采用密封胶密封，密封胶应粘结牢固，表面应光滑、顺直、无裂纹，门扇与侧框和下框（或地面）间留缝应基本均匀，留缝宽（高）度应符合要求	观察、留缝宽（高）度用楔形塞尺检测		编制内容依据GB 50210，浙江省地标DB33/T 1140要求更全面
5	排水孔	排水孔应畅通，排水孔位置、数量及窗台流水坡度、滴水线（槽）设置满足设计要求	观察		参照浙江省地标DB33/T 1140
6	窗台	有效的防护高度应保证净高0.90m；窗外没有阳台或平台的外窗，窗台距楼面、地面的净高低于0.90m时，应设置防护措施	观察、尺量		编制内容依据GB 50096，浙江省地标DB33/T 1140检查方法要求更全面
7	窗帘盒、门窗套	窗帘盒、门窗套种类及台面应符合设计要求；门窗套平整，线条顺直，接缝严密，色泽一致，门窗套及台面表面无划痕及损坏	观察、手摸检查		编制内容依据GB 50210
8	窗台护栏	窗台的防护措施应符合设计和规范要求	观察、尺量		编制内容依据GB 50096

（3）栏杆验收重点见表 4.2-3。

栏杆验收重点 表 4.2-3

序号	主要验收内容	检查标准	检查方法	检查数量	备注
1	护栏与扶手	护栏高度、栏杆间距、安装位置必须符合规范要求；护栏必须牢固	观察、尺量、手扳检查	全数检查	编制内容依据GB 50096、GB 50210

（4）防水工程验收重点见表 4.2-4。

防水工程验收重点 **表 4.2-4**

序号	主要验收内容	检查标准	检查方法	检查数量	备注
1	外窗及其周边和墙面	① 工程竣工时，墙面不应留有渗漏、开裂等缺陷。 ② 做外门窗（墙）淋水试验后进户观察检查或采用雨后观察的方法	① 对户内进行观察，对墙面、外门窗等有水迹的地方做标记，查明原因，对不是渗漏引起的进行表面处理，对渗漏引起的作为渗漏点记录。 ② 关闭外门窗，累计降雨满足 24h 降雨量不小于 25mm 的要求，降雨结束 12h 内及时观察，对墙面、外门窗等有水印、渗湿的地方作为渗漏点记录	每个检验批每 $100m^2$ 应至少抽查一处，每处检查不得小于 $10m^2$，节点构造应全数检查	编制内容依据 GB 50210，参照浙江省地标 DB33/T 1140、江苏省地标 DGJ32/J 103
2	楼地面	有防水排水要求的楼地面不得存在渗漏，排水应畅通，不应有积水现象	蓄水试验，蓄水深度最浅处不小于 20mm，蓄水 24h 以上，通过地漏自然排放 10min 后观察		编制内容参照 JGJ/T 304
3	厨卫间	有防水排水要求的建筑地面面层与相连接各类地面层的标高差应符合设计要求	观察和测量，每处测量不少于 2 处，取最小值作为代表值		编制内容参照浙江省地标 DB33/T 1140
4	顶棚、屋面	顶层户内雨后不应有渗漏痕迹	观察		编制内容参照浙江省地标 DB33/T 1140、江苏省地标 DGJ32/J 103
说明		检查数量为规范要求，浙江、江苏等地要求全数检查，除了满足规范要求外，还应满足地方标准要求			

（5）室内主要空间尺寸验收重点见表 4.2-5。

室内主要空间尺寸验收重点　　表 4.2-5

序号	主要验收内容	检查标准	检查方法	检查数量	备注
1	开间、进深	允许偏差±15mm；允许极差 20mm	① 室内尺寸检测前应根据户型特点确定测量方案，并按设计要求和施工情况确定室内尺寸的计算值。② 每个房间分别测量净开间、进深尺寸不少于 2 处，测量部位宜在距墙角（纵横墙交接处）50cm 处，高度宜为 100cm；每个房间测量净高尺寸不少于 5 处，测量部位宜为房间四角距纵横墙 50cm 处及房间地面几何中心处。③ 特殊形状的自然间可单独制定测量方法	自然间全数检测	编制内容依据 JGJ/T 304，湖北省地标增加构件尺寸。山东省地标增加现浇混凝土、装配式混凝土、砌体结构实体观感及尺寸偏差分户验收表，且要求验收全景照片
2	净高	允许偏差±15mm，允许极差 20mm	用水准仪、激光测距仪或拉线、钢直尺检查。以室内地面水平面为依据，对卧室、厅测 5 点，即 4 角点加中心点。厨房卫生间楼梯间测 2 点，即长边分中线的两端。脚步测点距墙边 0.2m。平面布置不规则的房间增加 1 个测点，相邻测点距离不宜大于 4m	自然间全数检测	编制内容依据 JGJ/T 304，山东省地标增加现浇混凝土、装配式混凝土、砌体结构实体观感及尺寸偏差分户验收表，且要求验收全景照片

（6）给水排水工程验收重点见表 4.2-6。

给水排水工程验收重点　　表 4.2-6

序号	主要验收内容	检查标准	检查方法	检查数量	备注
1	室内给水管道及其配件	① 管道位置、标高、坡度正确，支架、吊架安装平稳牢固，间距、接口连接应符合 GB 50242 的要求，严密无渗漏。② 给水引水管道与排水排出管净距不小于 1m，平行铺设时净距不小于 0.5m，交叉铺设时净距不小于 0.15m。③ 管道及关键的焊接满足规范要求	通水试验、观察和手扳检查、尺量	全数检查	编制内容依据 GB 50242
2	室内给水管道的水压试验	GB 50242 规定，当设计未注明时，各种材质的给水管道系统试验压力均为工作压力的 1.5 倍，但不得小于 0.6MPa	水压试验、观察	全数检查	编制内容依据 GB 50242

续表

序号	主要验收内容	检查标准	检查方法	检查数量	备注
3	室内排水管道及配件	① 管材、管件规格、型号符合设计及有关标准的要求。 ② 用于室内排水的水平管道与立管的连接应采用45°三通、45°四通、90°斜三通或90°斜四通等配件连接。立管与排出管端部应采用两个45°弯头连接。 ③ 排水塑料管必须按设计要求设置伸缩节。 ④ 管道坡向必须符合设计及规范要求，不应有倒坡或平坡现象。 ⑤ 排水管道检查口的设置应符合设计要求，检查口的朝向和位置应便于检查。 ⑥ 高层建筑中明设排水塑料管的，应按设计要求设置阻火圈或防火套管	观察、尺量	全数检查	编制内容依据GB 50242，江苏省地标DGJ32/J 103对该项要求更充分
4	排水栓和地漏	排水栓和地漏的安装应平整、牢固，低于排水表面，位置合理，满足排水要求；地漏水封深度不得小于50mm	试水观测检查	全数检查	编制内容依据GB 50242
5	室外排水管道	① 排水管道系统通水应畅通，管道及接口无渗漏。 ② 排水管道开口处按照规范或设计要求设置检查口或清扫口	观察、尺量检查和通水检查	全数检查	编制内容依据GB 50242
6	卫生器具	① 卫生器具数量和位置应符合设计要求，固定牢固。配件应完好无损，接口严密启闭灵活。 ② 卫生器具满水后各连接件应不渗不漏，排水通畅。 ③ 卫生器具和配件表面应无污染、损伤、划痕；支架、托架等金属件应无腐蚀、锈迹。 ④ 卫生器具的排水口应设置有存水弯，但不得重复设置	① 观察、手板检查。 ② 尺量检查。 ③ 满水和通水试验	全数检查	编制内容依据GB 55020、GB 50242

（7）电气工程验收重点见表4.2-7。

电气工程验收重点 **表 4.2-7**

序号	主要验收内容	检查标准	检查方法	检查数量	备注
1	分户配电箱	① 插座回路应设置动作电流不大于 30mA、动作时间不大于 0.1s 的剩余电流保护装置，剩余电流保护应进行模拟动作试验。 ② 回路标号齐全、准确。 ③ 导线分色应符合 GB 50303 的要求，配线整齐、无铰接，导线不伤芯、不断股，端子接线不多于 2 根，PE 干线直接与 PE 排连接，零线和 PE 线经汇流排配出。 ④ 各回路导线型号规格应符合设计要求。 ⑤ 配电箱内，分别设置中性导体（N）和保护接地导体（PE）汇流排，汇流排上同一端子上不应连接不同回路的 N 或 PE。 ⑥ 金属箱体必须与保护接地导体（PE）牢固连接	① 用漏电测试仪测量插座回路保护动作参数。 ② 通过开关通、断电试验检查回路功能标识。 ③ 观察检查导线分色、内部配线、接线。 ④ 检查导线的抽样检测记录	漏电检测抽取 3 个回路，其余项目全数检测检查	编制内容依据 GB 50303，参照浙江省地标 DB33/T 1140
2	开关、插座	① 开关安装位置距门边 150～200mm。 ② 安装高度在 1.8m 以下的电源插座应采用安全型插座；卫生间电源插座、非封闭阳台插座应采用防溅型插座；洗衣机、电热水器、空调电源插座应带开关。 ③ 开关、插座面板安装应紧贴墙面，面板四周无缝隙，安装牢固，表面光滑整洁，无碎裂、划伤，装饰帽齐全	① 对照规范和设计图纸检查开关、插座型号。 ② 检查插座安全门。 ③ 通电后用插座相位检测仪检查接线。 ④ 打开插座面板查看 PE 线连接。 ⑤ 观察	打开插座面板抽查不少于 2 处。外观全数检查	编制内容依据 GB 50096 与 JGJ/T 304
3	插座接线	① 单相两孔插座，面对插座的右孔或上孔与相线连接，左孔或下孔与零线连接；单相三孔插座，面对插座的右孔与相线连接，左孔与零线连接。 ② 单相三孔、三相四孔及三相五孔插座的保护接地导体（PE）接在上孔，插座的保护接地导体端子不与中性导体端子连接。同一场所的三相插座，接线的相序应一致。 ③ 保护接地导体（PE）在插座间不得串联连接。 ④ 相线与中性导体（N）不应利用插座本体的接线端子转接供电	观察并配备相位检测仪、打开插座面板查看相位接线方式		编制内容参照浙江省地标 DB33/T 1140

(8) 建筑节能验收重点见表 4.2-8。

建筑节能验收重点　　表 4.2-8

序号	主要验收内容	检查标准	检查方法	检查数量	备注
1	保温	① 各种材料和构件的质量证明文件与相关技术资料应齐全，并应符合设计要求和国家现行有关标准的规定。 ② 墙体节能工程各层构造做法应符合设计要求。 ③ 保温隔热材料厚度不得低于设计要求，保温板材与基层之间及各构造层之间的粘结或连接必须牢固，保温板材与基层连接方式、拉伸粘结强度与粘结面积比应符合设计要求，粘结强度应进行现场拉拔试验。粘结面积比应进行剥离检验	① 核查质量证明文件。 ② 对照设计和专项施工方案观察，核查隐蔽工程验收记录。 ③ 观察、手扳检查，核查隐蔽工程验收记录，保温材料厚度采用现场钢针插入或剖开尺量检查	检查数量参照 GB 50411 表 3.4.3	编制内容依据 GB 50411
2	保温板锚固件	锚固件数量、位置、锚固深度、胶结材料性能和锚固力应符合设计和施工方案的要求，保温装饰板的锚固件应使其装饰面板可靠固定，锚固力应进行现场拉拔试验	观察、手扳检查，核查隐蔽验收记录	按照 GB 50411 表 3.4.3	编制内容依据 GB 50411

(9) 其他验收重点见表 4.2-9。

其他验收重点　　表 4.2-9

序号	主要验收内容	检查标准	检查方法	检查数量	备注
1	玻璃安装	① 玻璃的品种、厚度、色彩、图案和涂膜朝向应符合设计和相应规范要求，安全玻璃上应有安全认证标识，不得隐藏。 ② 安装后的玻璃应牢固，不应有裂缝、损伤和松动。 ③ 中空玻璃内外表面应洁净，玻璃中空层内不应有灰尘和水蒸气	观察、玻璃厚度仪检查	玻璃厚度每户同一品种抽测不少于 1 片，其他全数检查	编制内容依据 JGJ 113
2	阳台	阳台护栏设置必须符合规范和设计要求；护栏安装必须牢固	观察、手扳检查；尺寸尺量检查，每处栏板或栏杆抽检 2 点以上，净高以最小值作为代表值，净距以最大值为代表值	全数检查	编制内容依据 GB 50210
3	橱、柜	① 橱柜的造型、安装位置、固定方法应符合设计要求，且安装必须牢固；橱柜配件应齐全，安装正确。 ② 橱柜的柜门和抽屉应开关灵活，回位正确。 ③ 橱柜表面应平整、洁净、色泽一致，无裂缝、翘曲及损坏；橱柜裁口顺直，拼缝严密	观察、手扳检查	全数检查	编制内容依据 GB 50210

续表

序号	主要验收内容	检查标准	检查方法	检查数量	备注
4	烟道	烟道表面应无开裂；进气口应安装可拆卸式防火止火阀，并印制出厂合格标识。止回阀阀板摆动灵活，关闭位置准确	观察和用钢尺测量	全数检查	广东省地标增加燃气工程质量验收

4.2.2 分户验收表格

分户验收表见表 4.2-10。

住宅工程质量分户验收表　　表 4.2-10

<table>
<tr><td colspan="2">工程名称</td><td colspan="2"></td><td>房（户）号</td><td colspan="2"></td></tr>
<tr><td colspan="2">建设单位</td><td colspan="2"></td><td>验收日期</td><td colspan="2"></td></tr>
<tr><td colspan="2">施工单位</td><td colspan="2"></td><td>监理单位</td><td colspan="2"></td></tr>
<tr><td>序号</td><td>验收项目</td><td colspan="2">主要验收内容</td><td colspan="3">验收记录</td></tr>
<tr><td>1</td><td>楼地面、墙面和顶棚</td><td colspan="2">地面裂缝、空鼓、材料环保性能，墙面和顶棚爆灰、空鼓、裂缝，装饰图案、缝格、色泽、表面洁净</td><td colspan="3"></td></tr>
<tr><td>2</td><td>门窗</td><td colspan="2">窗台高度、渗水、门窗启闭、玻璃安装</td><td colspan="3"></td></tr>
<tr><td>3</td><td>栏杆</td><td colspan="2">栏杆高度、间距、安装牢固、防攀爬措施</td><td colspan="3"></td></tr>
<tr><td>4</td><td>防水工程</td><td colspan="2">屋面渗水、厨卫间渗水、阳台地面渗水、外墙渗水</td><td colspan="3"></td></tr>
<tr><td>5</td><td>室内主要空间尺寸</td><td colspan="2">开间净尺寸、室内净高</td><td colspan="3"></td></tr>
<tr><td>6</td><td>给水排水工程</td><td colspan="2">管道渗水、管道坡向、安装固定、地漏水封、给水口位置</td><td colspan="3"></td></tr>
<tr><td>7</td><td>电气工程</td><td colspan="2">接地、相位、控制箱配置，开关、插座位置</td><td colspan="3"></td></tr>
<tr><td>8</td><td>建筑节能</td><td colspan="2">保温层厚度、固定措施</td><td colspan="3"></td></tr>
<tr><td>9</td><td>其他</td><td colspan="2">烟道、通风道、邮政信报箱等</td><td colspan="3"></td></tr>
<tr><td colspan="2">分户验收结论：</td><td colspan="5"></td></tr>
<tr><td colspan="2">建设单位</td><td>施工单位</td><td colspan="2">监理单位</td><td colspan="2">物业或其他单位</td></tr>
<tr><td colspan="2">项目负责人：
验收人员：

年　月　日</td><td>项目经理：
验收人员：

年　月　日</td><td colspan="2">总监理工程师：
验收人员：

年　月　日</td><td colspan="2">项目负责人：
验收人员：

年　月　日</td></tr>
</table>

4.3 质量保修

4.3.1 保修期限

（1）基础设施工程、房屋建筑的地基基础工程和主体结构工程，为设计文件规定的该工程的合理使用年限。

(2) 电气管线、给水排水管道、设备安装、装修工程，为2年。

(3) 屋面防水工程、有防水要求的卫生间、房间、外墙面和门窗的防渗漏，为5年。

(4) 供热与供冷系统，为2个供暖期、供冷期。

(5) 保温工程的保修期为5年。

(6) 其他项目的保修期限为2年。

建设工程的保修期，以书面移交物业为时间节点，为约定保修期的开始日期。

4.3.2 工程回访与保修工作流程（表4.3-1）

工程回访与保修工作流程 表4.3-1

序号	步骤	说明	部门/岗位	输入	输出	时限（工作日）
1	编制《年度回访计划》	整理公司在保修期内的竣工项目台账，根据竣工日期及年限定出保修回访计划，明确回访日期及责任人	公司工程部	竣工项目台账	《年度回访计划》	1
2	根据计划组织回访	各授权单位分别对本责任区域内的项目进行回访	下属单位工程部	《年度回访计划》	回访结果	1
3	确认有无保修事项	根据回访情况及竣工保修书约定，看是否存在需要我公司进行保修的事项，对于需要保修的，通知原项目经理负责；无需保修的，反馈给公司项目管理部	下属单位工程部	回访结果	分类回访结果、《工程回访记录表》	
4	组织人员进行保修	收到保修通知后，组织人员对保修项进行整改。若无法落实到原项目经理的，由经授权单位工程部或公司工程部另行安排人员	项目部/原项目经理	回访结果		根据保修事项
5	填写《维修保养记录表》	在《维修保养记录表》中说明问题及保修工作内容，上报上级进行核验	项目部/原项目经理		《维修保养记录表》	0.5
6	核验	对保修结果进行核验，是否已按规定整改完成并取得业主认可，在《维修保养记录表》签署意见	下属单位工程部、质量监督管理部	《维修保养记录表》	《维修保养记录表》	0.5
7	备案	对无需保修及保修完成的项目进行备案登记，在保修期到达时通知业主或使用单位	公司工程部	《维修保养记录表》	《工程回访保修台账》《保修期满通知单》	0.5

4.3.3 保修期职责（表4.3-2）

保修期职责 表4.3-2

单位	部门/岗位	主要权责
项目部		1. 完成工程所需的保修任务
		2. 填写《维修保养记录表》

续表

单位	部门/岗位	主要权责
下属单位	工程部	1. 执行回访计划
		2. 填写《工程回访记录表》，有需要保修的，通知原项目经理或另行安排人员进行保修
		3. 对保修完成情况进行核验
公司	工程部	1. 制定《工程回访计划》
		2. 下发《工程回访计划》
		3. 汇总回访计划完成情况，登记《工程回访保修台账》
		4. 对保修期满的，发出《保修期满通知单》

4.3.4　保修期工作台账及记录表（表4.3-3～表4.3-5）

工程回访计划　　**表4.3-3**

序号	项目名称	保修合同概况			责任单位	责任人/联系方式	时间安排	备注
		保修内容	保修起止时间	保修期限（年）				
1								
2								
3								
4								
5								
6								

制表人：　　　　日期：　　年　　月　　日

注：1. 保修期限（年）：此处填报具体的年份数字，比如“3”年；
2. 保修起止时间：按照合同要求填报，填报具体的时间，格式举例：2022.04.20—2025.04.20。

工程回访记录表　　**表4.3-4**

项目名称及编码		竣工日期	
建设单位		使用单位	
接待人员		责任单位	
回访方式		回访日期	

回访工作纪要

续表

回访评价内容	满意	基本满意	一般	不满意
工程质量				
保修及时性				
工作人员态度				
问题处理结果				
业主确认意见				
回访负责人		回访记录人		

工程回访保修台账 **表 4.3-5**

序号	项目名称	保修合同概况			责任单位	责任人/联系方式	时间安排	回访落实情况			备注
		保修内容	保修起止时间	保修期限（年）				回访时间	回访形式	顾客满意度测评表得分	
1											
2											
3											
4											
5											

制表人：　　　　　　　　　　　　　　　　　　　　　　　　日期：　　年　　月　　日

注：1. 保修期限（年）：此处填报具体的年份数字，比如“3”年；

2. 保修起止时间：按照合同要求填报，填报具体的时间，格式举例，2022.04.20—2024.04.20；

3. 回访形式：按照以下所分类型填报，a）书面发函回访；b）书面调查问卷回访；c）现场实地回访；d）电话征询意见回访；e）网络征询意见回访；f）顾客投诉意见信息收集回访；g）其他形式回访（××××），括弧内简单字词描述；

4. 回访落实情况：a）如已经按年初计划回访，按相应信息填报；b）如未按年初计划回访：回访时间一列填报无，并填报原因，后续列打“\”。

5

住宅工程常见质量问题维修（处理）典型案例

5.1 地下室变形缝渗漏维修典型案例

5.1.1 质量问题简述

地下室剪力墙墙体变形缝位置出现湿渍或渗流（图 5.1-1）。

图 5.1-1 地下室剪力墙墙体变形缝渗漏

5.1.2 原因分析

（1）混凝土灌筑前对变形缝中的止水带或止水片，没有采取可行的固定措施或固定方法不当。混凝土浇筑时，止水带在混凝土中被破坏、卷边，甚至被挤出墙外，导致止水带起不到止水和适应变形的作用。

（2）止水带接头搭接处粘结不好，呈脱落或半脱落状态，不能形成封闭的防水圈；再者由于止水带位于变形缝的中间部位，如被硬物击穿，或水止带接头位置选择得不妥。

（3）因地基沉降不均，建筑物产生变形，使止水带超过极限被拉裂，造成渗漏水。

（4）在处理渗漏水时，用水玻璃和水泥填实、堵漏灵填平压实，还有的用聚合物水泥砂浆。这些简易处理方法均属刚性，抗拉强度低，不适应结构变形的需要，仍然出现渗水。

5.1.3 维修方案

首选还是采用注浆处理，如注浆处理效果不好，施工缝处继续渗漏，可以选用引流法进行处理。

（1）开槽：在变形缝渗漏位置由剪力墙根部顺墙（地面）切割开槽直至最近的排水沟或集水井，深约 50mm，宽约 70mm，渗漏变形缝居中，如图 5.1-2 所示。

图 5.1-2 变形缝渗漏开槽处理

（2）埋入排水管：将直径 5cm 的 PVC 水管纵向剖开一分为二，再将剖开的水管卡在开好的槽子内，四周缝隙用石子塞满，管子接口位置用水泥砂浆或堵漏网固定好，如图 5.1-3 所示。

图 5.1-3 变形缝处理埋管处理

（3）恢复墙面和地面：将一定比例水泥砂浆加水拌匀后（适当的情况下可以加一些石子进行搅拌），倒入预埋水管槽内，用铁板抹平，周围设警示标志，待其凝固后即可，如图 5.1-4 所示。

图 5.1-4 处理效果

5.1.4 案例反思

（1）变形缝宜少设，可根据建筑形式、地质条件、结构施工等情况，采用后浇带、膨胀加强带或诱导缝等替代措施。

（2）对变形缝处的混凝土浇筑、止水带或止水片的安装放置固定、宽度的控制、填缝的处理、封缝的处理等施工工序，一定要进行技术交底，同时要有专人负责检查落实和验收。

（3）变形缝、后浇带等易渗漏部位可采用防排结合的措施。

5.2 烟道渗漏维修典型案例

5.2.1 质量问题简述

顶层烟道（屋面靠近女儿墙位置），渗漏率较高，且采用压力注浆效果不明显，经常出现再次渗漏现象，如图 5.2-1、图 5.2-2 所示。

图 5.2-1 烟道周围渗漏现象

图 5.2-2 屋面烟道根部易渗漏部位

5.2.2 原因分析

（1）由于楼板烟道口采用预留洞口，预留尺寸比成品烟道实际尺寸大，在安装烟道后空余部分一般是用混凝土填充，新旧混凝土浇筑形成了施工缝。

（2）靠近女儿墙的烟道，在烟道和女儿墙交接处的墙根形成施工缝，而且该位置大部分采用砌体进行砌筑，未做混凝土止水坎，容易形成渗漏通道，雨水会顺着施工缝渗入住户楼层。

5.2.3 维修方案

（1）屋面女儿墙上口（迎水面）烟道位置采用防水砂浆粉刷（图 5.2-3），厚度 2cm，烟道口与女儿墙阴角交接处采用防水砂浆或“堵漏王”进行封堵，根部阴角部位做成圆角（图 5.2-4），同时加大女儿墙顶面坡度，确保雨天不会存水。处理完成后，进行饰面层施工，饰面层必须喷涂到位，能起到防水效果。

（2）针对烟道二次吊模施工缝位置不密实的情况，可采用注浆进行封闭，或将二次浇筑施工缝位置进行剔凿 30～50mm，并采用速凝性材料（堵漏王）进行封堵（图 5.2-5）。

图 5.2-3 烟道迎水面采用防水砂浆粉刷

图 5.2-4 根部做圆角密封

图 5.2-5 吊模部位不密实情况处理

5.2.4　案例反思

（1）烟道位置与女儿墙交接位置应设置浇筑混凝土止水坎，止水坎应和结构混凝土一起浇筑完成，不留施工缝，防止由女儿墙顶面雨水渗入烟道，造成户内渗漏。

（2）屋面烟道吊模二次浇筑前做好凿毛及清理工作，混凝土采用抗渗混凝土并分两次浇筑，浇筑完成后进行蓄水试验。屋面烟道周边宜做防水加强处理，施工完成后再进行蓄水试验。

5.3　外墙排水管渗漏维修典型案例

5.3.1　质量问题简述

高层建设计排水管道为外墙管井安装，管井采用砖墙砌筑，管道全隐蔽，后发现内墙返潮、泛碱，经查为管道漏水（图 5.3-1）。

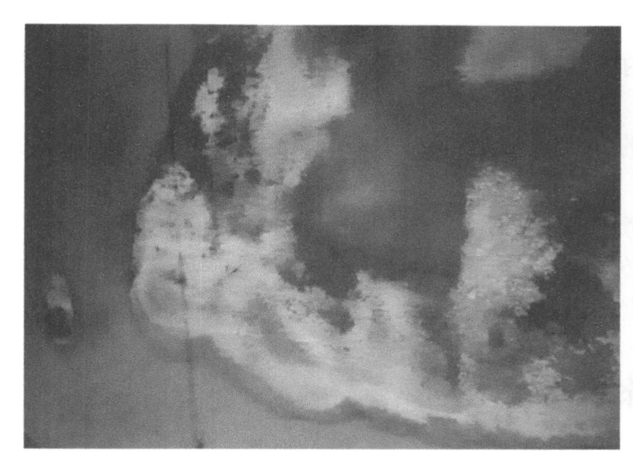

图 5.3-1　问题照片

5.3.2　原因分析

（1）外墙塑料管道安装完成后土建未对管道预留洞口封堵，管道下沉，伸缩节脱落、连接头拉裂。

（2）外墙塑料管道固定支架设置不够，不能承受管道的下沉力。

（3）塑料管道伸缩节，伸缩量不够。

5.3.3　维修方案

（1）内墙开洞，寻找漏点。

（2）将原来安装的伸缩节更换为超长的伸缩节（图 5.3-2）。

（3）重新试水，确认无漏点后，再次封闭。

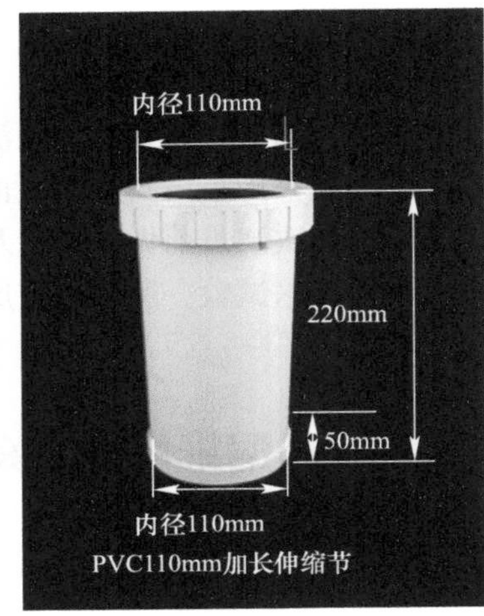

图 5.3-2 维修照片

5.3.4 案例反思

（1）方案设计时全隐蔽式的管井内的管道宜选用金属管道，塑料管道的热胀冷缩极易引起接口脱落，导致漏水。

（2）塑料管道立管安装时伸缩节的伸缩量应充足，均应采用不小于 220mm 长度的伸缩节。

（3）排水管道管井建筑设计时应考虑检修，不宜全隐蔽。

（4）立管安装完成后，预留洞口必须封堵。

（5）立管安装完成后应增设可承重的固定支架。

5.4 排水管堵塞维修典型案例

5.4.1 质量问题简述

底部转换层管道、转角位置堵塞，上部楼层反水，管道不通畅（图 5.4-1）。

5.4.2 原因分析

（1）通球、通水试验后，地漏或预留口未封堵，且土建地坪施工未完成，导致水泥砂浆进入管道。

（2）转换层管道设计时的规格、安装时的弯头、坡度不合理。

（3）交付后物业管理不到位，装修时的建渣进入管道，导致管道堵塞。

5.4.3 维修方案

（1）根据系统图确定可能堵塞的点位，物业配合现场查找（图 5.4-2）。

（2）采用专用疏通工具疏通。

（3）切除堵塞段，更换堵塞段管道。

（4）重新通球、试水、隐蔽。

图 5.4-1 问题照片

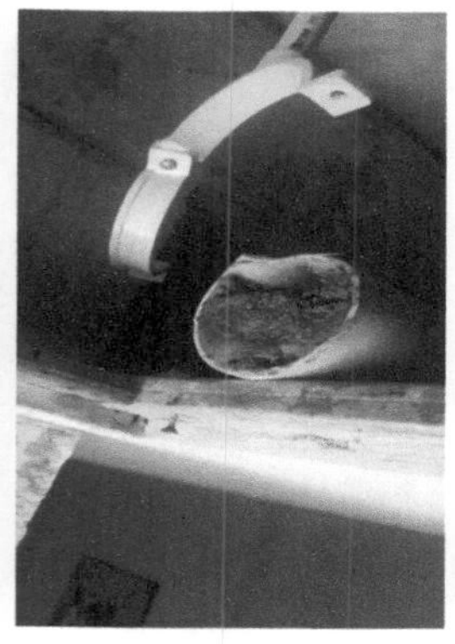

图 5.4-2 维修照片

5.4.4 案例反思

（1）方案设计时转换层管道规格至少比立管大一个规格。

（2）立管与水平管转换位置选用顺水弯头，采用带检修口的弯头，安装时选用 45°弯头，尽量做成 135°，放坡系数适当放大，转换位置设置检修口。

（3）交付后明确各自的责任划分。

5.5 排水管穿楼板预留洞维修典型案例

5.5.1 质量问题简述

排水管穿楼板洞预留不准确，需重新开洞安装管道后堵洞封堵，封堵质量差、渗漏水问题严重（图 5.5-1）。

5.5.2 原因分析

（1）结构预埋时套管预埋位置偏差太大。

（2）重新开洞时洞口太大，堵洞时未将洞口处理成喇叭口，洞口未加钢筋，封堵质量差、洞口完成后未处理顶面。

5.5.3 维修方案

（1）严格按照堵洞施工工艺流程进行，洞口打凿→清理洞口周边→底模安装→刷水泥浆→首次浇筑→二次浇筑→收面抹平→蓄水试验。

（2）操作重点。封堵前凿毛洞口周边，打凿宽度为 10～30mm，打凿成喇叭形上大下小；用清水冲刷干净后安装模板，底模必须采用下撑式，不允许用吊模形式，封堵前先浇水湿润洞口，再用较浓的水泥砂浆涂刷洞口、底模及管道；浇筑微膨细石混凝土，首次浇筑厚度为 1/2～2/3 板厚，振捣密实；待首次浇筑混凝土终凝后，用水湿润洞口进行第二次浇筑，振捣密实并抹面、收面；封堵完成后清理现场并做蓄水试验。堵洞做法大样图见

图 5.5-2。维修照片见图 5.5-3。

图 5.5-1　问题照片

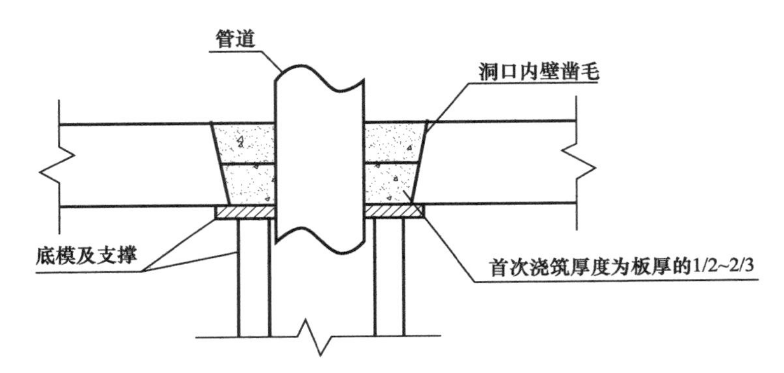

图 5.5-2　堵洞做法大样图

图 5.5-3　维修照片

5.5.4 案例反思

（1）结构预埋时应使用技术方法提高管道穿楼板套管位置准确率，减少后期重新开洞。

（2）确需做洞口封堵的，需严格按照堵洞施工工艺执行，不得随意封堵。

5.6 电气线盒预留洞维修典型案例

5.6.1 质量问题简述

成排线盒预埋高度不一致（图 5.6-1）。

5.6.2 原因分析

电气线盒一次预埋时线盒与结构钢筋固定不牢固。

5.6.3 维修方案

调整线盒并对线盒周围进行修复，确保美观（图 5.6-2）。

图 5.6-1 问题照片

图 5.6-2 维修照片

5.6.4 案例反思

采用有固定通孔的线盒，吸纳和上下用 ϕ8 的圆钢穿孔后与墙体钢筋绑扎固定，线盒左右用 ϕ8 的圆钢加固后，与墙体钢筋绑扎固定；相邻线盒间距一致，标高一致（图 5.6-3）。

图 5.6-3 线盒预埋照片

5.7 地库渗漏维修典型案例

5.7.1 质量问题简述

因施工过程中管理不当，导致该项目地库渗漏部位较多，渗漏表现形式为：顶板、侧墙大面积慢渗、点漏；底板裂缝漏水、底板高水压慢渗水、点漏。渗漏处理后堵漏效果不理想，导致二次三次返工较多，堵漏花费较多成本。渗漏多由结构裂缝、结构孔洞、蜂窝麻面导致。该项目地库顶板、底板、侧墙、结构梁渗漏多是结构裂缝造成的，分析裂缝形成的原因，总结出如下类型裂缝：

（1）混凝土收缩裂缝

裂缝多在新浇筑并暴露于空气中的结构构件表面出现，这种裂缝不深也不宽，如图 5.7-1 所示。

（2）混凝土沉陷裂缝

沉陷裂缝多属深度或贯穿性裂缝，往往上下或左右有一定的错距，裂缝宽度与荷载大小及不均匀沉降值有关，多出现于施工中期，混凝土已养护完成，跨度较大的地库顶板中部区域，多由顶板上部频繁走重车或堆放超重材料、覆土超高导致，如图 5.7-2 所示。

图 5.7-1　混凝土收缩裂缝

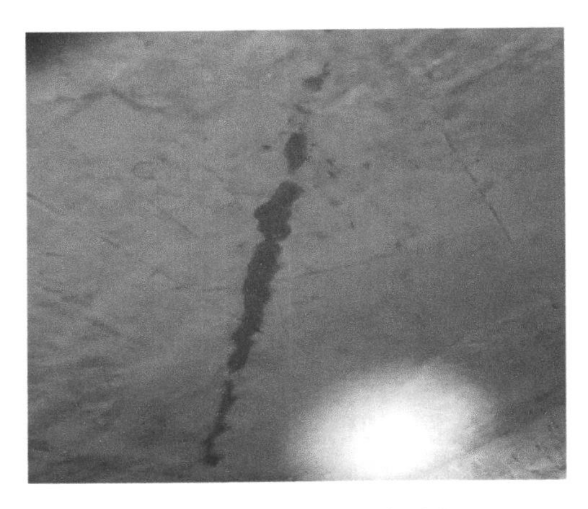

图 5.7-2　混凝土沉陷裂缝

（3）混凝土保护层破坏或混凝土保护性能不良导致的裂缝

当结构的保护层混凝土遭破坏或保护性能不良时，钢筋会锈蚀，铁锈膨胀导致混凝土开裂，板式构件的板底沿钢筋位置出现裂缝，缝隙中还夹有斑黄色锈迹，如图 5.7-3 所示。

（4）新旧混凝土结合冷缝部位裂缝

主要集中在顶板、底板后浇带部位，多因后浇带封闭前凿毛、清理不到位，后浇带独立支撑早拆或支撑不牢固导致，如图 5.7-4 所示。

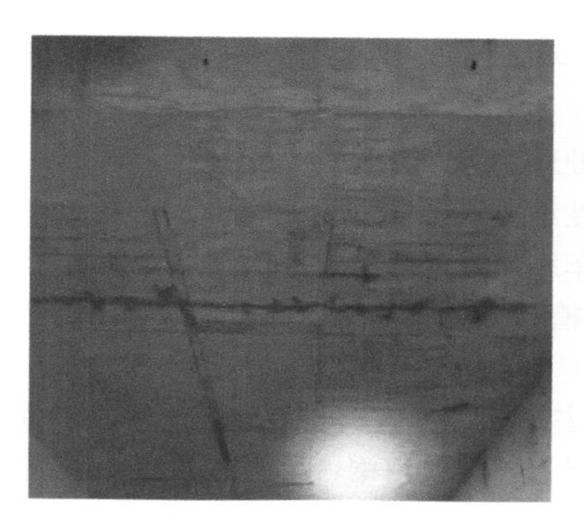

图 5.7-3 混凝土保护层破坏或混凝土保护性能不良导致的裂缝

图 5.7-4 新旧混凝土结合冷缝部位裂缝

5.7.2 原因分析

（1）该项目地库面积为 6 万 m^2，场域较大，但是施工现场可利用的施工道路仅有两条，为满足进度要求，不得不利用地下室顶板作为施工道路，项目前期根据进度需要编制了地下室顶板回顶方案，由于地下室结构施工进度缓慢，总体施工周期约 18 个月，导致原计划的回顶路线多次调整，期间有段施工时间顶板上回顶路线未做标记，过程管理不当造成顶板开裂渗漏。

（2）地下室结构总体施工周期长达 18 个月，期间经历了冬期施工、高温季节施工、雨期施工，虽已编制特殊季节施工方案，但过程管理不足，例如混凝土结构越冬防冻保护不足导致开裂、夏季保湿养护不够导致开裂、浇筑时振捣不足导致成型不密实、降雨期间未能有效采取中断措施导致冷缝产生较多而又未能有效处理、后浇带独立支撑私自拆除或者支模架拆除过早等原因导致开裂渗漏。

（3）地下室顶板防水保护层设计厚度只有 50mm 厚，项目部考虑施工道路需要，曾提出行车道区域的防水保护层增加至 150mm 厚，其他采用机械回土的顶板保护层增加至 70mm 厚，业主未予采纳。长此以往行车道区域防水保护层损坏，防水层失效，导致渗漏。

（4）后浇带由于新旧混凝土施工不当，封闭前凿毛不到位，清理不到位，新旧混凝土结合不足，导致渗漏。

5.7.3 维修方案

（1）顶板渗漏处理：①对于防水层和保护层损坏的，凿除保护层、清除原防水层，基层处理完成后，板面增加一道 3mm 厚聚合物水泥砂浆防水层或者相互垂直涂刷两遍水泥基渗透结晶型涂料后，再按照原设计防水做法进行施工；经蓄水合格后，在板底对裂缝凿出 V 形斜口，采用环氧树脂进行修复及加固处理；②对于防水层和保护层未破损，渗漏严重的部位按照①的处理方法进行处理。

（2）后浇带渗漏处理：打磨、基层清理、找平完成后，沿后浇带新旧混凝土冷缝方向，每边宽出冷缝≥300mm，增加一道 3mm 厚聚合物水泥砂浆防水层或者相互垂直涂刷两遍水泥基渗透结晶型涂料后，再按照原设计防水做法进行施工。如图 5.7-5 所示。

(3) 侧墙渗漏处理：沿渗漏痕迹，预先凿出V形斜口，采用堵漏注浆工艺进行渗漏处理。

(4) 高低跨等其他部位因振捣不密实的渗漏处理：凿除不密实的混凝土，清理、润湿后，采用比原设计混凝土强度等级高一级的半干性细石混凝土填塞密实，保湿养护≥7d。

(5) 局部高低跨（主楼与地库交接处、地下车库高低跨）部位外墙错用穿墙螺杆导致的渗漏：凿出深度≥30mm、直径≥50mm的凹槽，采用1∶2.5的水泥防水砂浆填塞密实。

(6) 地库底板渗漏采用堵排相结合，以排为主的处理方式。现场察看地库渗漏部位，对渗漏部位尽量切槽做排水沟，无法做明沟的情况下，埋设角钢，再进行混凝土浇筑，使水位降低并从排水沟或管内中流出，流至就近集水井；渗漏部位在无法切槽引流情况下，表面仍然存在渗水现象，则采用高压注入改性环氧树脂的方式处理，增加该部位的水流阻力，逼迫水从附近的排水沟中流出，如图5.7-6、图5.7-7所示。

图5.7-5 后浇带打磨剔凿处理

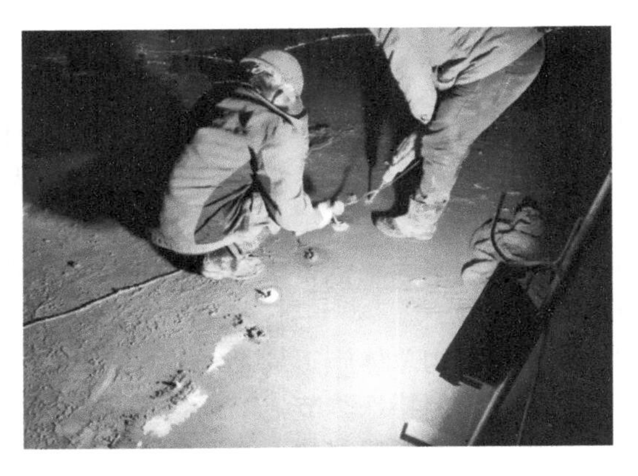

图5.7-6 底板渗漏注浆处理

图5.7-7 底板渗漏开槽引流处理

5.7.4 案例反思

该项目地库面积大，施工周期长，再加上地下室结构施工进度缓慢，总体施工周期达到了18个月。期间，对于各地库分区交接处的新旧混凝土处理以及混凝土的养护尤为重要，这也体现出质量过程管理的重要性，从开始支模到浇筑完成后的混凝土养护，一个环节都不能放过，还要提前做好应对各种季节、气候的施工准备。防水施工时，应根据防水材料对基层做相应的要求保持干燥或不得有明水等，施工过程中，细部穿墙管、阴阳角、根部等细节部位需做加强处理，涂膜厚度卷材搭接必须控制到位。防水施工完成后，应做好成品保护；控制模板拆除时间，防止螺杆处松动造成渗漏。

面积较大地库施工时行车通道的规划一定要合理，行车通道的标识要清晰、通俗易懂；不是行车区域的地区一定不能让大车通过。行车通道的结构加固回顶要提前做好，并定时检查独立支撑的稳定性，严禁早拆。

5.8 外窗渗漏维修典型案例

5.8.1 质量问题简述

本工程受检外窗为卧室、书房，总计1258樘窗，主要包含卧室、书房外窗塞缝节点。主要渗漏部位为窗台底部阴角、窗台顶部过梁位置；渗漏表现形式为外墙淋水后，室内窗边塞缝位置出现渗漏。部分问题照片见图5.8-1、图5.8-2。

图5.8-1 幕墙次龙骨安装

图5.8-2 精装修内窗台板切槽

5.8.2 原因分析

（1）塞缝过程中未按方案施工进行，基层清理不到位，未提前对窗台进行湿水养护，未分层进行施工，且砂浆运输过程中曾发现工人私自加水，导致配比与要求不符，严重影响成型质量。

（2）精装单位高层窗台板安装需深入窗洞口两侧，原设计未设置预留口，按要求应为切割机械进行切割，但精装修单位实际均为人工打凿，窗台打凿后出现不同程度裂缝、透光缝等，导致渗漏。

（3）根据设计说明要求，门窗洞口四周外墙构件均应预埋，但现场施工存在窗边位置后置连接件，因预埋件与窗台两侧重合，存在水通道，渗漏隐患大。

（4）工期紧张，在过程中采用喷壶对塞缝进行全数淋水试验，但喷壶压力小，达不到最终淋水要求水压，淋水检验效果不一致。

（5）管理不到位，施工过程中现场管理人员未全程跟踪监督，施工质量的把控不到位。

(6) 原设计中无门窗塞缝节点及做法要求，且根据门窗深化图可得知，外窗塞缝厚度每侧达 3cm，工人在塞缝过程中未分层施工。

(7) 塞缝完成后，经喷壶淋水验收后未及时完成收口工作，暴露时间过长，导致塞缝质量下降，在后期的淋水试验中出现渗漏。

(8) 主副框密封胶未施工完成，无法开展大面积淋水工作，影响淋水进度，且淋水时发现部分渗漏水由主框及打胶位置渗出。

(9) 淋水时长需模拟下雨方式，对所有外墙及外门窗进行淋水检验。淋水时间应不小于 2h、淋水强度不得小于 $2L/(m^2 \cdot min)$、淋水干管末端供水静压不得小于 0.2MPa，原设计节点无法满足该要求，给出优化建议后，业主因费用问题未及时签发变更，待塞缝已施工完成后才进行优化做法确认。

(10) 幕墙及外墙涂料平行施工，部分位置吊篮无法同时使用，导致部分外窗维修进度滞后。

5.8.3 维修方案

前期处理：原因分析后当即要求项目部定人、定楼栋进行维修，并严格制定施工工序。

(1) 基层处理，将窗四周冲洗后，浮灰采用毛刷清理。

(2) 清理完成后涂刷 1.5mm 厚 JS 防水涂料，待防水涂料晾干后做防水砂浆 R 角塞缝，如图 5.8-3 所示。

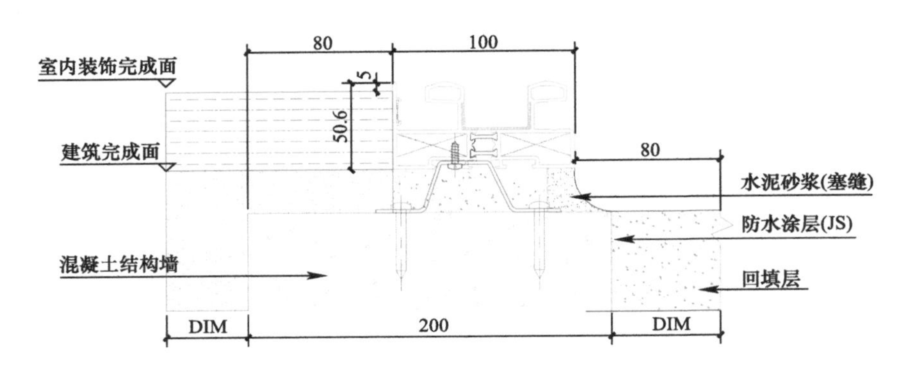

图 5.8-3 涂刷防水涂料做防水砂浆 R 角塞缝

(3) 窗边四周做防水砂浆（内掺防水剂）R 角，采用 ϕ32PVC 管抹圆，R 角上口抹过钢副框上口 3mm，如图 5.8-4 所示。

(4) 采用毛刷进行抗裂砂浆收面，要求表面无气孔、裂缝等。

(5) 采用毛刷涂刷 JS 防水涂料，并处理好细纹裂缝。

最终方案：

在样板施工后发现预拌砂浆存在开裂及部分渗漏情况，立即要求更换砂浆原材料（由预拌砂浆更换为自拌中砂）及防水材料（由 JS 防水涂料更换为德高透明防水胶）。更换材料后进行复验，效果较好。

由工程部进行维修跟踪，技术部进行淋水跟踪（淋水因与幕墙、涂料施工存在交叉作业，故安排专人 24h 轮班进行）。

维修照片见图 5.8-5。

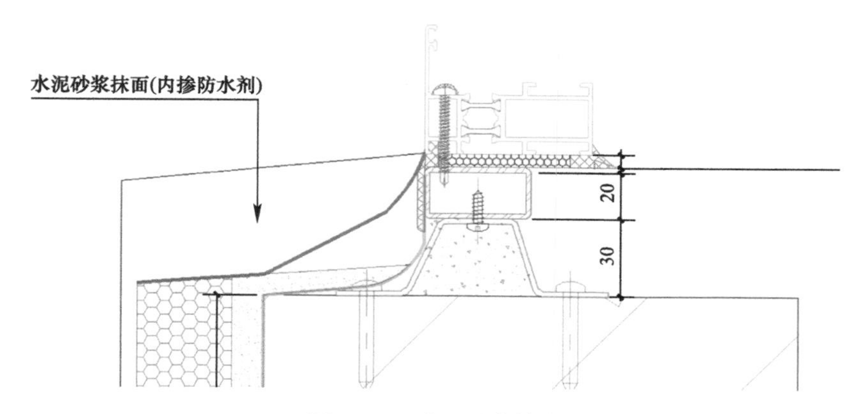

图 5.8-4 水泥砂浆抹面

图 5.8-5 维修照片

5.8.4 案例反思

（1）管理原因

劳务分包施工人员在接受技术交底以后，未按照技术交底进行施工，基层清理不到位，塞缝未分两次完成，而是一次施工完成，导致质量大打折扣，且在施工过程中工人私自加水，未及时发现、制止。

施工过程中发现预拌砂浆成型质量较差，对材料进行更换，添加微膨剂及抗裂纤维，但效果仍不佳，与甲方沟通优化节点未果后未持续跟踪，留下渗漏隐患。

外架拆除前未及时进行全面淋水试验，未及时发现所问题，造成后续大面渗漏的隐患。

（2）甲指分包原因

幕墙次龙骨部分固定在外窗侧墙上，导致外墙存在水通道，加大渗漏隐患。精装修单位安装内窗台板时，切槽为采用机械切割，导致内窗台阴角位置存在透光缝，加大渗漏隐患。

5.9 填充墙开裂维修典型案例

5.9.1 质量问题简述

目前，施工中常用的混凝土砌块填充墙，主要优点是节约土地资源和减轻墙体荷载。但是，维保过程中墙体裂缝问题出现较为频繁，这种裂缝现象在粉刷完成后更为明显，甚至在交付业主过程中仍然存在开裂现象。裂缝主要表现在以下几个方面；

（1）混凝土柱与砌体交接处出现少量竖向裂缝，墙体两面对称出现（图 5.9-1）。

（2）混凝土梁底面与砌体交接处出现水平裂缝，严重者贯通墙体两面（图 5.9-2）。

图 5.9-1 混凝土柱与砌体竖向裂缝

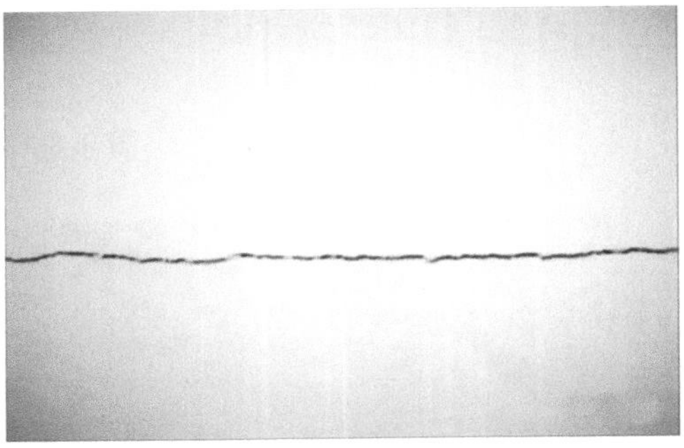

图 5.9-2 梁底与砌体水平裂缝

（3）墙面不规则裂缝，且有空鼓现象，在框架结构建筑的外填充墙上还常见到温度裂缝（图 5.9-3）。

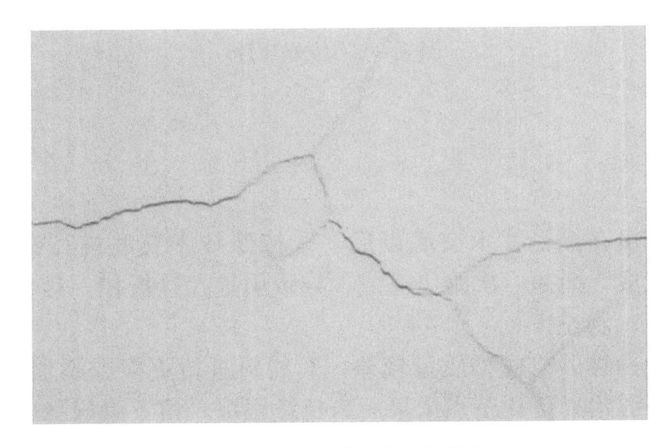

图 5.9-3 墙体不规则裂缝

5.9.2 原因分析

（1）填充墙体与混凝土柱连接措施不当：室内混凝土柱与砌体交接处的混凝土砌块随干燥产生较大的收缩应力，当墙、柱结合处连接薄弱时，即在结合处出现竖向裂缝。

（2）填充墙顶与混凝土梁、板间未顶紧；混凝土梁底与填充墙顶结合处出现水平贯通裂缝，主要是因为填充墙顶与梁底结合不实，砌体干燥产生收缩，未达到规范 7d 后斜砌顶紧处理的要求，墙体下沉，从而在梁底产生水平裂缝。

（3）混凝土蒸压加气块有较大干缩变率，且 28d 龄期时干缩才完成 50%，45d 后加气块基本趋势稳定。

（4）抹灰施工过程不规范（砌体完成 7d 后才可施工），基层处理未到位（污渍清理、抹灰前适当润湿）、重点部位未挂抗裂钢丝网，抹灰厚度超过规范要求（内墙 15mm；外墙 25mm）。

5.9.3 维修方案（图 5.9-4）

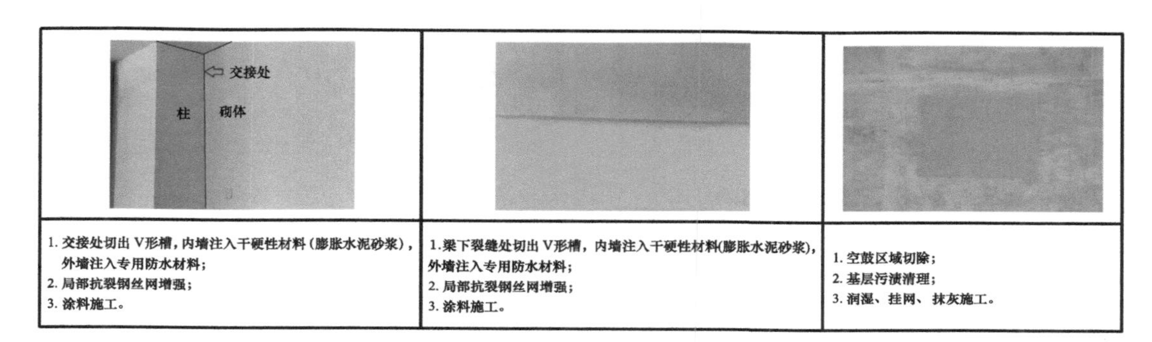

图 5.9-4　维修方案

5.9.4 案例反思

（1）填充墙与框架柱拉结时，拉结筋竖向间距 500mm，拉结筋与墙体贯通钢筋搭接长度≥400mm；交接处设置抗裂钢丝网，两边不同墙材搭接长度大于 10mm；增强交接处强度。

（2）砌体砌筑完成 7d 后，墙体沉降、干缩基本稳定，才可进行斜砌顶紧处理，砌体与结构梁之间水平缝应用膨胀混凝土填充，交接部位设置抗裂钢丝网，方可进行抹灰施工，可大大减少交接处水平裂缝。

（3）不得使用龄期不足 28d、浸水和表面被污染的砌块，破裂、不规整的砌块可切割成小规格后使用，材料进场后应采取有效防雨措施。砌块的干缩趋向稳定后才可砌筑施工，从而防止不规则裂缝出现。

（4）砌体砌筑时构造柱及圈梁应按方案正确设置，提高墙体的整体性。抹灰施工应做好每道工序的隐蔽验收，抹灰厚度应严格把控（内墙 15mm；外墙 25mm），必要时应分层抹灰（一遍≤7mm，二遍≤10mm）。

5.10　钢结构装配式住宅项目渗漏维修典型案例

某工程由三栋高层住宅塔楼和两层商业裙房组成，住宅结构形式为钢框架＋钢筋混凝土核心筒结构，外围护体系采用铝板幕墙＋中空层＋防水涂料＋ALC 基墙。

5.10.1 质量问题简述

在装饰装修施工过程中，建筑内多处出现墙根返潮、节点渗漏的情况。渗漏主要部位为铝板幕墙拼缝、外围护穿墙孔洞、墙体与钢结构连接部位、钢柱与楼板连接部位、核心筒与钢框架施工缝、外围护中空层底部，见图 5.10-1～图 5.10-4。

图 5.10-1 柱梁板节点渗漏

图 5.10-2 卧室墙角水印

图 5.10-3 外墙根部水印（外侧为阳台）

图 5.10-4 中空层根部积水

5.10.2 原因分析

（1）设计原因

① 核心筒与钢框架施工缝位置无法达到结构防水的要求，是主要易渗漏区域，将此类施工缝设置在靠近或涉水房间内，导致楼板渗漏。

② 将侧面裸露在外立面的墙体当作内墙进行设计，墙面未做防水。

（2）施工原因

① 铝板幕墙基面未清理、拼缝漏打和未满打。

② 混凝土与钢柱连接位置结合不密实，节点构造的加强钢筋未设置，应力集中使该节点易开裂，导致楼板渗漏。

③ 铝板窗台未找坡或找坡方向不对，导致窗台积水；外围护体系存在大量穿墙孔洞，个别封堵不严实。

5.10.3 维修方案

（1）铝板幕墙拼缝开裂

剔除幕墙拼缝处密封胶和铝板，彻底清理基面后重新安装铝板，根据设计节点要求满打密封胶。

（2）窗台积水处理

拆除L形铝板窗台，重新调整找坡尺寸，彻底清理基面后重新安装打胶（图5.10-5）。

（3）立面的铝板幕墙渗漏

采用“蜘蛛人”排查渗漏点所在立面的铝板幕墙，对排查可能存在渗漏的孔洞及拼缝位置进行补胶处理。

图5.10-5 维修后照片

（4）孔洞渗漏

做好墙面孔洞的封堵，包括空调冷凝水管穿孔、空调支架穿孔、天然气管道穿孔、卫生间排气扇穿孔等所有孔洞的排查。

（5）铝板幕墙排水

施工完及时清理，确保排水孔不被堵塞。优化裙楼屋面与塔楼外围的连接节点，外墙与铝板幕墙的空腔底部做好排水措施。

5.10.4 案例反思

（1）提高全员、全阶段对渗漏防治的意识，设计、技术、质量、生产等部门保持高度联动，将可能存在的渗漏隐患在设计阶段和施工阶段解决。

（2）设计阶段需着重考虑减少裂缝的出现，包括：

① 建筑结构选型，考虑选择刚度大、层间位移较小的结构体系，降低了由于结构变形导致的开裂风险。

② 优选节点形式，尤其是墙板与结构的连接节点，联动设计施工厂家进行多轮次的试验比选，减少墙板开裂。

③ 做好接缝构造处理，尤其是墙板与墙板的连接节点，推广应用常规做法，鼓励探索新的做法。

④ 外窗结合南北方气候考虑冷热桥效应，采用断桥铝合金窗。

（3）采购阶段提高材料选用与进场验收的标准，重点关注墙板、密封胶、外窗等材料，严把材料质量关。密封胶宜结合设计及规范要求优选大品牌，联动厂家共同研发新材料。

（4）施工阶段加强细部节点处理，关注铝板拼缝、门窗周边、墙面孔洞等易渗漏位置。

① 施工过程不乱开孔，对墙面孔洞进行及时封堵。

② 做好外围护体系的排水措施，施工完及时清理，确保排水孔不被堵塞；做好外墙与铝板的空腔底部泛水，避免积水影响首层住户。

5.11 钢结构装配式住宅工程墙体维修典型案例

某钢结构装配式住宅工程为商业住宅楼，主体结构采用钢框架结构体系，楼板采用现浇楼板，楼梯采用现浇板式楼梯；本工程外墙采用蒸压加气混凝土砌块/蒸压加气混凝土板；内隔墙采用蒸压加气混凝土板（AAC条板）（占64.5%）。

5.11.1 质量问题简述

墙体与钢结构连接处的处理是钢结构装配式住宅的薄弱点，本工程在主体及后期精装修施工过程中，出现内墙 AAC 板与钢结构之间开裂、ALC 板与外墙钢柱之间开裂及渗漏、内嵌外墙顶部与钢梁之间开裂及渗漏、外包外墙与压型金属板之间开裂及渗漏等质量问题。

5.11.2 原因分析

（1）内墙 AAC 板与钢结构之间开裂，如图 5.11-1 所示。

1）粘结材料不合格或使用配比不符合要求。

2）内墙 AAC 板与钢结构连接处未挂耐碱玻纤网格布或钢丝网。

3）AAC 板加工误差过大，导致到场的 AAC 板材尺寸不足，造成顶端塞缝过大。

4）墙体与钢柱之间填塞不密实，未设置柔性材料填缝。

（2）ALC 板与外墙钢柱之间开裂、渗漏，如图 5.11-2 所示。

墙体与钢柱之间未按图纸要求，使用柔性连接，现场使用专用砂浆填塞，且部分填塞不密实，外墙与钢柱两种材料热膨胀系数不一致，变形不一致而开裂。

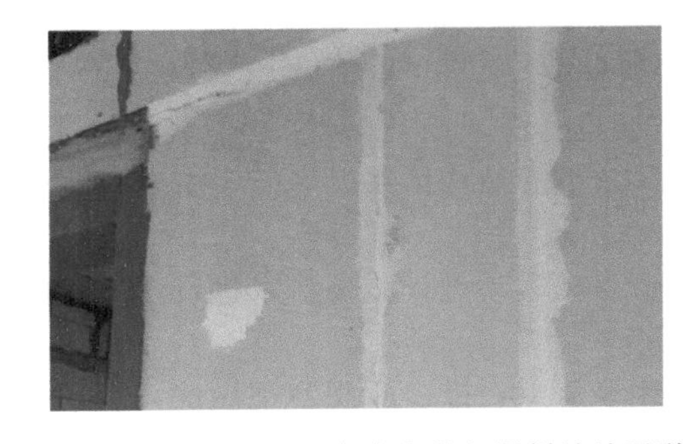

图 5.11-1　内墙 AAC 板与钢柱钢梁拼缝处开裂

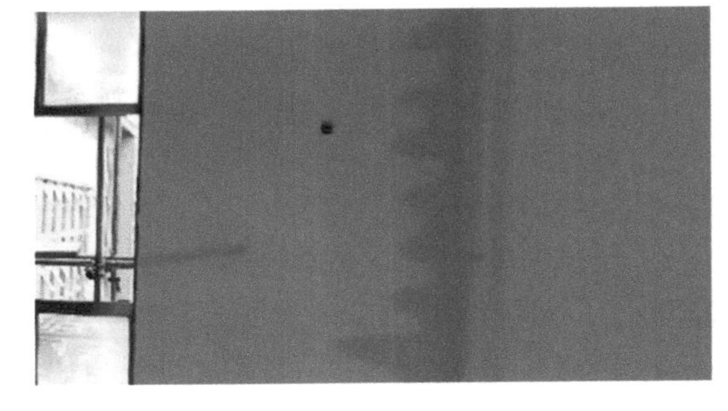

图 5.11-2　ALC 板与外墙钢柱连接处裂缝渗水

（3）内嵌外墙顶部与钢梁之间开裂、渗漏，如图 5.11-3 所示。

1）砌体墙砌筑完成后，静置时间不足 14d，顶部已进行填塞，后期因墙体沉降，导致顶部开裂。

图 5.11-3　内嵌外墙与钢结构连接处开裂渗漏

2）由于钢结构柔性较大，受力易发生变形，粉刷后因墙体和钢结构变形量不一致导致墙体开裂、渗漏。

（4）外包外墙与压型金属板之间开裂、渗漏。

1）桁架板边模与墙体“不相容”，材料接触面存在缝隙。

2）嵌缝砂浆与压型金属板“不相容”，出现开裂。

5.11.3 维修方案

（1）内墙 AAC 板与钢结构之间开裂

对墙板与钢柱竖向开裂处缝隙进行剔凿，内嵌 PE

棒，用AAC专用嵌缝剂嵌缝，不同材料相接处外挂耐碱玻纤网格布，两侧各搭接100mm，抹抗裂砂浆，如图5.11-4所示。

（2）ALC板与外墙钢柱之间开裂、渗漏

凿开墙体表面饰面层，对开裂部位剔凿，填充PE棒，内侧使用专用嵌缝剂，挂网抹抗裂砂浆；外侧使用防水密封胶封堵。挂网抹防水砂浆。必要时使用防水涂料涂刷基层两遍，外做保温及装饰面层，如图5.11-5、图5.11-6所示。

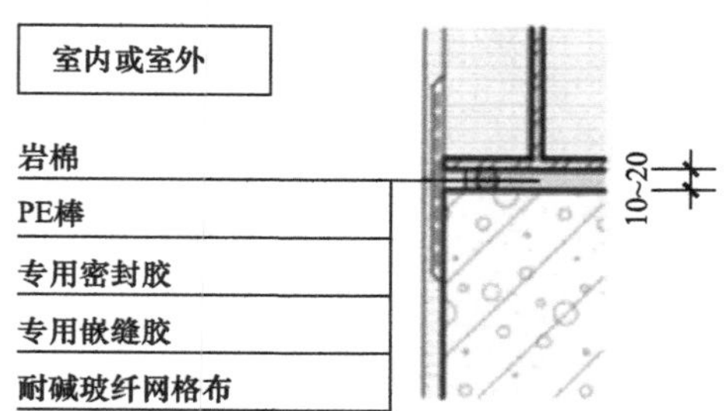

图5.11-4　缝隙修补

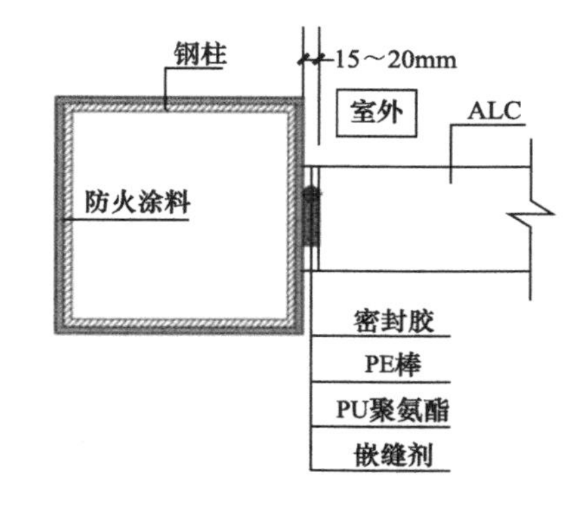

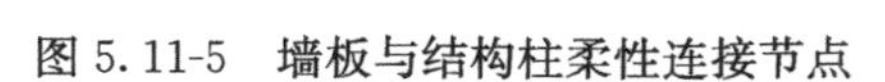

图5.11-5　墙板与结构柱柔性连接节点

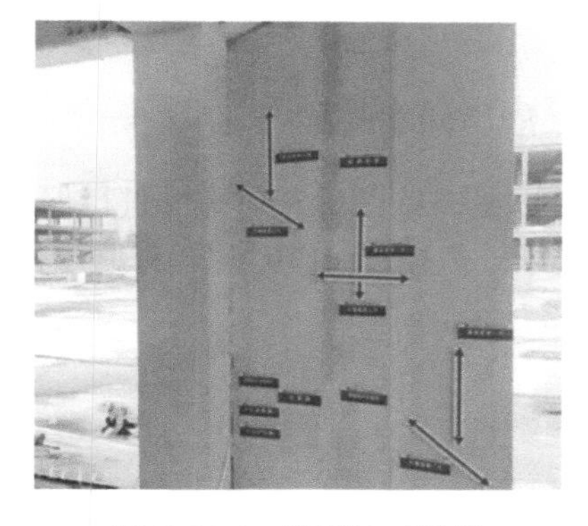

图5.11-6　墙板施工样板

（3）内嵌外墙顶部与钢梁之间开裂、渗漏

将顶部裂缝处凿成V形槽，上口宽20mm，基层清理干净，内嵌PE棒，采用专用密封胶以及专用嵌缝剂进行封堵，外挂钢丝网，涂刷防水砂浆。

（4）外包外墙与压型金属板之间开裂、渗漏

剔除开裂或渗水部位外侧装饰、保温层，割除该部位压型金属板边模，外露混凝土，缝隙部位采用专用密封胶以及专用嵌缝剂进行封堵，后挂钢丝网，每边长度应达到100mm，后抹防水砂浆，如图5.11-7、图5.11-8所示。

5.11.4　案例反思

要解决墙体开裂问题的根本在于设计时及施工过程中要做好预防控制、全过程控制工作的观点，从源头上杜绝开裂的可能，防患于未然。

设计时，充分考虑钢结构主体与填充墙之间刚度及材料特性的不同，采用合适的连接

节点。施工时，提前做好实体样板，验收通过后再进行大面积施工。施工中加强过程监督，并做好隐蔽工程验收。

图 5.11-7　边模板拆除

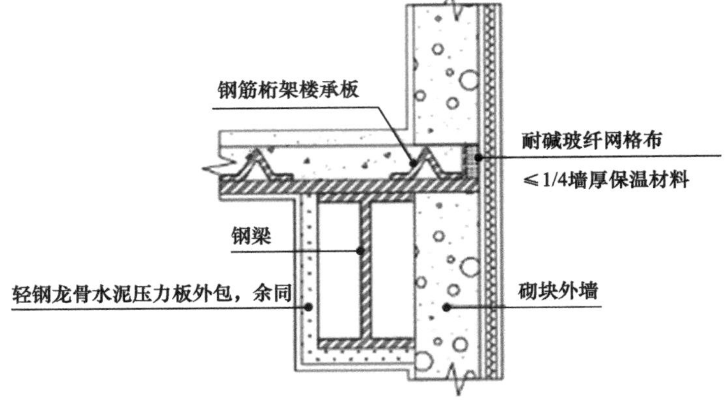

图 5.11-8　连接处节点详图

5.12　饰面砖空鼓脱落维修典型案例

5.12.1　质量问题简述

陶瓷饰面砖粘贴后，对饰面进行保养，达到要求后经锤击检查空鼓情况，符合相关质量规范要求；但经过一段时间，有些墙面仍会出现空鼓，甚至墙砖脱落现象，如图 5.12-1、图 5.12-2 所示。

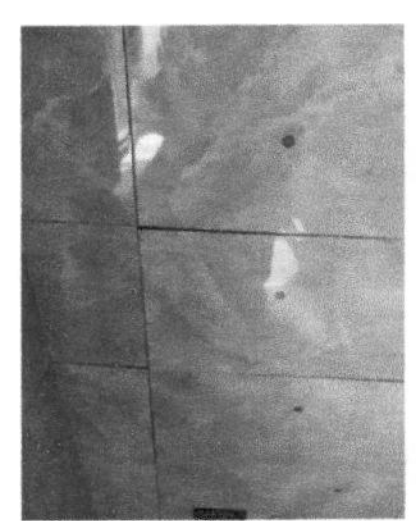

图 5.12-1　瓷砖空鼓脱落

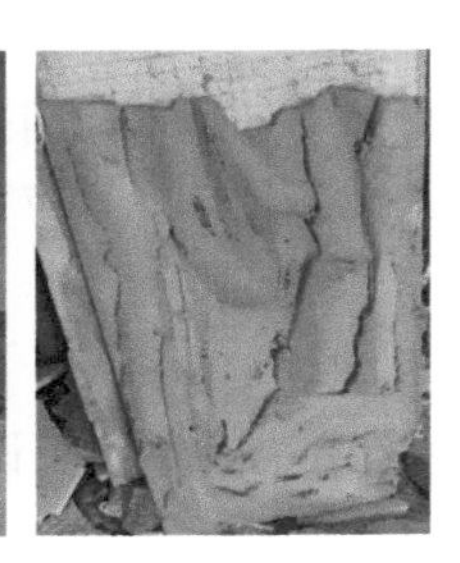

图 5.12-2　瓷砖脱落后照片

5.12.2 原因分析

（1）基层抹灰空鼓、铺贴前未检查到位；且抹灰基层配比不准确，强度不足，影响粘贴附着能力。

（2）厨卫墙面防水、界面剂及瓷砖胶不是同一系列品牌，相互不兼容，致使瓷砖胶与墙体不粘结。

（3）部分墙面粘结层过厚；未使用“双面刮浆法”；瓷砖砖铺贴上墙后拍实不到位，导致瓷砖无法与基层充分压实。

（4）瓷砖粘结层未使用锯齿刀刮平，粘结层不饱满，粘结受力不均匀。

5.12.3 维修方案

（1）施工前对已做好的抹灰基层进行严格检查，不局限于空鼓、平整度等全方位检查，对不合格部分进行整改，严格把好基层关。

（2）对所有墙面涂刷强固，若墙面有防水层，要选择兼容性较好的强固，并与粘结剂使用同品牌。

（3）陶瓷砖施工前要经过浸泡，确保施工前的施工含水率，避免饰面砖与胶泥结合时，吸水太快。

（4）施工时使用锯齿镘刀进行薄层施工，厚度控制在5～8mm；采用“双面粘贴法”施工，铺贴时采用橡皮锤或振动器揉压饰面砖，使其与基层充分粘贴，确保满浆率。

维修照片见图5.12-3。

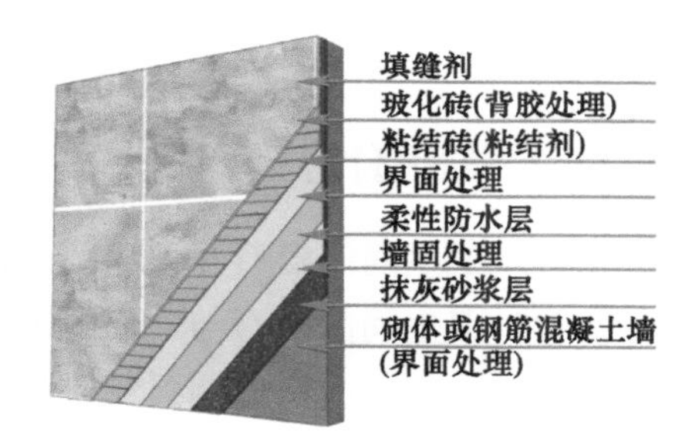

图5.12-3 维修照片

5.12.4 案例反思

（1）饰面砖施工前一定要做好准备工作，了解现场实际情况，制订好施工方案，并做好技术交底。

（2）把控好材料关，对施工相关材料特性等要了解到位，材料配备互补到位，材料进场质量检查到位。

（3）施工期间严格把控施工质量，做好样板工艺先行，让各个施工人员了解施工工序，并按部就班地执行到位。

（4）施工完成后，要保养、保护到位。

5.13 卫生间渗漏维修典型案例

5.13.1 质量问题简述

卫生间门槛处渗漏水，如图 5.13-1 所示。

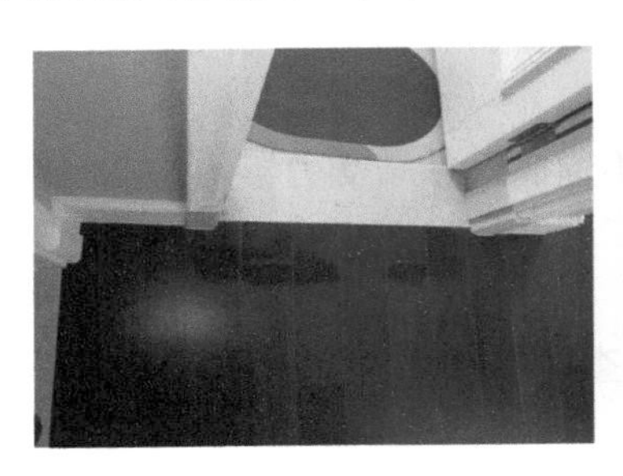
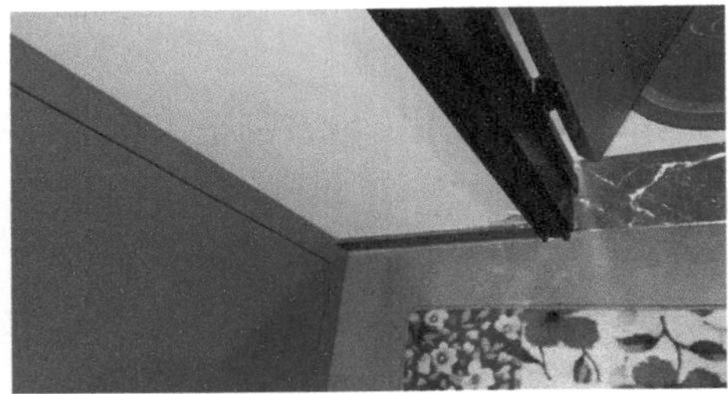

图 5.13-1 卫生间门槛处渗漏水照片

5.13.2 原因分析

（1）卫生间门槛石与卫生间门洞之间缝隙未封闭。

（2）卫生间门槛石与地面缝隙未封闭密实。

（3）卫生间墙根处圆弧角过高，贴砖时工人直接破坏防水，将高的地方剔凿。

5.13.3 维修方案

（1）门槛石铺贴后，用素水泥砂浆将门槛石与门洞缝隙封堵密实。

（2）施工前先铺贴门槛石再防水涂刷，并且门槛石铺贴采用湿铺法。

（3）将最下面一排墙砖和地砖拆除，重新防水施工。卫生间圆弧角施工前，充分考虑地砖铺厚度，1m 线以下 1070mm 为圆弧角最高点。

5.13.4 案例反思

（1）防水施工前要考虑防水施工的前置工作（门槛石铺贴，防水后墙面是否还需开槽，排水管、墙根处的细部补强处理，给水排水是否漏水）。

（2）保证防水涂层的完整性，闭水验收后及时做防水保护层。

（3）门槛处、淋浴间处增设止水钢带，湿区增设暗地漏且放坡找平（地漏处最低）。

（4）墙地砖铺贴前务必重视给水管打压，排水管的保护（防止破裂）。

（5）检查三角阀和挂壁式水箱是否漏水。

卫生间防水做法示意见图 5.13-2。

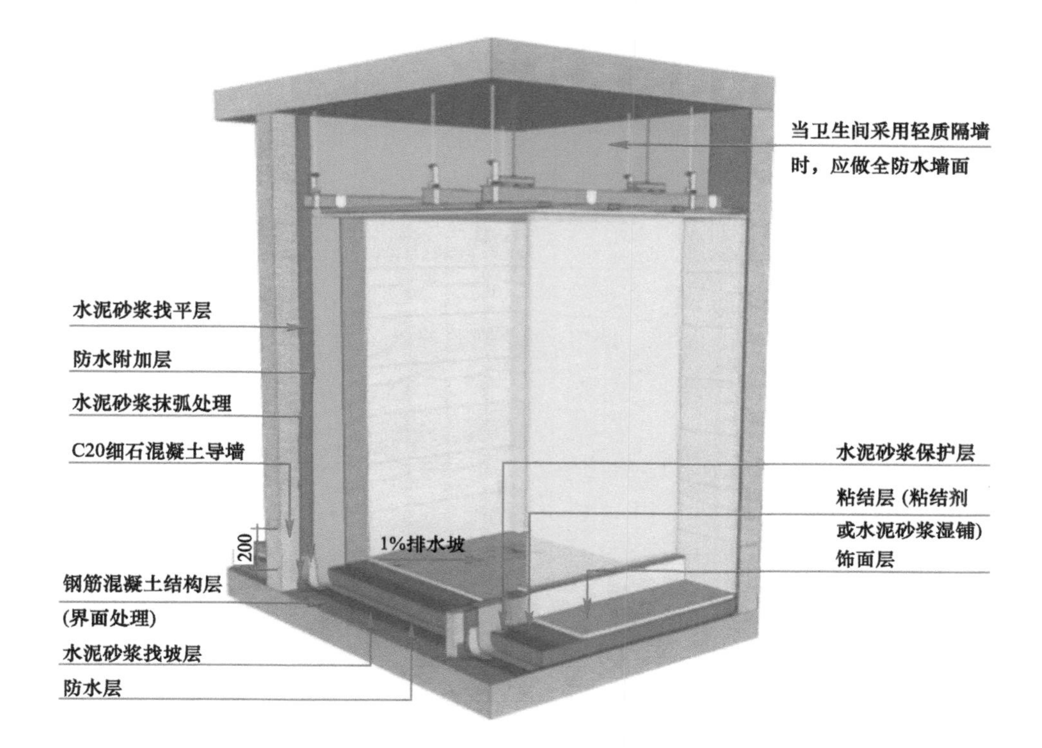

图 5.13-2　卫生间防水做法示意图